普通高等教育规划教材

土木工程资料管理

谢咸颂 主编
樊笑安 孙贵柱 副主编

化学工业出版社
·北京·

本书内容包括土木工程资料管理概述，工程准备阶段资料，建设监理资料，施工资料，竣工图、竣工验收及备案资料，建筑工程资料管理软件及应用等。本书按照当前最新法规、标准的有关要求编写，内容新颖、实用，可操作性强。

本书为普通高等院校工程管理专业、土木工程专业及相关专业的教材，也可作为资料员、二级注册建造师等成人教育的培训教材，也可供建设单位、施工单位、监理单位的专业人员参考使用。

图书在版编目（CIP）数据

土木工程资料管理/谢咸颂主编. —北京：化学工业出版社，2015.7（2023.1 重印）
普通高等教育规划教材
ISBN 978-7-122-23267-0

Ⅰ.①土…　Ⅱ.①谢…　Ⅲ.①土木工程-资料管理-高等学校-教材　Ⅳ.①TU71

中国版本图书馆 CIP 数据核字（2015）第 044753 号

责任编辑：王文峡　　文字编辑：陈　雨
责任校对：王素芹　　装帧设计：刘剑宁

出版发行：化学工业出版社（北京市东城区青年湖南街 13 号　邮政编码 100011）
印　　装：天津盛通数码科技有限公司
787mm×1092mm　1/16　印张 16　字数 416 千字　　2023 年 1 月北京第 1 版第 3 次印刷

购书咨询：010-64518888　　售后服务：010-64518899
网　　址：http://www.cip.com.cn
凡购买本书，如有缺损质量问题，本社销售中心负责调换。

定　　价：49.00 元

前　言

近年来，随着我国建筑行业的蓬勃发展，土木工程资料管理工作已成为土木工程项目管理的重要工作任务之一。既懂专业、又具有资料管理知识的专业技术人员成为建筑市场中施工单位、监理单位、建设单位急需的人才。

笔者结合多年的工程实践及专业教学经验，依据《建设工程文件归档整理规范》(GB/T 50328—2014)、《建筑工程资料管理规程》(JGJ/T 185—2009)、现行的《建筑工程施工质量验收统一标准》(GB/T 50300—2013)、《建设工程监理规范》(GB/T 50319—2013)，参照国家和地方的有关法律法规，阐述了建设项目全过程中各个阶段和各参与单位资料编制的内容，系统地介绍了建设监理资料和施工资料的编制内容、要求及方法。在编写过程中，我们尽量将理论条文与工程实际相结合，做到通俗易懂。在编写形式上，我们采用了文字和表格结合的方式，理论联系工程实际，做到系统介绍，重点突出，力求以点带面。通过本书的学习，使读者能够掌握土木工程资料管理的基本知识，具有初步编制、整理及归档土木工程资料的能力，成为土木工程管理需要的专门人才。

本书共分六章，包括土木工程资料管理概述，工程准备阶段资料，建设监理资料，施工资料，竣工图、竣工验收及备案资料，建筑工程资料管理软件及应用。本书注重理论与工程实践相结合，相关章节列举了一些工程案例，有助于读者更好地学习和理解，从而提高读者的土木工程资料管理能力。另在每章前列有本章的知识目标和能力目标，章后附有自测题和思考题，便于读者自我检验对知识的理解、掌握程度。本书随书附带电子课件，便于教学之用。

本教材由谢咸颂任主编，樊笑安、孙贵柱任副主编。第一章由呼和浩特学院陈锦平编写，第二章由浙江省衢州市住房和城乡建设局樊笑安编写，第三、四章由衢州学院建筑工程学院谢咸颂编写，第五章由青岛市建筑工程质量监督站孙贵柱编写，第六章由杭州品茗软件有限公司叶书成编写。全书由谢咸颂统稿。

在编写本书过程中参考了书后所附参考文献的部分内容，在此向文献作者表示衷心感谢。

由于笔者水平有限，加上时间仓促，书中难免存在不足之处，恳请广大读者批评指正，并表示衷心感谢！

编者

2015 年 1 月

目　录

第一章　土木工程资料管理概述

知识目标

- 了解：建筑工程资料的特征，建设工程资料管理的意义、建筑工程资料的分类。
- 理解：建筑工程资料构成体系，建筑工程档案的验收与移交。
- 掌握：建设工程资料的相关概念，参建各方对工程资料的管理职责，立卷文件的要求，案卷的编目与装订、建筑工程资料验收条件和移交要求。

能力目标

- 能解释建设工程资料的相关概念。
- 能应用《建设工程文件归档整理规范》对建筑工程文件资料进行整理、归档和移交。

本章主要内容包括：土木工程文件资料的概念，建设工程文件和档案资料管理的意义与职责，建设工程文件和档案资料的归档范围与质量要求，建设工程文件和档案资料的组卷，建设工程文件和档案资料的验收与移交。

第一节　土木工程资料的基本知识

一、土木工程资料的相关概念

1. 土木工程

土木工程是建造各类工程设施的科学技术的统称。它是房屋建筑工程、铁路工程、道路工程、机场工程、桥梁工程、隧道及地下工程、给水排水工程等的总称，在本教材中特指建筑工程。

2. 建筑工程

通过对各类房屋建筑及其附属设施的建造和与其配套线路、管道、设备等的安装所形成的工程实体。

3. 建设工程文件

建设工程文件是指建筑工程在建设过程中形成的各种形式的信息记录，包括工程准备阶段文件、监理文件、施工文件、竣工图和竣工验收文件，也可简称为工程文件。

工程准备阶段文件是指建筑工程开工前，在立项、审批、征地、勘察、设计、招投标等工程准备阶段形成的文件。

监理文件是指监理单位在履行建设工程监理合同过程中形成或获取的，以一定形式记录、保存的文件资料。

施工文件是指施工单位在建筑工程施工管理过程中形成的文件。

竣工图是指建筑工程竣工验收后，真实反映建筑工程施工结果的图纸。

竣工验收文件是指建筑工程项目竣工验收活动中形成的文件。

4. 建设工程档案

在工程建设过程中直接形成的具有归档保存价值的文字、图纸、图表、声音、图像、电子文件等各种形式的历史记录，简称工程档案。

5. 建设工程电子文件

在工程建设过程中通过数字设备及环境生成，以数码形式存储于磁带、磁盘或光盘等载体，依赖计算机等数字设备阅读、处理，并可在通信网络上传送的文件。

6. 建设工程电子档案

在工程建设过程中形成的，具有参考和利用价值并作为档案保存的电子文件及其元数据。

7. 建设工程声像档案

记录工程建设活动，具有保存价值的，用照片、影片、录音带、录像带、光盘、硬盘等记载的声音、图片和影像等历史记录。

8. 整理

按照一定的原则，对工程文件进行挑选、分类、组合、排列、编目，使之有序化的过程。

9. 城建档案管理机构

管理本地城建档案工作的专门机构，以及接收、收集、保管和提供利用城建档案的城建档案馆、城建档案室。

10. 永久保管

工程档案保管期限的一种，指工程档案保存到该工程被彻底拆除。

11. 短期保管

工程档案保管期限的一种，指工程档案保存10年以下。

二、建筑工程资料的特征

1. 建筑工程资料与档案的载体形式

在建筑工程建设过程中，各种工程建设信息以不同的形式存在，主要有4种载体。

(1) 纸质载体　以纸张为基础的载体形式。

(2) 光盘载体　以光盘为基础，利用计算机技术对工程资料进行存储的载体形式。

(3) 缩微品载体　以胶片为基础，利用缩微技术对工程资料进行保存的载体形式。

(4) 磁性载体　以磁性记录材料（磁带、磁盘等）为基础，对工程资料的电子文件、声音、图像进行存储的方式。

根据工程资料和档案管理工作需要，工程资料主要采用纸质载体、光盘载体和磁性载体3种形式。工程档案则采用包括缩微品载体在内的上述4种形式。3种形式的工程资料都要在工程建设过程中形成、收集和整理。采用缩微品载体的工程档案，要在纸质载体档案经城建档案馆和有关部门验收合格的前提下，凭城建档案馆发给的“准可微缩证明书”进行微缩制作。

2. 建筑工程资料的特征

建筑工程资料具有以下几个方面的特征。

(1) 真实性和全面性　真实性是对所有文件、档案资料的共同要求，但对建设工程的文件和档案资料来讲，这方面的要求更为迫切。建设工程文件和档案资料只有全面反映建设工程的各类信息，形成一个完整的系统，才更有实用价值，只言片语地引用往往会起到误导作用。所以，建设工程文件和档案资料必须真实地反映建设工程的情况，包括发生的事故和存在的隐患。

(2) 分散性和复杂性　建设工程项目周期长且影响因素多，生产工艺复杂，建筑材料种类多，建设阶段性强且相互穿插，由此导致了建设工程文件和档案资料的分散性和复杂性。这个特征决定了建设工程文件和档案资料是多层次、多环节、相互关联的复杂系统。

(3) 继承性和时效性　随着建筑技术、施工工艺、新材料和施工企业管理水平的不断提高，建设工程文件和档案可被继承和不断积累。新的项目在建设中可以吸取以前的经验和教训，避免重犯以前的错误。同时，建设工程文件和档案资料具有很强的时效性，其作用会随着时间的推移而衰减，有时，文件和档案资料一经形成就必须尽快送达有关部门，否则会造成严重的后果。

(4) 随机性　建设工程文件和档案资料产生于项目建设的整个过程中，工程前期、工程开工、施工和竣工等各个阶段和环节都会产生各种文件和档案资料。虽然各类报批文件的产生具有规律性，但是还是有相当一部分文件和档案资料的产生是由于具体工程事件引发的，因此具有随机性。

(5) 多专业性和综合性　建设工程文件和档案资料依附于不同的专业对象而存在，又依赖于不同的载体而流动，涉及建筑、市政、公用、消防等各个专业，也涉及力学、电子、声学等多种学科，且同时综合了质量、进度、造价、合同、组织、协调等方面的内容，因此，具有多专业性和综合性的特点。

第二节　建筑工程资料管理

建筑工程资料管理就是指在工程建设过程的不同阶段所形成的工程资料或文件，经过建设、勘察、设计、施工、监理等不同单位相关人员积累、收集、整理，形成具有归档保存价值的工程档案的过程。

一、建设工程资料管理的意义

建筑工程资料管理是保证工程质量与安全的重要环节，是建筑工程施工管理程序化、规范化和制度化的具体体现。因此，做好建筑工程资料管理工作具有重要意义，其意义主要有以下几点。

(1) 按照规范的要求积累而成的完整、真实、具体的工程技术资料，是工程竣工验收交付的必备条件。一个质量合格的工程必须要有一份内容齐全、原始技术资料完整、文字记载真实可靠的技术资料。对于优良工程的评定，更有赖于技术资料的完整无缺。

(2) 工程技术资料为工程的检查、维护、改造、扩建提供可靠的依据。

(3) 做好建设工程文件和档案资料管理工作也是项目管理工作的重要内容。

(4) 建设工程文件和档案资料是建设单位对建设工程管理的依据。

二、参建各方对工程资料的管理职责

1. 通用职责

(1) 工程的参建各方应该把工程资料的形成和积累纳入工程建设管理的各个环节和相关人员的职责范围。

（2）工程档案资料应该实行分级管理，由建设、勘察、设计、监理、施工等单位的主管（技术）负责人主持各自单位的工程资料管理的全过程工作。在工程建设过程中工程资料的收集、整理和审核工作应由熟悉业务的专业技术人员负责。

（3）工程资料应随着工程进度同步收集、整理和立卷，并按照有关规定进行移交。

（4）工程各参建单位应该确保各自资料的真实、准确、有效、完整、齐全，字迹清楚，无未了事项。所用表格应按相关规定统一格式，若有特殊要求需要增加表的格式，应按有关规定统一归类。

（5）工程参建各方所提供的文件和资料，必须符合国家和地方的法律法规、《建筑工程施工质量验收统一标准》（GB/T 50300—2013）、《建设工程文件归档整理规范》（GB/T 50328—2014）及工程合同等相关要求与规定。

（6）对工程的文件、资料进行涂改、伪造、随意抽撤或损毁、丢失的，应按有关规定予以处罚。情节严重的，还应依法追究法律责任。

2. 建设单位的职责

（1）负责本单位工程档案资料的管理工作，并设专人进行收集、整理、立卷和归档工作。

（2）在工程招标及与勘察、设计、施工、监理等单位签订协议、合同时，应明确竣工图的编制单位、工程档案的编制套数、编制费用及承担单位、工程档案的质量要求和移交时间等。

（3）向勘察、设计、施工、监理等参建各方提供所需的工程资料，并保证所提供的资料真实、准确、齐全。

（4）对本单位自行采购的建筑材料、构配件和设备等，应该符合设计文件和合同的要求，并保证相关质量证明文件的完整、齐全、真实、有效。

（5）监督和检查参建各方工程资料的形成、积累和立卷工作。也可委托监理单位或其他单位监督和检查参建各方工程资料的形成、积累和立卷工作。

（6）对需本单位签字的工程资料应及时签署意见。

（7）及时收集和汇总勘察、设计、监理和施工等参建各方立卷归档的工程资料。

（8）组织竣工图的绘制、组卷工作，可自行完成，也可委托设计单位和监理单位、施工单位来完成。

（9）工程开工前，与城建档案管理机构签订《建设工程竣工档案责任书》，工程竣工验收前，提请城建档案管理机构对列入城建档案管理机构接收范围的工程档案，进行预验收。

（10）在工程竣工验收3个月内，将一套符合规范、标准规定的工程档案原件，移交给城建档案管理机构，并与城建档案管理机构办理好移交手续。

3. 勘察、设计单位的职责

（1）按照合同和规范的要求及时提供完整的勘察、设计文件。

（2）对需要勘察、设计单位签字的工程资料应签署意见。

（3）在工程竣工验收时，应据实签署本单位对工程质量检查验收的意见。

4. 监理单位的职责

（1）应设熟悉业务的专业技术人员来负责监理资料的收集、整理、归档等方面的管理工作。

（2）依据合同约定，在工程的勘察、设计阶段，对勘察、设计文件的形成、积累、立卷、归档工作进行监督和检查；在施工阶段，对施工资料的形成、积累、立卷、归档进行监督和检查，使施工资料符合有关规定，并确保其完整、齐全、准确、真实、可靠。

(3) 负责对施工单位报送的施工资料进行审查、签字。

(4) 对列入城建档案管理机构接收范围内的监理资料，应在工程竣工验收后，及时移交给建设单位。

5. 施工单位的职责

(1) 负责施工资料的管理工作，实行技术负责人负责制，逐级建立健全施工资料管理岗位责任制。

(2) 总包单位负责汇总各分包单位编制的施工资料，分包单位负责其分包范围内施工资料的收集、整理、汇总，并对其提供资料的真实性、完整性及有效性负责。

(3) 在工程竣工验收前，负责施工资料整理、汇总和立卷。

(4) 按照合同的要求和有关规定，负责编制施工资料，自行保存一套，其他几份及时移交建设单位。

6. 城建档案管理机构的职责

(1) 负责对建设工程档案的接收、收集、保管和利用等日常性的管理工作。

(2) 负责对建设工程档案的编制、整理、归档工作，进行监督、检查、指导。

(3) 组织精通业务的专业技术人员，对国家和省、市重点工程项目建设过程中工程档案的编制、整理和归档等工作，进行业务指导。

(4) 在工程开工前，与建设单位签订《建设工程竣工档案责任书》；在工程竣工验收前，对工程档案进行预验收，并出具《建设工程竣工档案预验收意见》。

(5) 在工程竣工后的3个月内，对工程档案进行正式验收。合格后，接收入馆，并发放《工程项目竣工档案合格证》。

三、施工单位资料员的岗位职责

(1) 负责施工单位内部及与建设单位、勘察单位、设计单位、监理单位、材料及设备供应单位、分包单位、其他有关部门之间的文件及资料的收发、传达、管理等工作，应进行规范管理，做到及时收发、认真传达、妥善管理、准确无误。

(2) 负责所涉及到的工程图样的收发、登记、传阅、借阅、整理、组卷、保管、移交、归档。

(3) 参与施工生产管理，做好各类文件资料的及时收集、核查、登记、传阅、借阅、整理、保管等工作。

(4) 负责施工资料的分类、组卷、归档、移交工作。

(5) 及时检索和查询、收集、整理、传阅、保存有关工程管理方面的信息。

(6) 处理好各种公共关系。

第三节　工程文件的归档要求

一、建筑工程资料的分类

建筑工程资料的分类是按照文件资料的来源、类别、形成的先后顺序及其收集和整理单位的不同来进行分类的。从整体上把全部的建筑工程资料划分为四大类，即分为建设单位的文件资料、监理单位的文件资料、施工单位的文件资料、竣工图资料。其中，建设单位的文件资料又划分为立项文件、建设规划用地文件、勘察设计文件、工程招投标及合同文件、工程开工文件、商务文件、工程竣工验收及备案文件、其他文件8小类；监理单位的文件资料划分为监理管理资料、进度控制资料、质量控制资料、造价控制资料、合同管理资料、竣工验收资料6小类；施工单位的文件资料划分为施工管理资料、施工技术资料、进度造价资料、施工物资资料、施工记录、施工试验记录、施工质量验收记录、竣工验收资料8小类；竣工图资料划分为综合竣工图、室外专业竣工图、专业竣工图3小类。

二、工程资料编号

(1) 通常情况下，资料编号应采用7位编号，由分部工程代号(2位)、资料的类别编号(2位)和顺序号(3位)组成，每部分之间用横线隔开。

编号形式如下：

××－××－×××(共7位编号)

① ② ③

① 为分部工程代号(共2位)，应根据资料所属的分部工程，按表1-1规定的代号填写。

② 为资料的类别编号(共2位)，应根据资料所属类别填写。

③ 为顺序号(共3位)，应根据相同表格，相同检查项目，按时间自然形成的先后顺序号填写。

(2) 应单独组卷的子分部(分项)工程，资料编号应为9位编号，由分部工程代号(2位)、子分部(分项)工程代号(2位)、资料的类别编号(2位)和顺序号(3位)组成，每部分之间用横线隔开。

编号形式如下：

××－××－××－×××(共9位编号)

① ② ③ ④

① 为分部工程代号(共2位)，应根据资料所属的分部工程，按表1-1规定的代号填写。

表1-1 建筑工程的分部工程、分项工程划分

分部工程代号、名称	子分部工程代号、名称	分项工程代号、名称
地基与基础(01)	地基(01)	素土、灰土地基(01)，砂和砂石地基(02)，土工合成材料地基(03)，粉煤灰地基(04)，强夯地基(05)，注浆地基(06)，预压地基(07)，砂石桩复合地基(08)，高压旋喷注浆地基(09)，水泥土搅拌桩地基(10)，土和灰土挤密桩复合地基(11)，水泥粉煤灰碎石桩地基(12)，夯实水泥土桩地基(13)
	基础(02)	无筋扩展基础(01)，钢筋混凝土扩展基础(02)，筏形与箱形基础(03)，钢结构基础(04)，钢管混凝土结构基础(05)，型钢混凝土结构基础(06)，钢筋混凝土预制桩基础(07)，泥浆护壁成孔灌注桩基础(08)，干作业成孔桩基础(09)，长螺旋钻孔压灌桩基础(10)，沉管灌注桩基础(11)，钢桩基础(12)，锚杆静压桩基础(13)，岩石锚杆基础(14)，沉井与沉箱基础(15)
	基坑支护(03)	灌注桩排桩围护墙(01)，板桩围护墙(02)，咬合桩围护墙(03)，型钢水泥土搅拌墙(04)，土钉墙(05)，地下连续墙(06)，水泥土重力式挡墙(07)，内支撑(08)，锚杆(09)，与主体结构相结合的基坑支护(10)
	地下水控制(04)	降水与排水(01)，回灌(02)
	土方工程(05)	土方开挖(01)，土方回填(02)，场地平整(03)
	边坡(06)	喷锚支护(01)，挡土墙(02)，边坡开挖(03)
	地下防水(07)	主体结构防水(01)，细部构造防水(02)，特殊施工法防水(03)，排水(04)，注浆(05)

续表

分部工程代号、名称	子分部工程代号、名称	分项工程代号、名称
主体结构(02)	混凝土结构(01)	模板(01),钢筋(02),混凝土(03),预应力(04),现浇结构(05),装配式结构(06)
	砌体结构(02)	砖砌体(01),混凝土小型空心砌块砌体(02),石砌体(03),配筋砌体(04),填充墙砌体(05)
	钢结构(03)	钢结构焊接(01),紧固件连接(02),钢零件加工(03),钢构件组装及预拼装(04),单层钢结构安装(05),多层及高层钢结构安装(06),钢管结构安装(07),预应力钢索和膜结构(08),压型金属板(09),防腐涂料涂装(10),防火涂料涂装(11)
	钢管混凝土结构(04)	构件现场拼装(01),构件安装(02),钢管焊接(03),构件连接(04),钢管内钢筋骨架(05),混凝土(06)
	型钢混凝土结构(05)	型钢焊接(01),紧固件连接(02),型钢与钢筋连接(03),型钢构件组装及预拼装(04),型钢安装(05),模板(06),混凝土(07)
	铝合金结构(06)	铝合金焊接(01),紧固件连接(02),铝合金零部件加工(03),铝合金构件组装(04),铝合金构件预拼装(05),铝合金框架结构安装(06),铝合金空间网架结构安装(07),铝合金面板(08),铝合金幕墙结构安装(09),防腐处理(10)
	木结构(07)	方木和原木结构(01),胶合板结构(02),轻型木结构(03),木结构防护(04)
建筑装饰装修(03)	建筑地面(01)	基层铺设(01),整体面层铺设(02),板块面层铺设(03),木、竹面层铺设(04)
	抹灰(02)	一般抹灰(01),保温层薄抹灰(02),装饰抹灰(03),清水砌体勾缝(03)
	外墙防水(03)	外墙砂浆防水(01),涂膜防水(02),透气膜防水(03)
	门窗(04)	木门窗安装(01),金属门窗安装(02),塑料门窗安装(03),特种门安装(04),门窗玻璃安装(05)
	吊顶(05)	整体面层吊顶(01),板块面层吊顶(02),格栅吊顶(03)
	轻质隔墙(06)	板材隔墙(01),骨架隔墙(02),活动隔墙(03),玻璃隔墙(04)
	饰面板(07)	石材安装(01),陶瓷板安装(02),木板安装(03),金属板安装(04),塑料板安装(05)
	饰面砖(08)	外墙饰面砖粘贴(01),内墙饰面砖粘贴(02)
	幕墙(09)	玻璃幕墙安装(01),金属幕墙安装(02),石材幕墙安装(03),陶板幕墙安装(04)
	涂饰(10)	水性涂料涂饰(01),溶剂型涂料涂饰(02),美术涂饰(03)
	裱糊与软包(11)	裱糊(01),软包(02)
	细部(12)	橱柜制作与安装(01),窗帘盒和窗台板制作与安装(02),门窗套制作与安装(03),护栏和扶手制作与安装(04),花饰制作与安装(05)
屋面(04)	基层与保护(01)	找坡层和找平层(01),隔汽层(02),保护层(03)
	保温与隔热(02)	板状材料保温层(01),纤维材料保温层(02),喷涂硬泡聚氨酯保温层(03),现浇泡沫混凝土保温层(04),种植隔热层(05),架空隔热层(06),蓄水隔热层(07)
	防水与密封(03)	卷材防水(01),涂膜防水(02),复合防水层(03),接缝密封防水(04)
	瓦面与板面(04)	烧结瓦和混凝土瓦铺装(01),沥青瓦铺装(02),金属板铺装(03),玻璃采光顶铺装(04)
	细部构造(05)	檐口(01),檐沟和天沟(02),女儿墙和山墙(03),水落口(04),变形缝(05),伸出屋面管道(06),屋面出入口(07),反梁过水孔(08),设施基座(09),屋脊(11),屋顶窗(12)
建筑节能(09)	围护系统节能(01)	墙体节能(01),幕墙节能(02),门窗节能(03),屋面节能(04),地面节能(05)
	—	—

② 为子分部（分项）工程代号（共 2 位），应根据资料所属的子分部（分项）工程，按表 1-1 规定的代号填写。

③ 为资料的类别编号（共 2 位），应根据资料所属类别填写。

④ 为顺序号（共 3 位），应根据相同表格，相同检查项目，按时间自然形成的先后顺序号填写。

三、工程文件的归档质量要求及归档范围

建设工程文件归档是指文件形成部门或形成单位完成其工作任务后，将形成的文件整理立卷后，按规定向本单位档案室或城建档案管理机构移交的过程。

1. 工程文件的归档应符合下列规定

(1) 归档文件必须完整、准确、系统，能够反映工程建设活动的全过程。归档的文件必须经过分类整理，并应组成符合要求的案卷。

(2) 根据建设程序和工程特点，归档可以分阶段进行，也可以在单位或分部工程通过竣工验收后进行。勘察、设计单位应当在任务完成时，施工、监理单位应当在工程竣工验收前，将各自形成的有关工程档案向建设单位归档。

(3) 勘察、设计、施工单位在收齐工程文件并整理立卷后，建设单位、监理单位应根据城建管理机构的要求，对归档文件完整、准确、系统情况和案卷质量进行审查，审查合格后方可向建设单位移交。

(4) 勘察、设计、施工、监理等单位向建设单位移交档案时，应编制移交清单，双方签字、盖章后方可交接。

(5) 工程档案的编制不得少于两套，一套由建设单位保管，另一套（原件）移交当地城建档案机构保存。

(6) 设计、施工及监理单位需要向本单位归档的文件，应按国家有关规定和要求单独立卷归档。

电子文件归档应包括在线归档和离线归档两种方式，可根据实际情况选择其中一种或两种方式进行归档。

2. 工程归档文件的质量要求

(1) 归档的纸质工程文件应为原件。

(2) 工程文件的内容及其深度必须符合国家现行有关工程勘察、设计、施工、监理等标准的规定。

(3) 工程文件的内容必须真实、准确，应与工程实际相符合。

(4) 工程文件应采用碳素墨水、蓝黑墨水等耐久性强的书写材料，不得使用红色墨水、纯蓝墨水、圆珠笔、复写纸、铅笔等易褪色的书写材料。计算机输出文字和图件应使用激光打印机，不应使用色带式打印机、水性墨打印机和热敏感打印机。

(5) 工程文件应字迹清楚，图样清晰，图表整洁，签字盖章手续完备。

(6) 工程文件中文字材料幅面尺寸规格宜为 A4 幅面（297mm×210mm）。图样宜采用国家标准图幅。

(7) 工程文件的纸张应采用能够长期保存的韧性大、耐久性强的纸张。图样一般采用蓝晒图，竣工图应是新蓝图。计算机出图必须清晰，不得使用计算机出图的复印件。

(8) 所有竣工图均应加盖竣工图章。

(9) 竣工图章中的基本内容应包括：“竣工图”字样、施工单位、编制人、审核人、技

术负责人、编制日期、监理单位、总监、现场监理。竣工图章尺寸为50mm×80mm。竣工图章应使用不易褪色的印泥，应盖在图标栏上方空白处。竣工图章示例见图1-1。

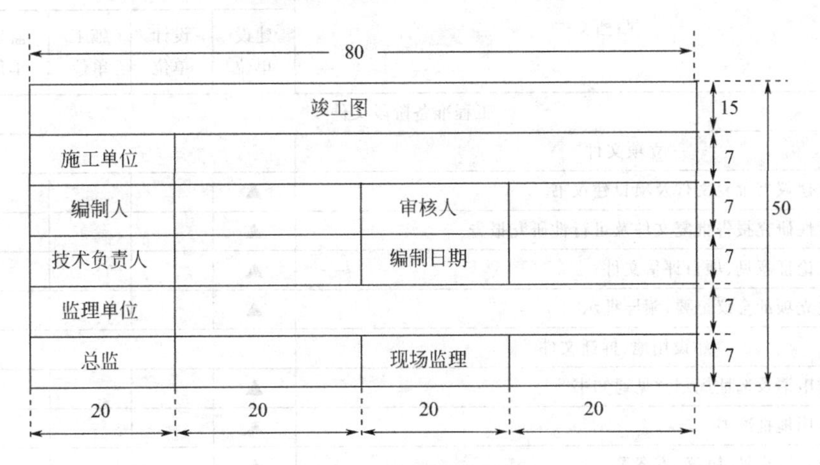

图1-1　竣工图章示例

(10) 利用施工图改绘竣工图，必须标明变更修改依据；凡施工图结构、工艺、平面布置等有重大改变，或变更部分超过图面1/3的，应当重新绘制竣工图。

(11) 不同幅面的工程图样应按《技术制图复制图的折叠方法》(GB/T 10609.3—2009) 统一折叠成A4幅面 (297mm×210mm)，图标栏露在外面。

(12) 归档的建设工程电子文件应采用表1-2所列开放式文件格式或通用格式进行存储。专用软件产生的非通用格式的电子文件应转换成通用格式。

表1-2　建设工程电子文件存储方式表

文件类别	格　式
文本(表格)文件	PDF、XML、TXT
图像文件	JPEG、TIFF
图形文件	DWG、PDF、SVG
影像文件	MPEG2、MPEG4、AVI
声音文件	MP3、WAV

(13) 归档的建设工程电子文件应包含元数据，保证文件的完整性和有效性。元数据应符合现行行业标准《建设电子档案元数据标准》(CJJ/T 187—2012) 的规定。

(14) 归档的建设电子文件应采用电子签名等手段，所载内容应真实和可靠。

(15) 归档的建设工程电子文件的内容必须与其纸质档案一致。

(16) 离线归档的建设工程电子档案载体，应采用一次性写入光盘，光盘不应有磨损、划伤。

(17) 存储移交电子档案的载体应经过检测，应无病毒、无数据读写故障，并应确保接收方能通过适当设备读出数据。

3. 建设工程文件和档案资料的归档范围

建设工程文件和档案资料的归档范围见表1-3。

表 1-3 建设工程文件和档案资料的归档范围

序号	归档文件	保存单位				
		建设单位	设计单位	施工单位	监理单位	城建档案馆
	工程准备阶段文件					
	立项文件					
1	项目建议书批复文件及项目建议书	▲				▲
2	可行性研究报告批复文件及可行性研究报告	▲				▲
3	专家论证意见、项目评估文件	▲				▲
4	有关立项的会议纪要、领导批示	▲				▲
	建设用地、拆迁文件					
1	选址申请及选址规划意见通知书	▲				▲
2	建设用地批准书	▲				▲
3	拆迁安置意见、协议、方案等	▲				△
4	建设用地规划许可证及其附件	▲				▲
5	土地使用证明文件及其附件	▲				▲
6	建设用地钉桩通知单	▲				▲
	勘察、设计文件					
1	工程地质勘察报告	▲	▲			▲
2	水文地质勘察报告	▲	▲			▲
3	初步设计文件(说明书)	▲	▲			
4	设计方案审查意见	▲	▲			▲
5	人防、环保、消防等有关主管部门(对设计方案)审查意见	▲	▲			▲
6	设计计算书	▲	▲			△
7	施工图设计文件审查意见	▲	▲			▲
8	节能设计备案文件	▲				▲
	招投标文件					
1	勘察、设计招投标文件	▲	▲			
2	勘察、设计合同	▲	▲			▲
3	施工招投标文件	▲		▲	△	
4	施工合同	▲		▲	△	▲
5	工程监理招投标文件	▲			▲	
6	监理合同	▲			▲	▲
	开工审批文件					
1	建设工程规划许可证及其附件	▲		△	△	▲
2	建设工程施工许可证	▲		▲	▲	▲
	工程造价文件					
1	工程投资估算材料	▲				
2	工程设计概算材料	▲				
3	招投标价格文件	▲				
4	合同价格文件	▲		▲		△
5	结算价格文件	▲		▲		△

续表

序号	归档文件	保存单位				
		建设单位	设计单位	施工单位	监理单位	城建档案馆
	工程建设基本信息					
1	工程概况信息表	▲		△		▲
2	建设单位工程项目负责人及现场管理人员名册	▲				▲
3	监理单位工程项目总监及监理人员名册	▲			▲	▲
4	施工单位工程项目经理及质量管理人员名册	▲		▲		▲
	监理文件					
	监理管理文件					
1	监理规划	▲			▲	▲
2	监理实施细则	▲		△	▲	▲
3	监理月报	△			▲	
4	监理会议纪要	▲		△	▲	
5	监理工作日志				▲	
6	监理工作总结				▲	▲
7	监理工作联系单	▲		△	△	
8	监理工程师通知单	▲		△	△	△
9	监理工程师通知回复单	▲		△	△	△
10	工程暂停令	▲		△	△	▲
11	工程复工报审表	▲		▲	▲	▲
	进度控制文件					
1	工程开工报审表	▲		▲	▲	▲
2	施工进度计划报审表	▲		△	△	
	质量控制文件					
1	质量事故报告及处理资料	▲		▲	▲	▲
2	旁站监理记录	△		△	▲	
3	见证取样和送检人员备案表	▲		▲	▲	
4	见证记录	▲		▲	▲	
5	工程技术文件报审表			△		
	造价控制文件					
1	工程款支付	▲		△	△	
2	工程款支付证书	▲		△	△	
3	工程变更费用报审表	▲		△	△	
4	费用索赔申请表	▲		△	△	
5	费用索赔审批表	▲		△	△	
	工期管理文件					
1	工期延期申请表	▲		▲	▲	▲
2	工期延期审批表	▲			▲	▲

续表

序号	归档文件	保存单位				
		建设单位	设计单位	施工单位	监理单位	城建档案馆
	监理验收文件					
1	竣工移交证书	▲		▲	▲	▲
2	监理资料移交证书	▲			▲	
	施工文件					
	施工管理文件					
1	工程概况表	▲		▲	▲	△
2	施工现场质量管理检查记录			△	△	
3	企业资质证书及相关管理人员岗位证书	△		△	△	△
4	分包单位资质报审表	▲		▲	▲	
5	建设单位质量事故勘查记录	▲		▲	▲	▲
6	建设单位质量事故报告书	▲		▲	▲	▲
7	施工检测计划	△		△	△	
8	见证试验检测汇总表	▲		▲	▲	▲
9	施工日志			▲		
	施工技术文件					
1	工程技术文件报审表	△		△	△	
2	施工组织设计及施工方案	△		△	△	△
3	危险性较大分部分项工程施工方案	△		△	△	△
4	技术交底记录	△		△		
5	图纸会审记录	▲	▲	▲	▲	▲
6	设计变更通知单	▲	▲	▲	▲	▲
7	工程洽商记录(技术核定单)	▲	▲	▲	▲	▲
	进度造价文件					
1	工程开工报审表	▲	▲	▲	▲	▲
2	工程复工报审表	▲	▲	▲	▲	▲
3	施工进度计划报审表			△	△	
4	施工进度计划			△	△	
5	人、机、料动态表			△	△	
6	工程延期申请表	▲		▲	▲	▲
7	工程款支付申请表	▲		△	△	
8	工程变更费用报审表	▲		△	△	
9	费用索赔申请表	▲		△	△	
	施工物资出厂质量证明及进场检测文件					
	出厂质量证明文件及检测报告					
1	砂、石、砖、水泥、钢筋、隔热保温、防腐材料、轻骨料出厂证明文件	▲		▲	▲	△
2	其他物资出厂合格证、质量保证书、检测报告和报关单或商检证等	△		▲	△	

续表

序号	归档文件	保存单位				
		建设单位	设计单位	施工单位	监理单位	城建档案馆
	施工物资出厂质量证明及进场检测文件					
	出厂质量证明文件及检测报告					
3	材料、设备的相关检验报告、型式检测报告、3C强制认证合格证书或3C标志	△		▲	△	
4	主要设备、器具的安装使用说明书	▲		▲	△	
5	进口的主要材料设备的商检证明文件	△		▲		
6	涉及消防、安全、卫生、环保、节能的材料、设备的检测报告或法定检测机构出具的有效证明文件	▲		▲	▲	△
7	其他施工物资产品合格证、出厂检验报告					
	进场检验通用表格					
1	材料、构配件进场检验记录			△	△	
—	—	—	—	—	—	—
	进场复试报告					
1	钢材试验报告	▲		▲	▲	▲
2	水泥试验报告	▲		▲	▲	▲
3	砂试验报告	▲		▲	▲	▲
4	碎(卵)石试验报告	▲		▲	▲	▲
5	外加剂试验报告	△		▲	▲	▲
6	防水涂料试验报告	▲		▲	△	
7	防水卷材试验报告	▲		▲	△	
8	砖(砌块)试验报告	▲		▲	▲	▲
9	预应力筋复试报告	▲		▲	▲	▲
10	预应力锚具、夹具和连接器复试报告	▲		▲	▲	▲
11	装饰装修用门窗复试报告	▲		▲	△	
12	装饰装修用人造木板复试报告	▲		▲	△	
13	装饰装修用花岗石复试报告	▲		▲	△	
14	装饰装修用安全玻璃复试报告	▲		▲	△	
15	装饰装修用外墙面砖复试报告	▲		▲	△	
16	钢结构用钢材复试报告	▲		▲	▲	▲
17	钢结构用防火涂料复试报告	▲		▲	▲	▲
18	钢结构用焊接材料复试报告	▲		▲	▲	▲
19	钢结构用高强度大六角头螺栓连接副复试报告	▲		▲	▲	▲
20	钢结构用扭剪型高强螺栓连接副复试报告	▲		▲	▲	▲
21	幕墙用铝塑板、石材、玻璃、结构胶复试报告	▲		▲	▲	▲
22	节能工程材料复试报告	▲		▲	▲	▲
23	其他物资进场复试报告					

续表

序号	归档文件	保存单位				
		建设单位	设计单位	施工单位	监理单位	城建档案馆
	施工记录文件					
1	隐蔽工程验收记录	▲		▲	▲	▲
2	施工检查记录			△		
3	交接检查记录			△		
4	工程定位测量记录	▲		▲	▲	▲
5	基槽验线记录	▲		▲	▲	▲
6	楼层平面放线记录			△	△	△
7	楼层标高抄测记录			△	△	△
8	建筑物垂直度、标高观测记录	▲		▲	△	△
9	沉降观测记录	▲		▲	△	▲
10	基坑支护水平位移监测记录			△	△	
11	基坑、支护测量放线记录			△	△	
12	地基验槽记录	▲	▲	▲	▲	▲
13	地基钎探记录	▲		△	△	▲
14	混凝土浇灌申请书			△	△	
15	预拌混凝土运输单			△		
16	混凝土开盘鉴定			△	△	
17	混凝土拆模申请单			△	△	
18	混凝土预拌测温记录			△		
19	混凝土养护测温记录			△		
20	大体积混凝土养护测温记录			△		
21	大型构件吊装记录	▲		△	△	▲
22	焊接材料烘焙记录	▲		△		
23	地下工程防水效果检查记录	▲		△	△	
24	防水工程试水检查记录	▲		△	△	
25	通风(烟)道、垃圾道检查记录	▲		△	△	
26	预应力筋张拉记录	▲		▲	△	▲
27	有黏结预应力结构灌浆记录	▲		▲	△	▲
28	钢结构施工记录	▲		▲	△	
29	网架(索膜)施工记录	▲		▲	△	▲
30	木结构施工记录	▲		▲	△	
31	幕墙注胶检查记录	▲		▲	△	
—	—	—	—	—	—	—
	施工试验记录及检测文件					
	通用表格					
—	—	—	—	—	—	—

续表

序号	归档文件	保存单位				
		建设单位	设计单位	施工单位	监理单位	城建档案馆
	建筑与结构工程					
1	锚杆试验报告	▲		▲	△	△
2	地基承载力检验报告	▲		▲	△	▲
3	桩基检测报告	▲		▲	△	▲
4	土工击实试验报告	▲		▲	△	▲
5	回填土试验报告(应附图)	▲		▲	△	▲
6	钢筋机械连接试验报告	▲		▲	△	△
7	钢筋焊接连接试验报告	▲		▲	△	△
8	砂浆配合比申请书、通知单	▲		△	△	△
9	砂浆抗压强度试验报告	▲		▲	△	▲
10	砌筑砂浆试块强度统计、评定记录	▲		▲		△
11	混凝土配合比申请书、通知单	▲		△	△	△
12	混凝土抗压强度试验报告	▲		▲	△	▲
13	混凝土试块强度统计、评定记录	▲		▲	△	△
14	混凝土抗渗试验报告	▲		▲	△	△
15	砂、石、水泥放射性指标报告	▲		▲	△	△
16	混凝土碱总量计算书	▲		▲	△	△
17	外墙饰面砖样板黏结强度试验报告	▲		▲	△	△
18	后置埋件抗拔试验报告	▲		▲	△	△
19	超声波探伤报告、探伤记录	▲		▲	△	△
20	钢构件射线探伤报告	▲		▲	△	△
21	磁粉探伤报告	▲		▲	△	
22	高强度螺栓抗滑移系数检查报告	▲		▲	△	△
23	钢结构焊接工艺评定			△	△	△
24	网架节点承载力试验报告	▲		▲	△	△
25	钢结构防腐、防火涂料厚度检测报告	▲		▲	△	△
26	木结构胶缝试验报告	▲		▲	△	
27	木结构构件力学性能试验报告	▲		▲	△	△
28	木结构防护剂试验报告	▲		▲	△	△
29	幕墙双组分聚硅氧烷结构胶混匀性及拉断试验报告	▲		▲	△	△
30	幕墙的抗风压性能、空气渗透性能、雨水渗透性能及平面内变形性能检测报告	▲		▲	△	△
31	外门窗的抗风压性能、空气渗透性能和雨水渗透性能检测报告	▲		▲	△	△
32	墙体节能工程保温板材与基层黏结强度现场拉拔试验	▲		▲	△	△
33	外墙保温材料同条件养护试件试验报告	▲		▲	△	△
34	结构实体混凝土强度验收记录	▲		▲	△	△

续表

序号	归档文件	保存单位				
		建设单位	设计单位	施工单位	监理单位	城建档案馆
	建筑与结构工程					
35	结构实体钢筋保护层厚度验收记录	▲		▲	△	△
36	围护结构现场实体检验	▲		▲	△	△
37	室内环境检测报告	▲		▲	△	△
38	节能性能检测报告	▲		▲	△	▲
39	其他建筑与结构施工验收记录与检测文件					
	给水排水与供暖工程					
—	—	—	—	—	—	—
	建筑电气工程					
—	—	—	—	—	—	—
	智能建筑工程					
—	—	—	—	—	—	—
	通风与空调工程					
—	—	—	—	—	—	—
	电梯工程					
—	—	—	—	—	—	—
	施工质量验收文件					
1	检验批质量验收记录	▲		△	△	
2	分项工程质量验收记录	▲		▲	▲	
3	分部(子分部)工程质量验收记录	▲		▲	▲	▲
4	建筑节能分部工程质量验收记录	▲		▲	▲	▲
—	—	—	—	—	—	—
	施工验收文件					
1	单位(子单位)工程竣工预验收报验表	▲		▲		▲
2	单位(子单位)工程质量竣工验收记录	▲	△	▲		▲
3	单位(子单位)工程质量控制资料核查记录	▲		▲		▲
4	单位(子单位)工程安全和功能检验资料核查及主要功能抽查记录	▲		▲		▲
5	单位(子单位)工程观感质量检查记录	▲		▲		▲
6	施工资料移交证书	▲		▲		
7	其他施工验收资料					
	竣工图					
1	建筑竣工图	▲		▲		▲
2	结构竣工图	▲		▲		▲
3	钢结构竣工图	▲		▲		▲

续表

序号	归档文件	保存单位				
		建设单位	设计单位	施工单位	监理单位	城建档案馆
	竣工图					
4	幕墙竣工图	▲		▲		▲
5	室内装饰竣工图	▲		▲		
6	建筑给水排水及供暖竣工图	▲		▲		▲
7	建筑电气竣工图	▲		▲		▲
8	智能建筑竣工图	▲		▲		▲
9	通风与空调竣工图	▲		▲		▲
10	室外工程竣工图	▲		▲		▲
11	规划红线内的室外给水、排水、供热、供电、照明管线等竣工图	▲		▲		▲
12	规划红线内的道路、园林绿化、喷灌设施等竣工图	▲		▲		▲
	工程竣工验收文件					
1	勘察单位工程质量检查报告	▲		△	△	▲
2	设计单位工程质量检查报告	▲	▲	△	△	▲
3	施工单位工程竣工报告	▲		▲	△	▲
4	监理单位工程质量评估报告	▲		△	▲	▲
5	工程竣工验收报告	▲	▲	▲	▲	▲
6	工程竣工验收会议纪要	▲	▲	▲	▲	▲
7	专家组竣工验收意见	▲	▲	▲	▲	▲
8	工程竣工验收证书	▲	▲	▲	▲	▲
9	规划、消防、环保、民防、防雷等部门出具的认可文件或准许使用文件	▲	▲	▲	▲	▲
10	房屋建筑工程质量保修书	▲				▲
11	住宅质量保证书、住宅使用说明书	▲		▲		▲
12	建设工程竣工验收备案表	▲	▲	▲	▲	▲
13	建设工程档案预验收意见	▲		△		▲
14	城市建设档案移交书	▲				▲
	竣工决算文件					
1	施工决算文件	▲		▲		△
2	监理决算文件	▲			▲	△
	工程声像资料等					
1	开工前原貌、施工阶段、竣工新貌照片	▲		△	△	▲
2	工程建设过程的录音、录像资料(重大工程)	▲		△	△	▲
	其他工程文件					

注:表中符号“▲”表示必须归档保存;“△”表示选择性归档保存。

第四节　工程文件的组卷

一、立卷文件的要求

立卷是指按照一定的原则和方法，将有保存价值的文件分门别类整理成案卷，亦称组卷。

1. 立卷的基本原则

立卷应遵循工程文件的自然形成规律和工程专业的特点，保持卷内文件的有机联系，便于档案的保管和利用。一项建设工程有多个单位工程组成时，工程文件应按单位工程组卷。

2. 立卷的方法

(1) 工程文件可按建设程序划分为工程准备阶段的文件、监理文件、施工文件、竣工图、竣工验收文件5部分。

(2) 工程准备阶段文件应按建设程序、形成单位等进行立卷。

(3) 监理文件应按单位工程、分部工程或专业、阶段等进行立卷。

(4) 施工文件应按单位工程、分部（分项）工程进行立卷。

(5) 竣工图和竣工验收文件应按单位工程分专业进行立卷。

(6) 电子文件立卷时，每个工程（项目）应建立多级文件夹，应与纸质文件在案卷设置上一致，并应建立相应的标识关系。

(7) 声音、图像资料应按建设工程各阶段立卷，重大事件及重要活动的声像资料应按专题立卷，声音、图像档案与纸质档案应建立相应的标识关系。

3. 施工文件的立卷应符合下列要求

(1) 专业承（分）包施工的分部、子分部（分项）工程应分别单独立卷。

(2) 室外工程应按室外建筑环境和室外安装工程单独立卷。

(3) 当施工文件中部分内容不能按一个单位工程分类立卷时，可按建设工程立卷。

4. 立卷过程中宜遵循下列要求

(1) 案卷不宜过厚，文字材料卷厚度不宜超过20mm，图纸卷厚度不宜超过50mm。

(2) 案卷内不应有重份文件；印刷成册的工程文件宜保持原状。

(3) 建设工程电子文件的组织和排列可按纸质文件进行。

5. 卷内文件的排列

(1) 文字材料按事项、专业顺序排列。同一事项的请示与批复、同一文件的印本与定稿，主体与附件不能分开，并按批复在前、请示在后，印本在前、定稿在后，主件在前、附件在后的顺序排列。

(2) 图样按专业排列，同专业图样按图号顺序排列。

(3) 既有文字材料又有图样的案卷，如果文字是针对整个工程或某个专业进行的说明或指示，文字材料排前，图样排后；如果文字是针对某一图幅或某一问题或局部的一般说明，图样排前，文字材料排后。

二、案卷的编目

1. 编制卷内文件页号应符合下列规定

(1) 卷内文件均按有书写内容的页面编号。每卷单独编号，页号从“1”开始。

(2) 页号编写位置：单面书写的文件在右下角；双面书写的文件，正面在右下角，背面在左下角。折叠后的图样一律在右下角。

（3）成套图样或印刷成册的科技文件材料，自成一卷的，原目录可代替卷内目录，不必重新编写页码。

（4）案卷封面、卷内目录、卷内备考表不编写页号。

2. 卷内目录的编制应符合下列规定

（1）卷内目录式样宜符合图 1-2 要求。

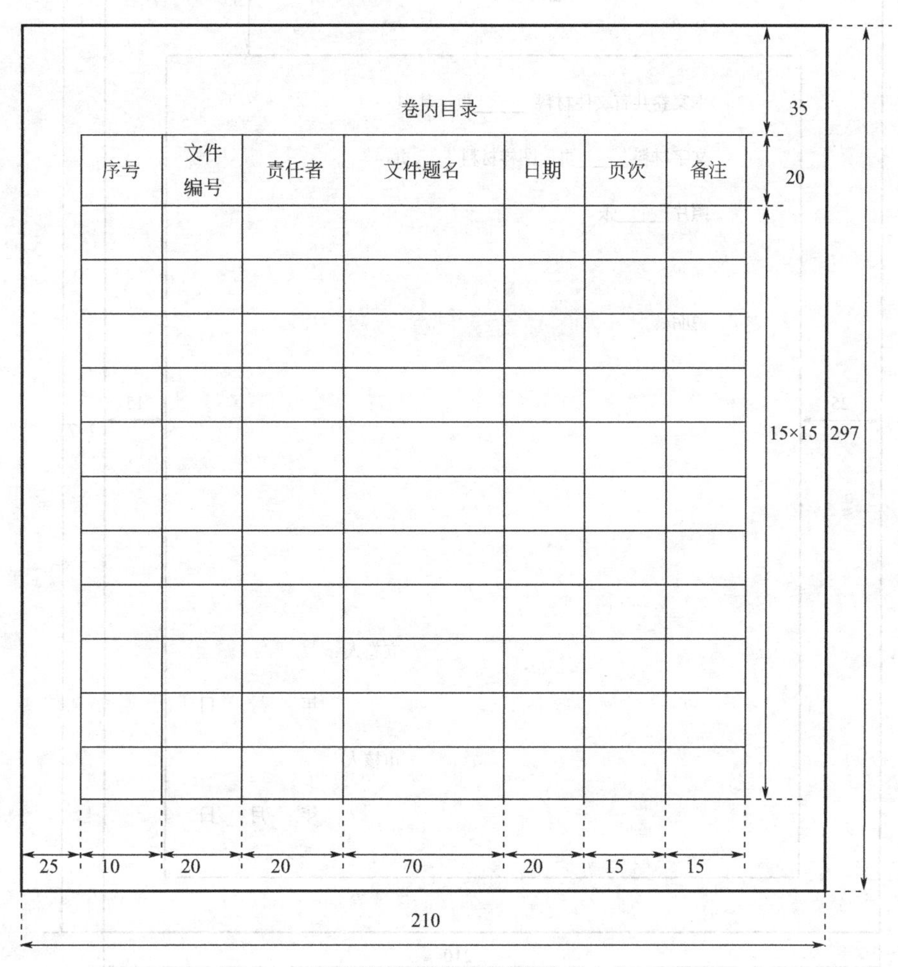

图 1-2 卷内目录式样（尺寸单位统一为 mm）

（2）序号 以一份文件为单位，用阿拉伯数字从 1 依次标注。

（3）责任者 填写文件的直接形成单位和个人。有多个责任者时，选择两个主要责任者，其余用“等”代替。

（4）文件编号 填写文件形成单位的发文号或图纸的图号，或设备、项目代号。

（5）文件题名 填写文件标题的全称。当文件无标题时，应根据内容拟写标题，拟写标题外应加“[ ]”符号。

（6）日期 填写文件形成的日期或文件的起止日期，竣工图应填写编制日期。日期中“年”应用四位数表示，“月”和“日”应分别用两位数表示。

（7）页次 填写文件在卷内所排的起始页号。最后一份文件填写起止页号。

（8）备注 填写需要说明的问题。

（9）卷内目录排列在卷内文件首页之前。

3. 卷内备考表的编制应符合下列规定

（1）卷内备考表排列在卷内文件的尾页之后，式样宜符合图 1-3 的要求。

（2）卷内备考表主要标明卷内文件的总页数、各类文件页数或照片张数及立卷单位对案卷情况的说明。

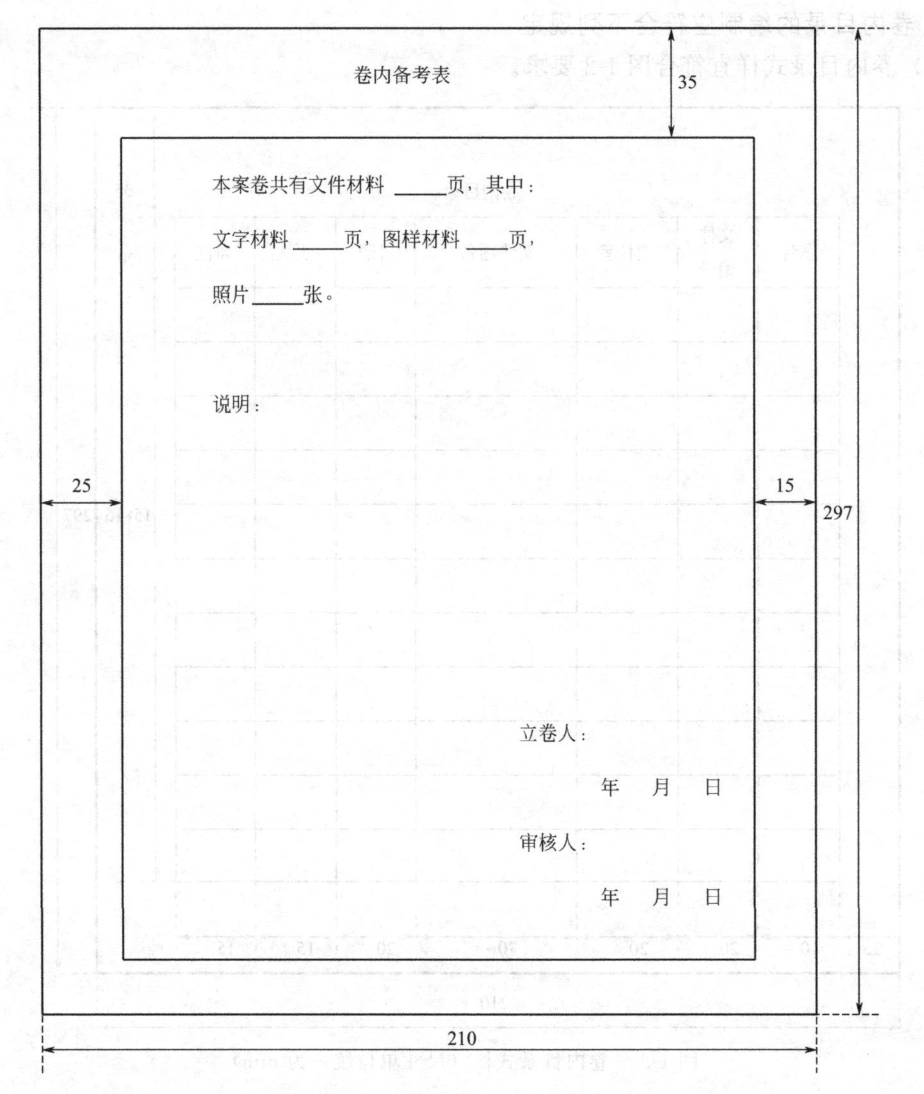

图 1-3 卷内备考表式样（尺寸单位统一为 mm）

4. 案卷封面的编制应符合下列规定

（1）案卷封面印刷在卷盒、卷夹的正表面，也可采用内封面形式。案卷封面的式样宜符合图 1-4 的要求。

（2）案卷封面的内容应包括档号、案卷题名、编制单位、起止日期、密级、保管期限、本案卷所属工程的案卷总量、本案卷在该工程案卷中的排序。

（3）档号应由分类号、项目号和案卷号组成。档号由档案保管单位填写。

（4）档案馆代号应填写国家给定的本档案馆的编号。档案馆代号由档案馆填写。

（5）案卷题名应简明、准确地揭示卷内文件的内容。

（6）编制单位应填写案卷内文件的形成单位或主要责任者。

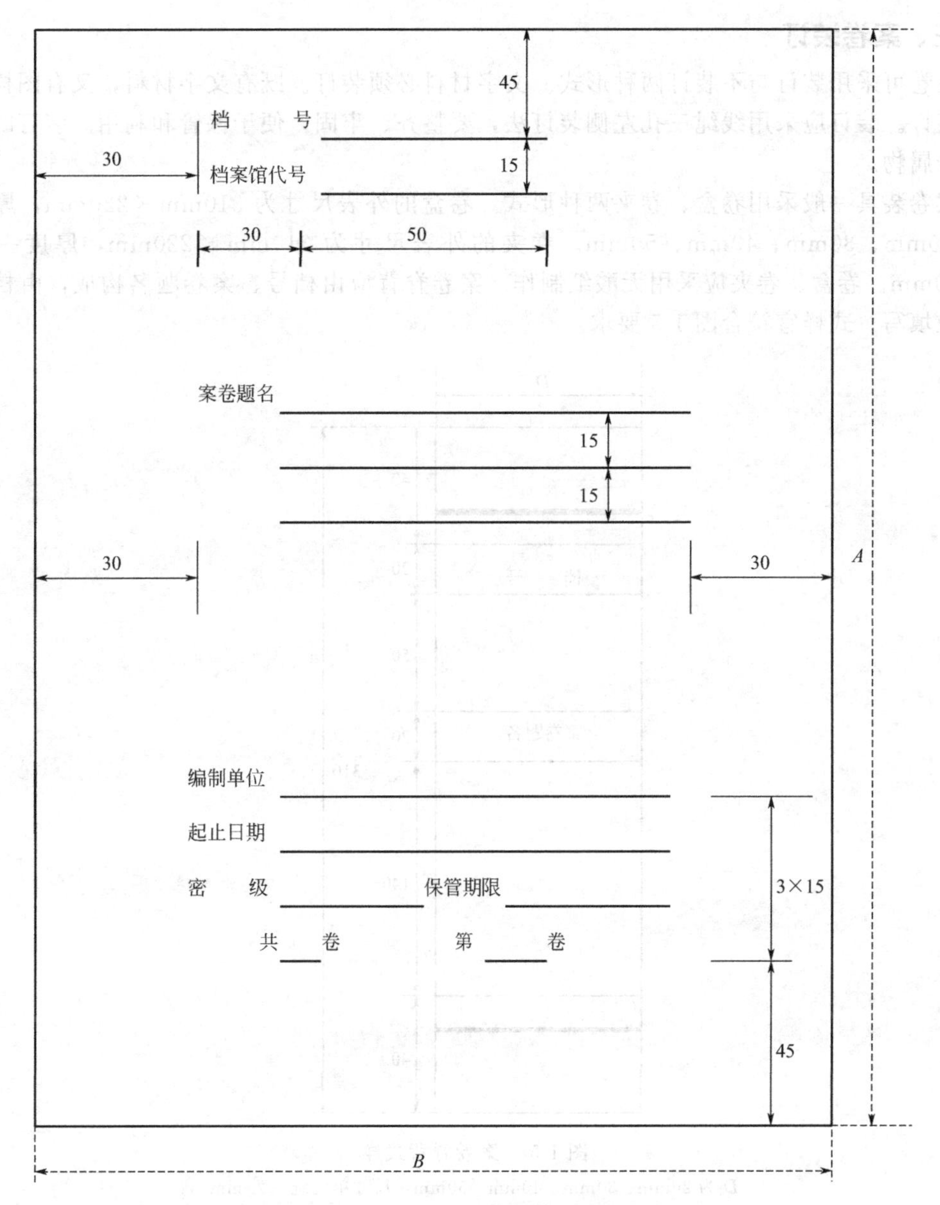

图 1-4　案卷封面的式样

卷盒、卷夹封面 $A\times B=310\times220$；案卷封面 $A\times B=297\times210$；尺寸单位统一为 mm

(7) 起止日期应填写案卷内全部文件形成的起止日期。

(8) 建筑工程案卷题名应包括工程名称（含单位工程名称）、分部工程或专业名称及卷内文件概要等内容；当房屋建筑工程有地名管理机构批准的名称或正式名称时，应以正式名称为工程名称，建设单位名称可省略；必要时可增加工程地址内容。

(9) 保管期限应根据卷内文件的保存价值在永久保管、长期保管、短期保管三种保管期限中选择划定。同一案卷内有不同保管期限的文件时，该案卷保管期限应从长。

密级应在绝密、机密、秘密三个级别中选择划定。同一案卷内有不同密级的文件，应以高密级为本卷密级。

卷内目录、卷内备考表、案卷内封面应采用 70g 以上白色书写纸制作，幅面统一采用 A4 幅面。

三、案卷装订

案卷可采用装订与不装订两种形式。文字材料必须装订。既有文字材料，又有图样的案卷应装订。装订应采用线绳三孔左侧装订法，要整齐、牢固，便于保管和利用。装订时必须剔除金属物。

案卷装具一般采用卷盒、卷夹两种形式。卷盒的外表尺寸为 310mm×220mm，厚度分别为 20mm、30mm、40mm、50mm。卷夹的外表尺寸为 310mm×220mm，厚度一般为 20～30mm。卷盒、卷夹应采用无酸纸制作。案卷脊背应由档号、案卷题名构成，由档案保管单位填写。式样宜符合图 1-5 要求。

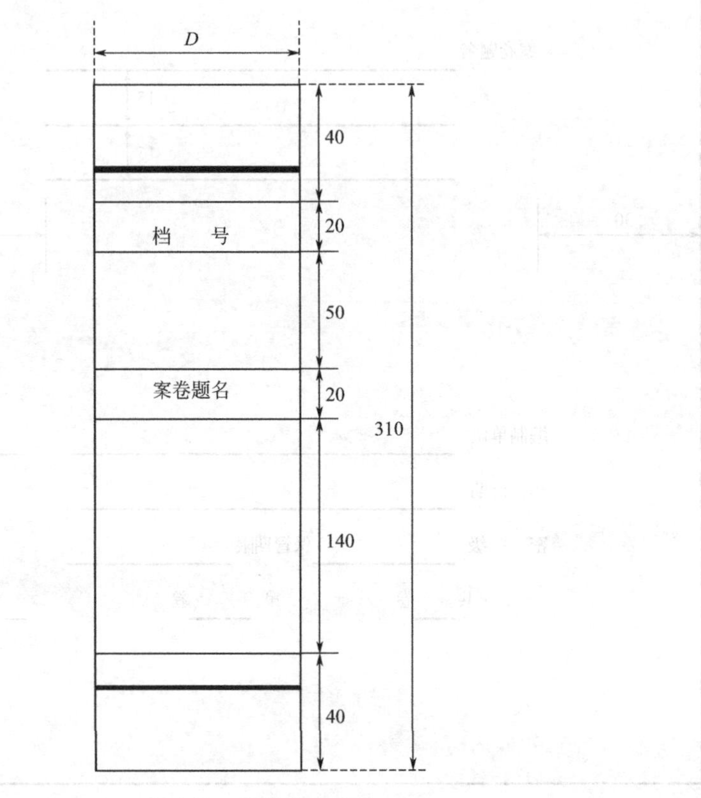

图 1-5　案卷脊背式样

D 为 20mm、30mm、40mm、50mm，尺寸单位统一为 mm

第五节　建筑工程档案的验收与移交

一、建筑工程档案的验收

列入城建档案管理机构档案接收范围的工程，建设单位在组织工程竣工验收前，应提请城建档案管理机构对工程档案进行预验收。建设单位未取得城建档案管理机构出具的认可文件，不得组织工程竣工验收。

1. 建筑工程档案验收的程序

（1）工程竣工验收前，各参建单位的主管（技术）负责人应对本单位形成的工程资料进行竣工审查。建设单位应按照国家验收规范的规定和城建档案管理的有关要求，对勘察、设计、监理、施工等单位汇总的工程资料进行验收，使其完整、准确、真实。

（2）单位（子单位）工程完工后，施工单位应自行组织有关人员进行检查评定，合格后填写《工程竣工报验单》，并附相应的竣工资料（包括分包单位的竣工资料）报项目监理部，申请工程竣工预验收。总监理工程师组织项目监理部人员与施工单位进行检查验收，合格后总监理工程师签署《工程竣工报验单》。

（3）单位工程竣工预验收通过后，应由建设单位（项目）负责人组织设计、监理、施工（含分包单位）等单位（项目）负责人进行单位（子单位）工程验收，形成《单位（子单位）工程质量竣工验收记录表》。当参加验收各方对工程质量验收意见不一致时，可请当地建设行政主管部门或工程质量监督机构协调处理。

（4）对于国家和省市重点工程项目的预验收或验收会，应有城建档案管理机构的有关人员参加。

（5）工程竣工验收前，应由城建档案管理机构对工程档案进行预验收，并出具《建设工程竣工档案预验收意见》（见例 1.1）。

（6）工程竣工验收后，工程档案再经城建档案管理机构验收，不合格的应由城建档案管理机构责成建设单位重新进行编制，符合要求后重新报送，直到符合要求为止。

2. 城建档案管理机构工程档案预验收的重点内容

（1）工程档案齐全，系统，完整，全面反映工程建设活动和工程实际状况。

（2）工程档案已整理立卷，立卷符合有关规定。

（3）竣工图的绘制方法、图式及规格等符合专业技术要求，图面整洁，盖有竣工图章。

（4）文件的形成、来源符合实际，要求单位或个人签章的文件，其签章手续完备。

（5）文件的材质、幅面、书写、绘图、用墨、托裱等符合要求。

（6）电子档案格式、载体等符合要求。

（7）声像档案内容、质量、格式符合要求。

【例 1.1】

建设工程竣工档案预验收意见

×××市城档建字×××号

工程名称	×××小区工程	工程地址	××区××街×号	规划许可证	×××
建设单位	×××房地产开发公司	建筑面积		施工许可证	×××
设计单位	×××建筑设计院	结构类型		建设单位联系人	×××
施工单位	×××建筑工程有限公司	层数		电话	××××
监理单位	×××监理公司	计划竣工日期	××年×月×日	实际竣工日期	××年×月×日

工程竣工档案内容与编审意见

根据国务院《建设工程质量管理条例》和建设部《城市建设档案管理规定》，经审查，本工程竣工档案的基建文件、监理文件、施工文件及竣工图已基本收集齐全，可以满足竣工档案编制需要。

建设单位已正式办理了竣工档案编制的委托合同，并已在城建档案管理部门备案。竣工档案应在××年×月×日之前向城建档案管理部门移交。

建设单位：（公章） 负责人： 联系电话： ××年×月×日	城建档案管理机构预验收意见： 该工程的工程档案已具备竣工验收条件，可以进行工程竣工验收。 （公章） 验收人：　　　　负责人： ××年×月×日

注：资料一式三份。一份交质量监督机构，供备案，一份交城建档案管理部门，一份交建设单位。

二、建筑工程档案的移交

列入城建档案管理机构接收范围的工程，建设单位在工程竣工验收后3个月内，必须向城建档案管理机构移交一套符合规定的工程档案。停建、缓建建设工程的档案，暂由建设单位保管。

对改建、扩建和维修工程，建设单位应组织设计、施工单位据实修改，补充和完善原工程档案。对改变的部位，应当重新编制工程档案，并在工程竣工验收后3个月内向城建档案管理机构移交。建设单位向城建档案管理机构移交工程档案时，应办理移交手续。城市建设档案移交书（见例1.2），是工程竣工档案进行移交的凭证，应有移交日期和移交单位、接收单位盖章和主管人员签字，并附有工程资料移交目录件。

【例1.2】

城市建设档案移交书

××房地产开发公司向城市建设档案管理机构移交××小区住宅工程档案共计18卷。其中：文字资料8卷，图样资料10卷，其他资料17张（照片）。

附：城市建设档案移交目录一式三份，共3张。

移交单位（公章）： 接收单位（公章）：

单位负责人： 单位负责人：

移 交 人： 接 收 人：

移交日期：××××年×月×日

工程资料移交目录

序号	工程项目名称	××××市×××小区住宅工程						
		资料数量						备注
		文字资料		图样资料		综合卷		
		卷	张	卷	张	卷	张	
1	建设单位资料	1	51					
2	施工技术资料	1	79					
3	施工检测资料	1	153					
4	隐蔽工程验收记录	1	63					
5	施工质量验收记录	1	43					
6	监理资料	3	217					
7	建筑竣工图			2	37			
8	结构竣工图			3	59			
9	给水竣工图			1	7			
10	排水竣工图			1	5			
11	采暖竣工图			1	9			
12	电器竣工图			1	8			
13	智能竣工图			1	11			

注：综合卷指文字和图样材料混装的案卷。

本章小结

本章知识结构如下所示：

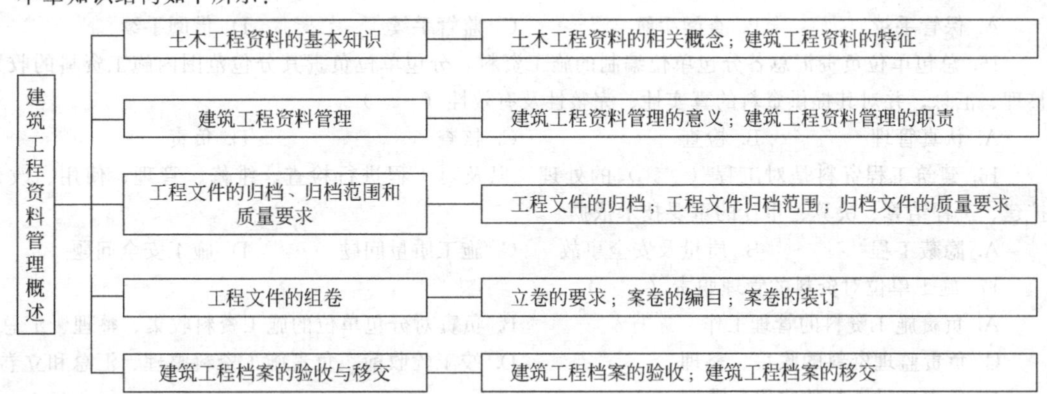

自测练习

一、选择题

1. 工程开工前，（　　）应与城建档案管理机构签订《建设工程竣工档案责任书》。

A. 建设单位　　B. 施工单位　　C. 监理单位　　D. 设计单位

2. 工程资料应随着工程进度（　　）收集、整理和立卷，并按照有关规定进行移交。

A. 随时　　B. 及时　　C. 同步　　D. 准时

3. 工程资料的长期保管是指工程档案的保存期等于（　　）。

A. 50 年　　B. 60 年　　C. 该工程的使用寿命　　D. 40 年

4. 工程竣工验收后，工程档案需经城建档案（　　），不合格的应由城建档案管理机构责成建设单位重新进行编制，符合要求后重新报送，直到符合要求为止。

A. 鉴定　　B. 验收　　C. 检查　　D. 评审

5. 工程资料案卷脊背项目的档案号、案卷题名，均由（　　）单位填写。

A. 建设　　B. 施工　　C. 档案保管　　D. 监理

6. 以下（　　）不属于应单独组卷的子分部工程。

A. 钢结构　　B. 钢管混凝土结构　　C. 幕墙　　D. 有支护土方工程

7. 档案卷内同专业图纸按（　　）顺序排列。

A. 施工　　B. 先重要后次要的　　C. 先下后上部位的　　D. 图号

8. 案卷不宜过厚，文字材料卷厚度不宜（　　）mm。

A. 超过 50　　B. 超过 30　　C. 超过 40　　D. 超过 20

9. 所有竣工图均应加盖竣工图章，应盖在图标栏（　　）空白处。

A. 上方　　B. 下方　　C. 左方　　D. 右方

10. 城建档案管理机构对工程档案验收合格后，须出具工程（　　）文件。

A. 准用　　B. 资料接收　　C. 档案认可　　D. 竣工

11. 一个建设工程由多个单位工程组成时，工程文件应按（　　）工程组卷。

A. 建设　　B. 多个单位　　C. 单位　　D. 分部

12. 案卷页号的编号，每卷从阿拉伯数字 1 开始，使用（　　）油墨的打号机打号，依次逐张连续标注。

A. 红色　　B. 黄色　　C. 黑色　　D. 绿色

13. 案卷一般均采用工程所在地建设行政主管部门或城建档案部门统一监制的卷盒，卷盒外表尺寸通常为（　　）mm。

A. 310×220　　B. 297×420　　C. 297×210　　D. 300×220

14. 应严格履行工程资料的（　　），借阅或传阅应注明借阅或传阅的日期、借阅人名、传阅责任人、传阅范围及期限，借阅或传阅人应签字认可，到期应及时归还；借阅或传阅文件借（传）出后，应在文件夹的内附目录中做上标记。

A. 保管手续　　B. 查阅手续　　C. 监管手续　　D. 借阅手续

15. 总包单位负责汇总各分包单位编制的施工资料，分包单位负责其分包范围内施工资料的收集、整理、汇总，并对其提供资料的真实性、完整性及有效性（　　）

A. 认真管理　　B. 检查　　C. 核查　　D. 负责

16. 建筑工程资料是对工程（　　）的处理，以及对工程进行检查、维修、管理、使用、改建、扩建、工程结算、决算、审计的重要技术依据。

A. 隐蔽工程　　B. 质量及安全事故　　C. 施工质量问题　　D. 施工安全问题

17. 施工单位对资料的管理职责（　　）。

A. 负责施工资料的管理工作　　B. 负责对分包单位的施工资料收集、整理、汇总

C. 负责监理资料的收集、整理　　D. 竣工验收前，负责施工资料整理、汇总和立卷

E. 负责建设资料的收集、整理

18. 施工单位资料员的岗位职责（　　）。

A. 负责施工单位内部资料的收发、传达　　B. 负责施工图样收发、登记工作

C. 负责施工生产管理　　D. 处理好各种公共关系

E. 竣工图的绘制

19. 以下（　　）属于建筑工程资料的分类。

A. 建设单位的文件资料　　B. 施工技术资料　　C. 监理单位的文件资料

D. 施工单位的文件资料　　E. 竣工图资料

20. 竣工图资料的分类（　　）。

A. 建筑竣工图　　B. 结构竣工图　　C. 幕墙竣工图　　D. 施工检测资料

E. 施工测量记录

二、名词解释

1. 建筑工程资料
2. 监理资料
3. 竣工图
4. 立卷

三、学习思考

1. 什么是建设工程文件?
2. 简述建筑工程资料的特征。
3. 施工单位资料员岗位职责有哪些?
4. 关于工程文件在质量方面有哪些要求?
5. 简述立卷的方法有哪些。
6. 简述建筑工程档案验收的程序。
7. 工程资料卷内资料排列顺序有什么规定?

四、案例分析训练

〖案例一〗

某写字楼大厦是一座现代化的智能型建筑，框架-剪力墙结构，地下 2 层，地上 26 层，建筑面积 5.4 万平方米，施工总承包单位是该市第三建筑公司，由于该工程设备先进，要求高，因此该公司将机电设备安装工程分包给央企某公司。

【问题】

1. 该工程施工技术竣工档案应由谁上缴到城建档案管理机构?
2. 央企某公司的竣工资料直接交给建设单位是否正确？　为什么?

3. 该工程施工总承包单位和分包方央企某公司在工程档案管理方面的职责是什么?

4. 建设方在工程档案管理方面的职责是什么?

分析思考:本题主要考核学生对参建各方对工程文件资料的管理职责及工程文件档案归档要求的掌握程度。

〖案例二〗

某新建建筑装饰装修工程，为工程所在地的重点工程，竣工资料列入城建档案管理机构（室）接受范围。 施工合同约定的施工内容包括：建筑地面、抹灰、门窗、吊顶、轻质隔墙、饰面板（砖）、幕墙、涂饰、裱糊与软包、细部工程等。 开工前，建筑工程专业建造师（担任项目经理，下同）在主持编制施工组织设计时制定了质量控制资料（文件）编制计划，资料编制计划的内容包括：施工文件、竣工图和竣工验收文件，竣工资料不少于 3 套。 工程于 2012 年 5 月 1 日竣工。

【问题】

1. 建筑工程专业建造师（担任项目经理）主持编制的质量控制资料编制计划内容是否全面? 请说明理由。

2. 2012 年 10 月 10 日，建筑工程专业建造师负责将该工程的质量控制资料移交给建设单位。 请问该建筑工程专业建造师移交资料的时间合理吗? 请说明理由。

3. 2012 年 4 月 16 日，建筑工程专业建造师邀请城建档案管理机构对施工过程形成的工程文件进行预验收。 城建档案管理机构检查发现，普通硅酸盐水泥出厂 3d 试验报告、28d 强度试验报告为 32 开的规格，没有衬托；施工材料预制构件质量证明文件及复试试验报告组卷厚度达 50mm；竣工图章盖在图标上；竣工图将图标折叠隐藏起来；所有资料共组成 5 卷，第一卷从 1 页开始编号，共 336 页，第二卷从 337 页开始编号，编到 785 页，以后的卷宗均采用上一卷结束页号的下一个流水号作为后一卷的开始页码。 请问城建档案管理机构对施工过程形成的工程文件预验收检查发现的不符合项有哪些? 如何纠正?

分析思考:本题主要考核学生对质量控制资料计划内容、工程档案移交时间的要求、工程文件档案归档的质量要求的掌握程度。

第二章　工程准备阶段资料

知识目标

● 了解：建设项目决策立项阶段文件形成过程。
● 理解：建设规划用地、勘察、设计文件以及财务文件的形成过程。
● 掌握：招投标阶段，开工审批阶段，工程质量监督文件的形成。

能力目标

● 能解释各种文件的形成过程。
● 能按照文件形成的顺序进行整理、组卷并按有关要求加以应用。

本章讲述的内容主要有：建设项目决策立项阶段，建设规划用地勘察、设计、招投标阶段，开工审批阶段，工程质量监督以及财务文件的编制和整理工作。

第一节　工程准备阶段资料管理

一、工程准备阶段资料形成过程

工程准备阶段资料形成过程见图 2-1。

二、工程准备阶段资料管理

1. 立项文件

（1）发改部门批准的立项文件　它是由发展改革部门批准的该项目的立项文件，由建设单位负责收集、提供。

（2）项目建议书　它是由建设单位自行编制或委托其他有相应资质的咨询或设计单位编制并申报的文件，由建设单位负责收集、提供。

（3）立项会议纪要　它是由建设单位或其上级主管部门就该项目召开立项研究会议，所形成的纪要文件，由组织会议的单位负责提供。

（4）项目建议书的批复文件　它是建设单位的上级主管单位和国家有关主管部门（一般是发展改革部门），对该项目建议书的批复文件。由负责批复的主管部门提供。

（5）可行性研究报告及附件　它是由建设单位自行编制或委托具有相应资质的工程咨询、设计单位编制可研报告，由编制单位提供。

（6）项目评估研究资料　它是由建设单位或主管部门（一般是发展改革部门）组织会议，对该项目的可行性研究报告进行评估论证之后所形成的资料，由组织评估的单位负责提供，建设单位负责收集。

（7）可行性报告的批复文件　它是由发展改革部门对该项目的可行性研究报告，作出的

图 2-1　工程准备阶段资料形成过程

批复文件。

(8) 初步设计审批文件　由发展改革部门组织，对该项目初步设计进行审查之后，所形成的批复文件。

(9) 专家对项目的有关建议文件　它是由建设单位和有关部门组织专家会议，所形成的有关建议性方面的文件，由组织的单位提供，建设单位负责收集。

(10) 年度计划审批文件或年度计划备案材料　它是由建设单位组织自行编制或由其有关主管部门批准的计划文件。

2. 建设规划用地文件

(1) 建设项目选址意见书　由建设单位提出申请，规划部门批准的文件。

(2) 规划线测图（航测图）　建设单位到规划主管部门办理，由规划部门提供的相关图样文件。

(3) 建设项目用地定位通知书　建设单位到规划部门办理的用地定位通知书，由规划部门提供。

(4) 建设用地规划许可证及附图　建设单位到规划部门办理的，由规划部门提供。

(5) 建设用地预审　建设单位到国土资源部门办理，由国土资源部门提供。

(6) 征（占）用土地的批准文件和使用国有土地的批准意见　由具有相应批准权限的政府批准形成，由国土资源部门批准的文件。

(7) 建设用地批准书　建设单位到国土资源部门办理，由国土资源部门负责提供。

(8) 土地使用证　建设单位到有相应权限的国土资源部门办理，由批准部门提供。

(9) 拆迁安置方案及有关协议　由相关部门负责提供。

3. 勘察、设计文件

(1) 工程地质(水文)勘察报告　建设单位委托勘察单位进行勘察,由勘察单位编制而成的文件,勘察单位负责提供。

(2) 设计方案(报批图)　由设计单位负责编制,规划部门审批后确定。

(3) 审定设计方案(报批图)的审查意见　分别由人防、环保、交通、园林、市政、电力、电信、卫生、消防等部门提出审批意见,由负责审查的部门负责提供。

(4) 建筑工程规划许可证、附图及附件　由建设单位到规划部门办理,规划部门负责提供。

(5) 初步设计及说明　由设计单位负责编制形成并提供。

(6) 施工图设计及说明　由设计单位负责编制形成并提供。

(7) 设计计算书　由设计单位负责编制形成并提供。

(8) 施工图审查合格证书　由施工图审查机构对设计的施工图进行审查,合格后发给的合格证书,由施工图审查机构提供。

4. 工程招投标及合同文件

(1) 勘察、设计、施工、监理等各种招投标文件及中标通知书　招标文件由建设单位自行编制或委托具有相应资质的招标代理机构编制,投标文件分别由勘察、设计、监理、施工单位编制,中标通知书由建设单位或招标代理机构编制而成,监管部门备案。由编制单位负责提供。

(2) 勘察、设计、监理、施工合同文件　由建设单位分别与勘察、设计、监理、施工单位协商签订而成,并到建设主管部门备案。由参与签订的单位负责提供。

5. 工程开工文件

(1) 验线合格文件　由规划部门进行验线审查后形成的文件,由规划部门负责提供。

(2) 建筑工程竣工档案责任书　由城建档案馆与建设单位签订而成,当地城建档案馆负责提供统一格式的责任书。

(3) 工程质量监督手续　建设单位到质量监督机构办理履行工程质量监督的手续,由质量监督机构负责提供。

(4) 建筑工程施工许可证　由建设单位到建设行政主管部门办理工程施工许可证,由建设行政主管部门负责提供。

第二节　决策立项阶段文件

一、项目建议书

项目建议书是建设单位向主管部门提出要求建设某一项目的建议性文件,是对拟建项目的轮廓设想,是从拟建项目的必要性及大方面的可能性加以考虑的。

项目建议书经批准后,才能进行可行性研究,也就是说,项目建议书并不是项目的最终决策,而仅仅是为可行性研究提供依据和基础。

1. 项目建议书的内容

项目建议书大多由项目法人委托有资质的咨询单位、设计单位负责。基本建设项目的项目建议书应包括以下内容。

(1) 建设项目提出的必要性和依据;

(2) 拟建工程规模和建设地点的初步设想;

（3）资源情况、建设条件、协作关系等的初步分析；

（4）投资估算和资金筹措的初步设想；

（5）项目的进度安排；

（6）经济效益和社会效益的估计。

2. 项目建议书的审查

编制完成的项目建议书审批前建设单位应组织有关部门和专家参与审查，经审查符合要求的项目建议书才能报请有关部门审批。

3. 项目建议书的报批

大中型基本建设项目、限额以上更新改造项目的可行性研究报告，按隶属关系由国务院主管部门或省、区、市提出审查意见，报国家计委审批，其中重大项目由国家计委审查后报国务院审批；小型基本项目及限额以下更新改造项目的可行性研究报告，按隶属关系由国务院主管部门或省、区、市计委审批。

4. 项目建议书批复文件

项目建议书批复文件是建设单位的上级主管单位或国家有关主管部门（一般是发展与改革委员会）对该项目建议书的批复文件，包括以下内容。

（1）建设项目名称；

（2）建设规模及主要建设内容；

（3）总投资及资金来源；

（4）建设年限；

（5）批复意见说明、批复单位及时间。

二、可行性研究报告及附件

项目建议书经批准后，应紧接着进行可行性研究工作。可行性研究是项目决策的核心，是对建设项目在技术上是否先进、经济上是否可行，进行全面的科学分析论证工作，是技术经济的深入论证阶段，为项目决策提供可靠的技术经济依据。

1. 可行性研究的主要内容

（1）建设项目提出的背景、必要性、经济意义和依据。

（2）拟建项目规模、产品方案、市场预测。

（3）技术工艺、主要设备、建设标准。

（4）资源、材料、燃料供应和运输及水、电条件。

（5）建设地点、场地布置及项目设计方案。

（6）环境保护、防洪，防震等要求与相应措施。

（7）劳动定员及培训。

（8）建设工期和进度建议。

（9）投资估算和资金筹措方式。

（10）经济效益和社会效益分析。

可行性研究的主要任务是对多种方案进行比较、分析，提出科学的评价意见，推荐最佳方案。在可行性研究的基础上，编制可行性研究报告。

2. 可行性研究报告

可行性研究报告是根据可行性研究成果编制的综合报告。它是根据国家国民经济发展的长远规划和地区布局的要求，按照建设项目隶属关系，由主管部门组织计划、经济、设计等部门，在可行性研究的基础上选择经济效益最好的方案的文件。其主要内容包括以下几方面。

(1) 概述；

(2) 需求预测和拟建规模；

(3) 资源、原材料、辅助材料、燃料及公用设施落实情况；

(4) 建设条件和建设方案；

(5) 设计方案；

(6) 环境保护；

(7) 生产组织、劳动定员和人员培训；

(8) 实施进度的建议；

(9) 投资估算和资金筹措；

(10) 社会及经济效果评价。

3. 可行性研究报告附件

除可行性研究报告正文外，还须具备以下几个附件。

(1) 选址意向书　选址就是具体选择建设项目的建设地点，确定坐落位置和东西南北四至。它是建设项目前期工作的重要环节，是设计工作的基础。

在城市规划区域内进行建设的建设项目，都需要向城市规划管理部门申请用地，提出选址报告，又称为工程选址意向书。

(2) 选址意见书　新建、改建、扩建的工程项目，建设单位的选址意向书应报城市规划管理部门备案，并需征得规划管理部门的意见。对其安排在城市规划区内的建设项目，城市规划管理部门应从城市规划方面提出选址意见书（详见例 2.1）。在可行性研究报告报请有关部门审批时，城市规划管理部门的选址意见书是必备的附件。

【例 2.1】

<table>
<tr><td colspan="8">建设项目选址意见书
编号：　　字第　　号
根据《中华人民共和国城市规划法》第三十条和《建设项目选址规划管理办法》的规定，特制订本建设项目选址意见书，作为审批建设项目设计任务书（可行性研究报告）的法定附件。</td></tr>
<tr><td rowspan="5">建设项目基本情况</td><td>建设项目名称</td><td colspan="6"></td></tr>
<tr><td>建设单位名称</td><td colspan="6"></td></tr>
<tr><td>建设项目依据</td><td colspan="6"></td></tr>
<tr><td>建设规模</td><td colspan="6"></td></tr>
<tr><td>建设单位拟选位置</td><td colspan="6"></td></tr>
<tr><td rowspan="12">规划行政主管部门选址意见</td><td rowspan="2">建设项目四至</td><td colspan="3">东至：</td><td colspan="3">南至：</td></tr>
<tr><td colspan="3">西至：</td><td colspan="3">北至：</td></tr>
<tr><td colspan="2" rowspan="2">规划总用地面积</td><td colspan="3">建设用地面积</td><td colspan="2"></td></tr>
<tr><td colspan="3">代征道路（绿化）面积</td><td colspan="2"></td></tr>
<tr><td colspan="2">规划用地性质</td><td>兼容</td><td colspan="2"></td><td>兼容比例</td><td></td></tr>
<tr><td colspan="2">多层建筑所占比例</td><td>中高层建筑所占比例</td><td colspan="2"></td><td>高层建筑所占比例</td><td></td></tr>
<tr><td colspan="2">容积率</td><td>建筑密度</td><td colspan="2"></td><td>绿地率</td><td></td></tr>
<tr><td rowspan="2">建筑物退让</td><td>东退</td><td colspan="3"></td><td>南退</td><td></td></tr>
<tr><td>西退</td><td colspan="3"></td><td>北退</td><td></td></tr>
<tr><td colspan="2">机动车停车泊位</td><td>地上</td><td colspan="2"></td><td>地下</td><td></td></tr>
</table>

续表

<table>
<tr><td rowspan="7">城市规划行政主管部门选址意见</td><td colspan="2">主要出入口方向</td><td colspan="2"></td></tr>
<tr><td colspan="2">住宅建筑套密度　　套/公顷</td><td colspan="2">住宅建筑面积净密度　　m^2/hm^2</td></tr>
<tr><td colspan="4">套型建筑面积 $90m^2$ 以下住户面积所占比重必须达到开发建设面积的 70%以上。</td></tr>
<tr><td colspan="2">公共设施配套要求</td><td colspan="2">□配套公厕□垃转站□幼儿园□小学□中学□医疗卫生服务□社区服务□物业管理□居委会</td></tr>
<tr><td>建筑设计要求</td><td colspan="3"></td></tr>
<tr><td>其他要求</td><td colspan="3"></td></tr>
<tr><td colspan="4">核发机关（盖章）
年　　月　　日</td></tr>
</table>

（3）外协意向性协议　外协意向性协议，是与建设项目有关的外部协作单位主管部门进行磋商，双方签订供应使用的协议意向书。

项目建议书批准后，建设单位应与有关部门协商办理外协意向性协议。需要办理外协意向性协议的项目主要有征用土地、原材料及燃料供应、动力供应、通信、交通运输条件、配套设施、辅助设施等内容。

4. 可行性研究报告的审批

建设单位完成编制可行性研究报告后，向有关主管发改委或行业主管部门申报和审批。可行性研究报告审批意见书是对可行性研究报告进行客观、全面、准确的评价和认定，应包括以下主要内容。

（1）项目的必要性。

（2）建设规模与产品方案。

（3）工艺、技术及设备的先进性、实用性和可靠性。

（4）建址或线路方案。

（5）项目的建设方案和标准。

（6）外部协作和配套工程。

（7）环境保护。

（8）投资结算及投资来源。

（9）财务评价与国民经济评价。

（10）不确定性分析。

（11）社会效益评价。

（12）项目总评价。

可行性研究报告经正式批准后，建设项目即正式立项。正式立项的建设项目应当按审批意见严格执行，任何部门、单位和个人都不得随意修改和变更，如因建设条件变化、建设内容变化或建设投资变化，确实需要变更或调整可行性研究报告的指标和内容时，要经过原批准单位同意，并正式办理变更手续。

5. 可行性研究工作程序

从接到建设项目前期工作通知书后，到建设项目正式立项，可行性研究工作程序见图 2-2。

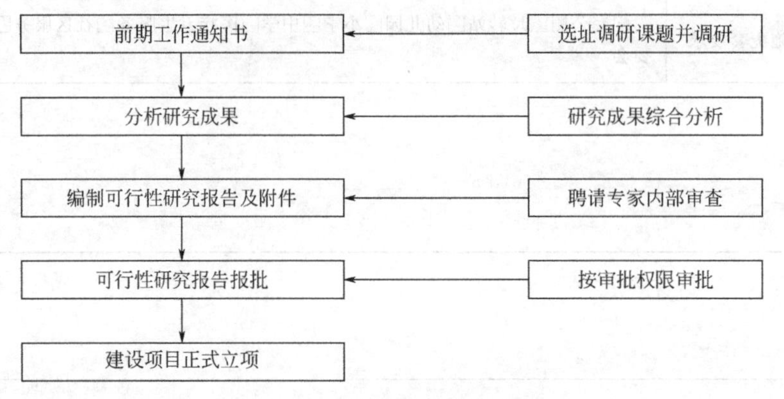

图 2-2　可行性研究工作程序

6. 项目评估研究资料

项目评估研究资料是指对可行性研究报告的客观性、全面性、准确性进行评价与选择，并出具评估报告。通过批准后审批立项，颁发批准文件。其基本内容如下。

(1) 项目建设的必要性。

(2) 建设规模和产品方案。

(3) 工艺、技术和设备的先进性、适用性和可靠性。

(4) 厂址（地址或路线规划方案）。

(5) 建设工程的方案和标准。

(6) 外部协作配备项目和配合条件。

(7) 环境保护。

(8) 投资结算及投资来源。

(9) 财务评价。

(10) 国民经济评价。

7. 建设项目立项文件

建设单位根据批复的可行性研究报告，召开立项会议，组织关于立项的事宜。立项会议以纪要的形式对立项进行全面的概括阐述，对专家们立项的建议进行组织和整理，形成文件，并对项目评估做出研究。其归档文件有：项目建议书；对项目建议书的批复文件；可行性研究报告；对可行性研究报告的批复文件；关于立项的会议纪要；领导批示；专家对项目的有关建议文件；项目评估研究资料；计划部门批准的立项文件；计划部门批准的设计任务等。

第三节　建设规划用地文件

一、规划用地审批

1. 建设项目选址申请及选址规划意见通知书

(1) 建设项目选址申请　在城市规划区域内进行建设的建设项目，申请人根据申请条件、依据，向城市规划管理部门提出选址申请，填写建设项目规划审批及其他事项申报表。

(2) 选址规划意见通知书　建设单位的工程项目选址申请经城市规划管理部门审查，符合有关法规标准的，即时收取申请人申请材料，填写“选址规划意见通知书”两份。将“选址规划意见通知书”1份加盖收件专用印章后交申请人；将申请材料和“选址规划意见通知书”1份装袋，填写移交单，移交有关管理部门。

选址规划意见通知书由城市规划主管部门下发，并有附图（见例2.2，图略）。

【例2.2】

××市城市规划管理局
选址规划意见通知书

××—规条字—××

规划管理专用章　　　　发件日期：××年××月××日

×××开发公司： 你单位××年××月××日根据（×××）发改字××第××号计划任务申报的×××厂房工程，经研究同意在××区××村按下列意见向房屋土地管理部门办理用地有关事宜： 1. 规划建设的用地面积约3000m²。 2. 代征城市公共用地面积： 3. 应征求有关单位意见或应取得的协议： 4. 其他： 5. 遵守事项： (1)征用农村集体土地时，执本通知书向市房屋土地管理部门办理征用土地有关事宜，市人民政府批复后，再向我局申报建设用地规划许可证。 (2)使用国有土地时，执本通知书向市房屋土地管理部门征询本用地图示范围内有关单位和居民住宅的拆迁安置意见，由市房地产管理部门在本通知书下栏内填写拆迁安置意见，待我局审定设计方案后，建设单位或申报单位执本通知书和办理建设用地规划许可证所需报送的文件及图纸，向我局申报建设用地规划许可证。 (3)本单通知书附图一份，图文一体方为有效文件。 (4)本通知书有效期一年（从发出之日算起），逾期自行作废，用地重新安排。
市房屋土地管理部门对使用国有土地进行拆迁安置意见： 同意规划意见（盖章） ××年××月××日

2. 建设用地规划许可证及附件

(1) 规划用地申请　建设单位持有按国家基本建设程序批准的建设项目立项的有关证明文件，向城市规划管理部门提出用地申请，填写规划审批申报表和准备好有关文件。

建设用地规划许可证申报表主要内容为建设单位、申报单位、工程名称、建设内容、地址、规模等概况。需要准备好的有关文件，主要有计划主管部门批准的征用土地计划，土地管理部门的拆迁安置意见、地形图和规划管理部门选址意见书，以及要求取得的有关协议、意向书等文件和图样。

填写的申报表要加盖建设单位和申报单位公章。经审查符合申报要求的用地申请，发给建设单位或申报单位建设用地规划许可证立案表，作为取件凭证。

(2) 建设用地规划许可证　征用土地是工程项目建设的最基本条件，要在工程设计时办理完成规划用地许可证和拆迁安置协议等有关事宜。

规划管理部门根据城市总体规划的要求和建设项目的性质、内容，以及选址定点时初步确定的用地范围界限，提出规划设计条件，核发建设用地规划许可证（见例2.3）。建设用地规划许可证是确定建设用地位置、面积、界限的法定凭证。

【例 2.3】 第一页

中华人民共和国 建设用地规划许可证
( )××市城建规地字编号
根据《中华人民共和国城市规划法》第三十一条规定，经审核，本用地项目符合城市规划要求，准予办理征用划拨土地手续。
特发此证
发证机关： 日期： 年 月 日

第二页

用地单位	
用地项目名称	
用地位置	
用地面积	
附图及附件名称	

遵守事项：

一、本证是城市规划区内，经城市规划行政主管部门审核，许可用地的法律凭证。

二、凡未取得本证，而取得建设用地批准文件、占用土地的，批准文件无效。

三、未经发证机关审核同意，本证的有关规定不得变更。

四、本证所需附图与附件由发证机关依法确定，与本证具有同等法律效力。

【例 2.4】

建设用地规划许可证附件

建设工程

用地单位： （盖章） ××—规地字—××

用地位置： 图幅号：××—××

用地单位： 电话： 发件日期：××年××月××日

用地项目名称		用地面积/m^2	备注
建设用地	公共设施用地	3000	
待征用地	城市道路用地		其中 粮田___m^2 菜地___m^2 其他___m^2
待征用地	城市绿化用地		
其他用地			
合计		3000	

说明：

1. 本附件与《建设用地规划许可证》具有同等效力。
2. 遵守事项见《建设用地规划许可证》。

注意事项：

1. 概略范围见附图，准确位置及坐标由××测绘院钉桩后另行通知。
2. 请当地区（县）人民政府土地或房管部门按有关规定办理用地手续。
3. 用地时如涉及房屋、绿化、交通、环保、测量标志、军事设施、市政、文物古迹等地上地下设施，要注意保护，并事先与有关主管部门联系，妥善处理。
4. 建设项目需施工时，应按有关规定另行办理《建设工程规划许可证》。
5. 当建设任务撤销或部分任务撤销后，本《建设用地规划许可证》及附件相应撤销。用地单位应主动向所在地区（县）主管部门交回土地，不得转让、荒废和作其他用途。

3. 用地申请及批准书

征用土地应严格按照国家规定的基本建设程序和审批权限办理。其办理程序如下。

(1) 建设用地申请　建设单位和个人在取得建设用地规划许可证后，方可向县级以上地方人民政府土地管理部门申请用地，编制申请用地报告。经县级以上地方人民政府批准后，由土地管理部门填发建设用地批准书（见例 2.5）。

【例 2.5】

建设用地批准书及国有土地使用证及有关内容。

建设用地批准书

市　　县〔20　　〕字第　　号

<table>
<tr><td colspan="5">根据《中华人民共和国土地管理法》第二十三条、三十四条和《中华人民共和国土地管理法实施条例》第十八条规定，本项建设和用地经审核，准予使用。
特发此书
填发机关
年　月　日</td></tr>
<tr><td>用地单位</td><td colspan="4"></td></tr>
<tr><td>建设项目名称</td><td colspan="4"></td></tr>
<tr><td>用地批准文号</td><td colspan="4"></td></tr>
<tr><td>用地单位主管机关</td><td colspan="4"></td></tr>
<tr><td>建设性质</td><td></td><td>土地用途</td><td colspan="2"></td></tr>
<tr><td>批准用地面积</td><td></td><td>建、构筑物占地面积</td><td colspan="2">m^2</td></tr>
<tr><td rowspan="2">四至</td><td>东</td><td colspan="3">南</td></tr>
<tr><td>西</td><td colspan="3">北</td></tr>
<tr><td>本批准书有效期</td><td colspan="4">自　　年　月—　　年　月</td></tr>
<tr><td colspan="5">备注</td></tr>
</table>

注意事项：

一、本批准书为经县级以上人民政府批准，由土地管理部门填发的批准用地单位使用土地的法律凭证。

二、用地单位必须遵守国家土地法律、法规，严格按照本批准书所确定的土地范围、用途和面积使用土地。

三、建设项目竣工后，土地管理部门核查用地无误，收回本批准书，换发土地使用证。

四、建设项目逾期竣工的，用地单位应提前三十天向发证机关申请延期。

五、本批准书不能擅自涂改，凡擅自涂改的一律无效。

六、本批准书应妥善保管，如有遗失损坏，应立即向填发机关申请补办。

七、土地管理部门检查用地情况时，应主动出示本批准书。

八、凡未按本批准书规定使用土地的，按照土地管理法和土地管理法实施条例有关处罚的条款办理。

九、本批准书由土地管理部门负责填发。

十、本批准书由国家土地管理局负责监制。

(2) 协商征地数量和补偿安置方案　县级以上人民政府土地管理部门对建设用地申请进行审核，划定用地范围，并组织建设单位与被征用土地单位以及有关单位依法商定征用土地协议和补偿、安置方案，报县级以上人民政府批准。

(3) 划拨土地　建设用地的申请，依照法律规定，经县级以上人民政府批准后，由土地管理部门根据建设进度需要进行一次或者几次分期划拨建设用地。

(4) 核发国有土地使用证　建设项目竣工后，由城市规划管理部门会同土地管理部门、房地产管理部门核查实际用地后，由县级以上人民政府办理土地登记手续，核发《国有土地使用证》(见例 2.6)。

【例 2.6】

××市国用（××××）字第××号

中华人民共和国

国有土地使用证

根据《中华人民共和国土地管理法》和《中华人民共和国城市房地产管理法》规定，由土地使用者申请，经调查审定，准予登记，发给此证。

××× 市人民政府（章）
××年××月××日

<table>
<tr><td colspan="2">土地使用者</td><td colspan="4">×××</td></tr>
<tr><td colspan="2">土地座落</td><td colspan="4">×××街</td></tr>
<tr><td colspan="2">土地用途</td><td colspan="2">住宅</td><td>土地等级</td><td></td></tr>
<tr><td>地号</td><td colspan="3">××—××—××—××</td><td>图号</td><td>××—××—××</td></tr>
<tr><td rowspan="6">土地使用权面积</td><td colspan="3">总面积</td><td colspan="2">m^2</td></tr>
<tr><td rowspan="2">独自使用权</td><td colspan="2">面积</td><td colspan="2">m^2</td></tr>
<tr><td colspan="2">其中建筑占地</td><td colspan="2">m^2</td></tr>
<tr><td rowspan="3">共有使用权</td><td colspan="2">面积</td><td colspan="2">m^2</td></tr>
<tr><td rowspan="2">其中分摊</td><td>面积</td><td colspan="2">m^2</td></tr>
<tr><td>建筑占地</td><td colspan="2">m^2</td></tr>
<tr><td>使用权类型</td><td colspan="3">划拨</td><td>使用期限</td><td></td></tr>
<tr><td>四至：</td><td colspan="5">东至：　　　　南至：
西至：　　　　北至：</td></tr>
<tr><td>填发机关意见</td><td colspan="5">同意登记、发证。
×××市国土资源局(印)
××年××月××日</td></tr>
</table>

注意事项：

一、本证是土地使用权的法律凭证，必须由土地使用者持有。

二、凡土地登记内容发生变更及土地他项权利设定、变更、注销的，持证人及有关当事人必须按照有关规定申请办理变更土地登记。本证不得用于土地使用权抵押、转让等。

三、本证记载的内容以土地行政主管部门和土地登记卡登记的内容为准。

四、本证实行定期验证制度，持证人应按规定主动向土地行政主管部门交验本证。

二、工程建设项目报建资料

为有效掌握建设规模，规范工程建设实施阶段程序管理，达到加强建筑市场管理的目的，根据建设部（建〔1994〕482号）《工程建设项目报建管理办法》规定，凡在我国境内投资兴建的工程建设项目，都必须实行报建制度，接受当地建设行政主管部门或其授权机构的监督管理。工程建设项目的报建内容主要包括：①工程名称；②建设地点；③投资规模；④资金来源；⑤当年投资额；⑥工程规模；⑦开工、竣工日期；⑧发包方式；⑨工程筹建情况。

建设单位到建设行政主管部门或其授权机构领取《工程建设项目报建表》（见例 2.7），按报建表的内容及要求认真填写；向建设行政主管部门或其授权机构报送《工程建设项目报建表》，并按要求进行招标准备。

【例 2.7】

工程建设项目报建表

建设单位		单位性质	
工程名称			
工程地点			
投资总额		当年投资	
资金来源构成	资金来源构成｜政府投资　　%；自筹　　%；贷款　　%；外资　　%		
批准文件　立项文件名称			
批准文件　文号			
工程规模			
计划开工日期		计划竣工日期	
发包方式			
银行资信证明			
工程筹建情况		建设行政主管部门批准意见： 批复单位(公章) 年　月　日	

报建单位：

法定代表人：　　　　　经办人：　　　　　电话：

填报日期：　　　年　　月　　日

第四节　勘察设计文件

一、工程地质勘察报告

勘察工作是基本建设的基础工作之一，勘察成果是工程设计的基本依据。

工程地质勘察报告是为查明建筑地区工程地质条件，进行综合性的地质勘察工作所获得的成果而编写的报告。通过工程地质勘察，对建筑地区工程地质情况和存在问题作出评价，为工程建设的规划、设计、施工提供必需的参考依据。

工程地质勘察报告的内容分为文字和图表两部分。文字部分的内容包括前言、地形、地貌、地层结构、含水层构造，不良地质现象、土的最大冻结深度、地震基本裂度、预测环境工程地质的变化和不良影响，工程地质建议等。图表部分包括工程地质分区图、平面图、剖面图、勘探点平面位置图、钻孔柱状图，以及不良地质现象的平剖面图、物探剖面和地层的物理力学性质、试验成果资料等。

【注意】工程地质勘察报告要由经国家批准的有资质等级的单位进行工程地质勘察工作后再进行编写。

二、工程测量与规划设计审批

1. 工程测量、测绘

工程测量是工程建设中各种测量工作的总称。工程设计阶段的工程测量，按工作程序和作业性质主要有地形测量和拨地测量。

(1) 地形测量　工程建设的地形测量指建设用地范围内的地形测量，反映地貌、水文、植被、建筑物和居民点。地形测量大都采用实地测量，测量结果直接，内容较详尽。基建项目地形测量所绘地形图的比例尺一般为 1∶1000 或 1∶500。根据测绘地点的水平位置、高程和地面形态及建筑物、构筑物等实测结果，绘制出建设用地范围内的地形图。

(2) 拨地测量　征用的建设用地，要进行位置测量、形状测量和确定四至，一般称为拨地测量。拨地测量一般采用解析实钉法。

根据拨地条件，一般以规划部门批准的建设用地钉桩通知单中规定的条件，选定测量控制点，进行拨地导线测量、距离测量、测量成果计算等一系列工作，编制出征用土地的测量报告。

测量报告的内容为拨地条件、成果表、工作说明、略图、条件坐标、内外作业计算记录手簿等资料，并将拨地资料和定线成果展绘在 1∶1000 或 1∶500 的地形图上，建立图档。

测量成果报告是征用土地的依据性文件，也是工程设计的基础资料。

2. 建设用地钉桩（验线）通知单

规划行政主管部门在核发规划许可证时，应当向建设单位一并发放建设用地钉桩（验线）通知单（见例 2.8）。建设单位在施工前应当向规划行政主管部门提交编写完整的《建设用地钉桩（验线）通知单》。规划行政主管部门应当在收到验线申请后 3 个工作日内组织验线。经验线合格后方可施工。

【例 2.8】

建设用地钉桩（验线）通知单

工程名称		许可证号	
建设单位		涉及图幅号	
施工单位		钉桩时间	
建设项目钉线情况说明			
附图： 原有建筑　18m　拟建 25m ×××路			

	建设单位代表	施工单位代表	规划院代表	规划局代表
现场签名				

3. 规划设计条件通知书

（1）建设单位申报规划设计条件　建设项目立项后，建设单位应向规划行政管理部门申报规划设计条件，并准备好相关文件和图样。

① 计划部门批准的可行性研究报告。

② 建设单位对拟建项目说明。

③ 拟建方案示意图。

④ 地形图和用地范围。

⑤ 其他。

（2）规划行政管理部门签发《规划设计条件通知书》　规划行政主管部门对建设单位申报的规划设计条件进行审查和研究，同意进行设计时，签发《规划设计条件通知书》，作为方案设计的依据。

《规划设计条件通知书》主要内容包括以下几方面。

① 用地情况　包括规划建设用地面积和待征城市公共用地面积（代征道路用地和绿化用地面积）。

② 用地使用性质　土地使用性质及其可兼容性质。

③ 用地使用强度　用地强度是指用地范围的容积率、建筑密度、居住人口和居住建筑面积毛密度。

④ 建筑设计要求　建筑规模、建筑高度、建筑层数（地上、地下）、建筑规划用地边界线、建筑物间距、交通出入的方位（机动车、人流）、停车数量（机动车、自行车）、绿化（绿地率、绿地位置、保留古树及其他树木）、人均集中绿地面积。

⑤ 城市设计要求。

⑥ 市政要求。

⑦ 配套要求。

⑧ 其他。

⑨ 遵守事项。

【例 2.9】

××市城市规划管理区

规划设计条件通知书

××—规条字—××××

规划管理专用章

发件日期：　　　年　　　月　　　日

×××学院：

你单位____年____月____日根据（××）计建字（××××）第××号计划任务书申报的××工程经研究，同意在________区________地段（路）按下列规划设计条件进行设计：

一、用地情况

（1）规划建设用地总面积约：　　m^2

（2）代征城市公共用地面积约：　　m^2

其中：代征绿化用地面积约：　　m^2

代征道路用地面积约：　　m^2

二、用地使用性质

（1）使用性质：

（2）可兼容性质：

三、用地使用强度

(1) 容积率：不大于

(2) 建筑密度：不大于

(3) 居住人口毛密度：

四、建筑设计要求

(1) 建筑规模：

(2) 建筑高度：

(3) 建筑层数：

(4) 建筑后退规划用地边界线距离：

(5) 建筑间距：

(6) 交通出入口方位：

机动车：

人流：

(7) 停车数量：

机动车：

自行车：

(8) 绿化：

绿地率：

绿地位置：

五、城市设计要求

建筑的体量、高度、材料、色彩与周围环境协调。

六、市政要求

落实各项配套设施。

七、配套要求

设置配电房、垃圾收集房。户外集中活动场地规模不小于______m^2/人，且不小于______m^2 的集中公共绿地。

八、其他

九、遵守事项

(1) 持本通知书委托具有符合承担本工程设计资格及业务范围的设计单位进行方案设计。

(2) 本通知中所列规划设计条件是我局审批设计方案的依据。

(3) 报审的规划设计方案应符合本要求的各项规定，凡未作具体规定的，应按国家现行的有关法规和规范的规定执行。

(4) 本工程涉及土地权属、相邻房屋安全间距及市政设施等问题时，应与有关单位取得联系并征得其同意，在方案报批时出具其审查意见或有关协议。

(5) 报审方案图件要求：总平面、效果图、坐标定位图、设计说明书、主要经济技术指标以及所有图件的电子文件，文件格式为 DWG、BMP（或者 TIF、JPG）等。

(6) 本通知书附图 1 份，图文一体方为有效文件。

(7) 本通知书有效期一年（从发出之日算起），逾期无效。

三、设计文件

所有新建、扩建、改建和技术改造项目在计划任务被批准以后，应当及时委托设计单位根据规划管理部门签发的工程设计条件通知书及附图，进行工程设计，编制设计文件。委托设计是指建设项目主管部门对有设计能力的设计单位或者经过招投标的中标单位提出委托设计的委托书，建设单位和设计单位签订设计合同。

一般建设项目实行两阶段设计，即初步设计和施工图设计。对于技术比较复杂，采用新工艺、新技术的重大项目，而又缺乏设计经验的，通常采用三阶段设计，即初步设计、技术设计和施工图设计。

1. 初步设计图样及说明

初步设计图样主要包括总平面图、建筑图、结构图、给水排水图、电气图、弱电图、采暖通风及空气调节图、动力图、技术与经济概算等。

初步设计说明书由设计总说明和各专业的设计说明书组成。

2. 技术设计

技术设计是对初步设计的补充和深化，对于一些技术比较复杂或有特殊要求的建设项目，以及采用新工艺、新技术的重大项目，而又缺乏设计经验的，通常增加技术设计。

3. 施工图设计及说明

施工图设计主要包括总平面图、建筑图、结构图、给水排水图、电气图、弱电图、采暖通风及空气调节图、动力图设计、预算等。

在图样目录中先列新绘制图样，后列选用的标准图、通用图或重复利用图。

施工图说明书由设计总说明和各专业的设计说明书组成。

一般工程的设计说明，可分别写在有关的图样上。如重复利用某一专门的施工图样及其说明时，应详细注明其编制单位资料名称和编制日期。如果施工图设计阶段对初步设计有改变，应重新计算并列出主要技术经济指标表。这些表可列在总平面布置图上。

各专业施工图设计说明书的内容详见“建筑工程设计文件编制深度的规定”。

4. 施工图设计审查

建设工程施工图设计文件审查是为了加强工程项目设计质量的监督和管理，保护国家和人民生命财产安全，保证建设工程设计质量而实施的行政管理。

国务院《建设工程质量管理条例》规定“建设单位应当将施工图设计文件报县级以上政府建设行政主管部门或者其他有关部门审查”、“施工图设计文件未经审查和批准的不得使用”。目前实施的是对各类新建、改建、扩建的建筑工程项目的施工图设计文件的审查。

(1) 管理部门和审查机构　各级建委（县级以上）负责本市施工图审查的管理工作，并委托施工图审查机构审查，建筑业管理办公室负责对施工图审查机构的考核管理和工程施工图审查的备案等监督管理工作，并委托质量监督总站实施备案。

(2) 审查范围　审查范围是行政地域范围内符合建筑工程设计等级分级标准中的各类新建、改建、扩建的建筑工程项目。

(3) 审查内容

① 建筑物的稳定性、安全性，包括地基基础和主体结构体系是否安全、可靠。

② 是否符合消防、节能、环保、抗震、卫生、人防等有关强制标准和规范。

③ 施工图是否达到规定的深度要求。

④ 是否损害公众利益。

(4) 建设单位应提供资料

① 批准的立项文件或初步设计批准文件。

② 主要的初步设计文件。

③ 工程勘察成果报告。

④ 结构计算书及计算软件名称。

第五节　招投标及合同文件

一、勘察设计招投标文件

1. 勘察设计招投标

勘察设计招标是招标人在实施工程勘察设计工作之前，以公开或邀请书的方式提出招标项目的指标要求、投资限额和实施条件等，由愿意承担勘察设计任务的投标人按照招标文件的要求和条件，分别报出工程项目的构思方案和实施计划，然后由招标人通过开标、评标、定标确定中标人的过程。

勘察设计投标是指勘察设计单位根据招标文件的要求编制投标书和报价，争取获得承包权的活动。凡具有国家批准的勘察、设计许可证，并具有经有关部门核准的资质等级证书的勘察、设计单位，都可以按照批准的业务范围参加投标。

2. 勘察设计招标应具备的条件

(1) 具有经过审批机关批准的设计任务书或项目建议书。

(2) 具有国家规划部门划定的项目建设地点、平面布置图和用地红线图。

(3) 具有开展设计必需的可靠的基础资料。

(4) 成立了专门的招标工作机构，并有指定的负责人。

3. 勘察招标文件的主要内容

(1) 投标须知　包括工程名称、地址、竞选项目、占地范围、建筑面积、竞选方式等。

(2) 设计依据文件　包括经过批准的设计任务书或项目建议书及有关行政文件的复印件。

(3) 项目说明书　包括对工程内容、设计范围或深度、图样内容、张数和图幅、建设周期和设计进度等方面的说明，工程项目建设的总投资限额。

(4) 合同的主要条件和要求。

(5) 设计基础资料　包括提供设计所需资料的种类、方式、时间以及设计文件的审查方式。

(6) 现场勘察和标前会议的时间和地点。

(7) 投标截止时间。

(8) 文件编制要求及评标原则。

(9) 招标可能涉及的其他有关内容。

4. 设计投标书的主要内容

设计单位应严格按照招标文件的规定编制投标书，并在规定的时间内送达。设计投标书的主要内容一般有以下几个方面。

(1) 方案设计综合说明书；

(2) 方案设计内容及图样；

(3) 工程投资估算和经济分析；

(4) 项目建设工期；

(5) 主要的施工技术要求和施工组织设计方案；

(6) 设计进度计划；

(7) 设计费报价。

二、勘察设计承包合同

发包人通过招标方式与选择的中标人就委托的勘察、设计任务签订合同。订立合同委托勘察、设计任务是发包人与承包人的自主市场行为，但必须遵守《中华人民共和国合同法》、《中华人民共和国建筑法》、《建设工程勘察设计管理条例》、《建设工程勘察设计市场管理规定》等法律、法规的要求。为了保证勘察、设计承包合同的内容完整、责任明确、风险责任合理分担，原建设部和国家工商行政管理局在 2000 年颁布了《建设工程勘察合同示范文本》和《建设工程设计合同示范文本》(简称范本)。

1. 勘察承包合同

依据范本订立建设工程勘察合同时，双方应根据工程项目的特点，通过协商，在合同的相应条款内明确以下具体内容：

(1) 发包人应提供的勘察依据文件和资料

① 提供本工程批准文件（复印件)，用地（附红线范围)、施工、勘察许可等批准文件(复印件)；

② 提供工程勘察任务委托书、技术要求和工作范围的地形图、建筑总平面布置图；

③ 提供勘察工作范围已有的技术资料及工程所需的坐标和高程资料；

④ 提供勘察工作范围内地下已有埋藏物的资料（如电力、通信电缆、各种管道、人防设施、洞穴等）及具体位置图；

⑤ 其他必要的相关资料。

(2) 委托任务的工作范围

① 工程勘察内容。

② 技术要求。

③ 预计的勘察工作量。

④ 勘察成果资料提供的份数。

(3) 合同工期　合同约定的勘察工作的开始时间和终止时间。

(4) 勘察费用

① 勘察费用的预算金额。

② 勘察费用的支付程序和每次支付的百分比。

(5) 发包人应为勘察人提供现场工作条件　根据工程项目的具体情况，合同双方当事人可以在合同内约定由发包人负责保证勘察工作顺利开展应提供的条件。

(6) 违约责任

① 承担违约责任的条件和处理办法。

② 违约金的计算方法等。

(7) 合同争议的最终解决方式　合同中应明确约定解决合同争议的最终解决方式是采用仲裁还是诉讼。采用仲裁时，约定仲裁委员会的名称。

2. 设计承包合同

依据范本订立建设工程设计合同时，双方应根据工程项目的特点，通过协商，在合同的相应条款内明确以下具体内容：

(1) 发包人应提供的文件和资料

① 设计依据文件和资料　主要包括经批准的项目可行性研究报告或项目建议书、城市规划许可文件、工程勘察资料等。

② 项目设计的要求　主要包括工程的范围和规模，限额设计的要求，设计依据的标准，

法律、法规规定应满足的其他条件。

(2) 委托任务的工作范围

① 设计范围　合同内应明确建设规模，详细列出工程分项的名称、层数和建筑面积。

② 建筑物的合理使用年限要求。

③ 委托的设计阶段和内容　包括方案设计、初步设计和施工图设计的全过程，也可以是其中的某个阶段。

④ 设计深度的要求　方案设计文件应当满足编制初步设计文件和控制概算的需要；初步设计文件应当满足编制施工招标文件、主要设备材料订货和编制施工图设计文件的需要；施工图设计文件应当满足设备材料、非标准设备制作和施工的需要。具体的内容应根据项目的特点在合同中约定。设计人应根据国家有关标准进行设计，设计标准可以高于国家规范的强制性规定。

⑤ 设计人配合施工的要求　包括向发包人和施工承包人进行设计交底；处理有关设计问题；参加重要隐蔽工程部位验收和竣工验收等。

(3) 设计人交付设计资料的时间　合同约定的方案设计、初步设计和施工图设计交付时间。

(4) 设计费用

① 合同双方应根据国家有关规定，确定最低的设计费用。

② 设计费用的分阶段支付进度款的条件和每次支付总设计费的百分比及金额。

(5) 发包人应为设计人提供的现场服务　包括发包人在施工现场为设计人提供的工作条件、生活条件及交通等内容。

(6) 违约责任。

(7) 合同争议的最终解决方式。

三、施工招投标文件

建设工程施工招投标，是指建设单位通过招标的方式，将工程建设任务一次或分步发包，由具有相应资质的承包单位通过投标竞争的方式承接。

建设工程施工招标的必备条件包括：

(1) 招标人已经依法成立；

(2) 初步设计及概算应当履行审批手续的，已经批准；

(3) 招标范围、招标方式和招标组织形式等应当履行核准手续的，已经核准；

(4) 有相应资金或资金来源已经落实；

(5) 有招标所需的设计图样及技术资料。

1. 招投标程序

建设工程施工招投标程序与设计招投标程序基本相同，一般按下述程序进行。

(1) 招标准备阶段　招标准备阶段的工作由招标人单独完成，投标人不参与。主要工作包括选择招标方式、办理招标备案手续、组织招标班子和编制招标有关文件。

(2) 招投标阶段　在招投标阶段，招标人应做好招标的组织工作，投标人则按照招标有关文件规定程序和具体要求进行投标报价的竞争。此阶段工作是发布招标公告，资格预审，确定投标单位名单，分发招标文件以及图样和技术资料，组织踏勘现场和招标文件答疑，接受投标文件，建立评标组织，制定评标、决标的办法。

(3) 决标阶段　从开标日到签订合同这一时期称为决标阶段，是对各投标书进行评审比较，最终确定中标人的过程。此阶段工作是召开开标会议，审查投标标书，组织评标，公开标底，决标前谈判，决定中标单位，发布中标通知书，签订施工承发包合同。

(4) 工程施工招投标流程见图 2-3。

2. 招标人在招标过程中形成的文件

(1) 招标公告　由招标人通过指定的报刊、信息网或其他媒介，并同时在中国工程建设网和建筑业信息网上发布招标公告；实行邀请招标的，应向 3 个以上符合资质条件的投标人发出投标邀请书。招标公告和投标邀请书应当载明招标人的名称和地址、招标项目的性质、数量、实施地点和时间以及获取招标文件的办法等事项。

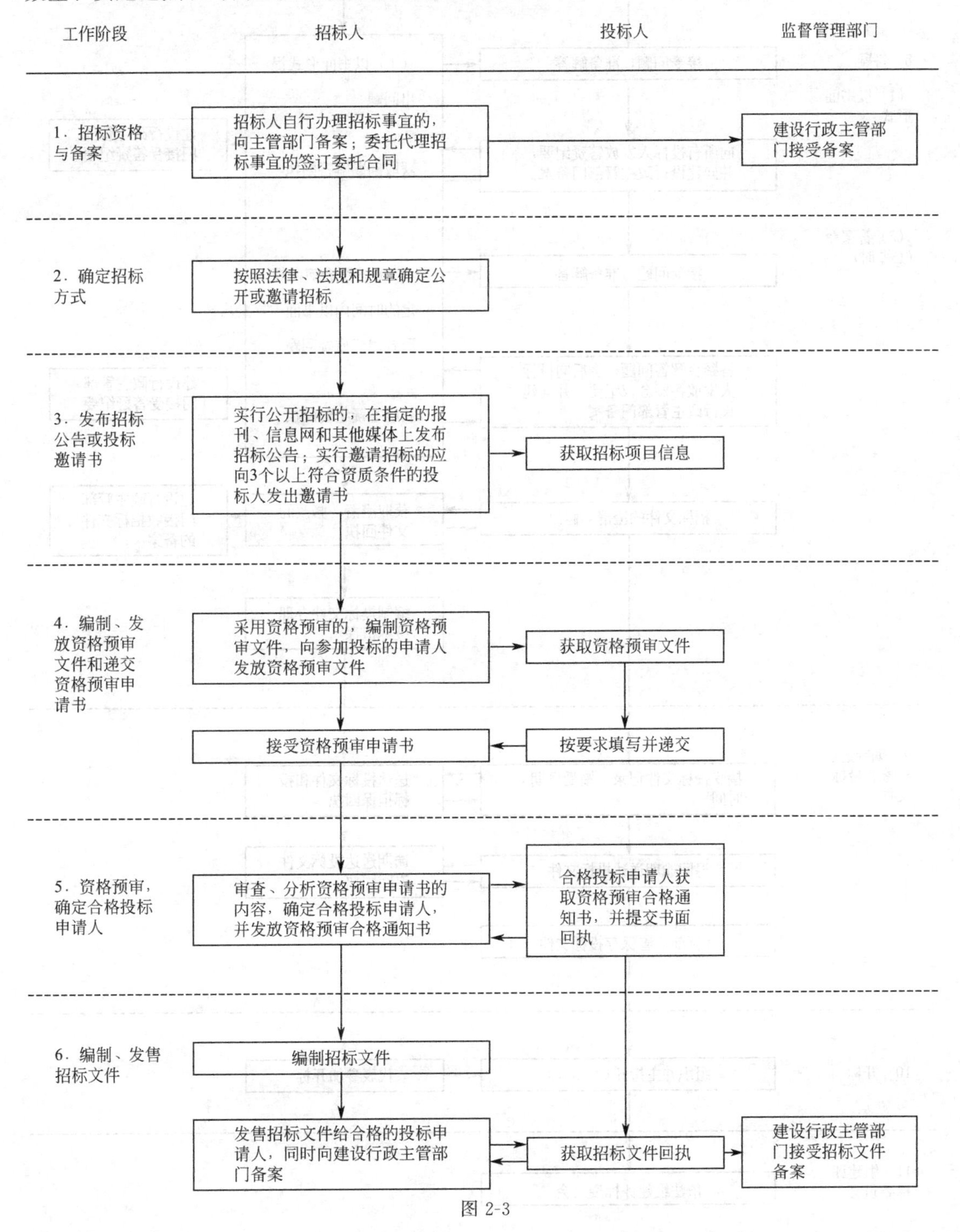

图 2-3

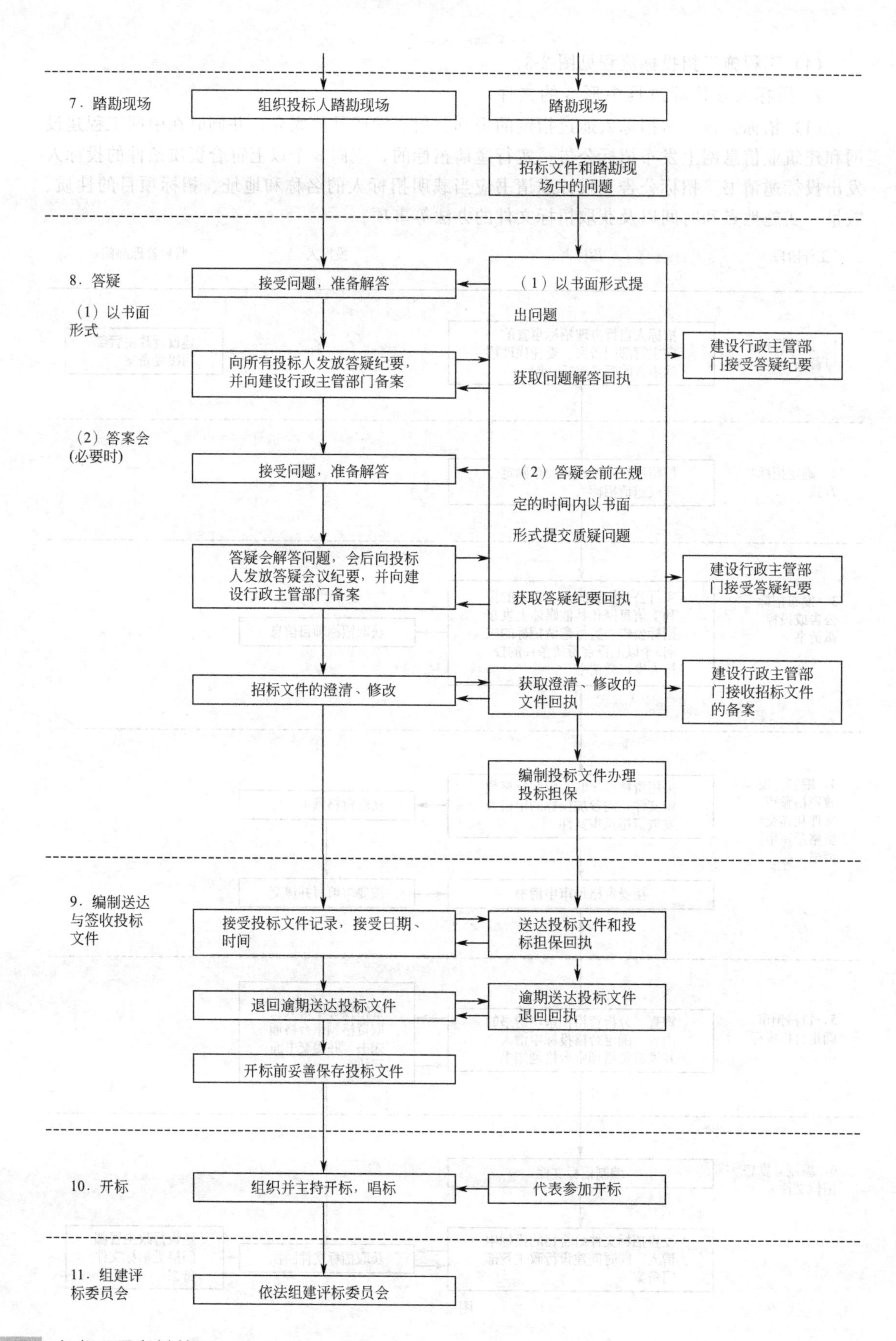
7．踏勘现场
组织投标人踏勘现场
踏勘现场
招标文件和踏勘现场中的问题
8．答疑
（1）以书面形式
接受问题，准备解答
（1）以书面形式提出问题
向所有投标人发放答疑纪要，并向建设行政主管部门备案
获取问题解答回执
建设行政主管部门接受答疑纪要
（2）答案会(必要时)
接受问题，准备解答
（2）答疑会前在规定的时间内以书面形式提交质疑问题
答疑会解答问题，会后向投标人发放答疑会议纪要，并向建设行政主管部门备案
获取答疑纪要回执
建设行政主管部门接受答疑纪要
招标文件的澄清、修改
获取澄清、修改的文件回执
建设行政主管部门接收招标文件的备案
编制投标文件办理投标担保
9．编制送达与签收投标文件
接受投标文件记录，接受日期、时间
送达投标文件和投标担保回执
退回逾期送达投标文件
逾期送达投标文件退回回执
开标前妥善保存投标文件
10．开标
组织并主持开标，唱标
代表参加开标
11．组建评标委员会
依法组建评标委员会

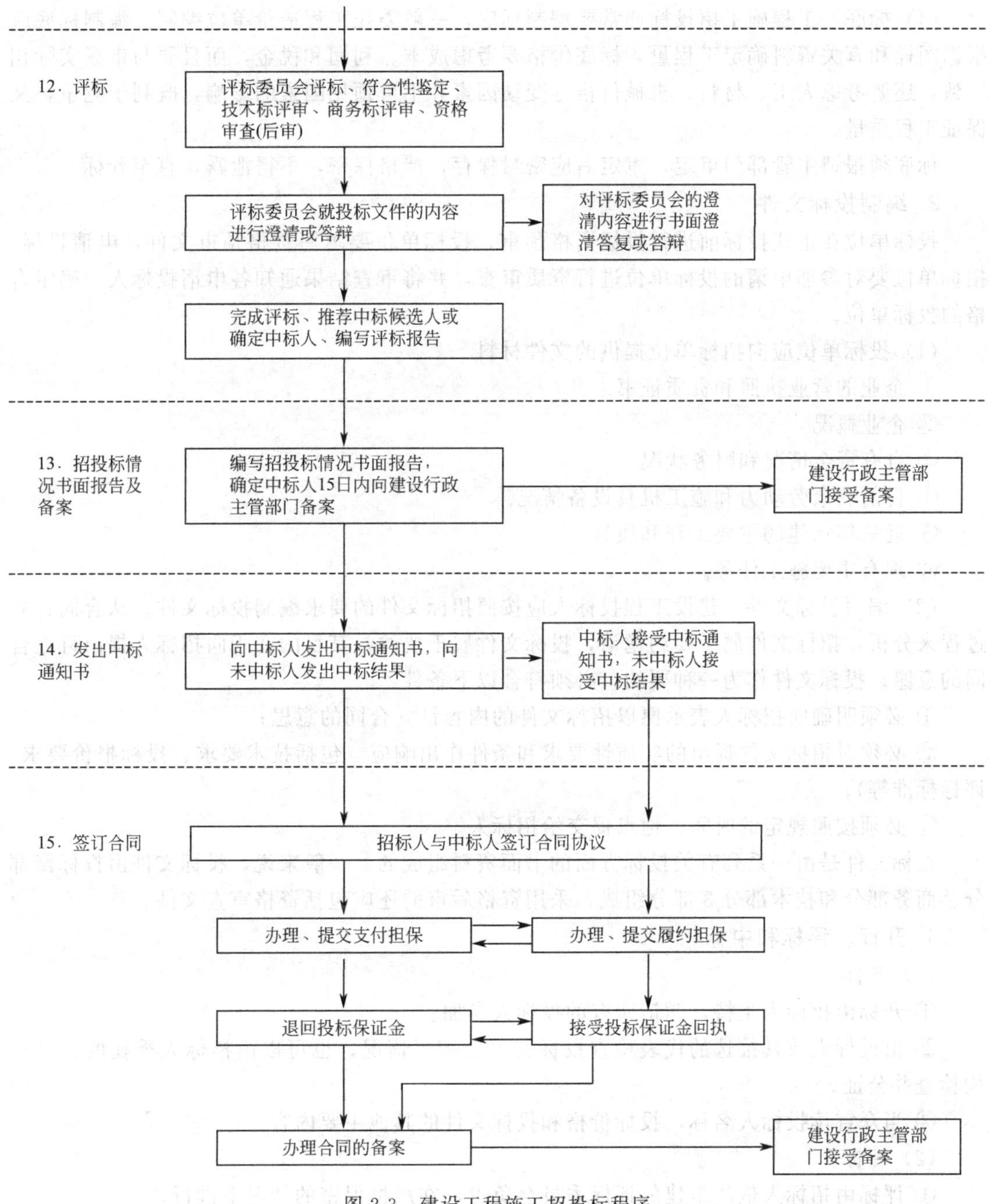

图 2-3　建设工程施工招投标程序

(2) 资格预审文件　为使招标人全面而详细地对潜在的投标人进行资格预审，招标人应编制投标申请人资格预审文件，其中包括《投标申请人资格预审须知》、《投标申请人资格预审申请书》以及《投标申请人资格预审合格通知书》等内容。资格预审须知是明确参加投标单位应知事项和申请人应具备的资历及有关证明文件。由投标人编写的资格预审申请表是按照招标单位对投标申请人的要求条件而编写的。

(3) 招标文件　工程建设项目施工招标文件一般包括下列内容：投标邀请书；投标人须知；合同主要条款；投标文件格式；采用工程量清单招标的，应当提供工程量清单；技术条款；设计图样；评标标准和方法；投标辅助材料。

（4）标底　工程施工招投标通常要编制标底，一般委托工程造价单位编制。编制标底应根据图样和有关资料确定工程量，标底价格要考虑成本、利润和税金，而且要与市场实际相一致，还要考虑人工、材料、机械价格等变动因素和不可预见因素的影响，既利于竞争，又保证工程质量。

标底须报请主管部门审定，审定后应密封保存，严格保密，不得泄露，直至开标。

3. 编制投标文件

投标单位在正式投标前进行投标资格预审，投标单位要填写资格预审文件，申请投标。招标单位要对参加申请的投标单位进行资质审查，并将审查结果通知各申请投标人，确定合格的投标单位。

（1）投标单位应向招标单位提供的文件材料

① 企业的营业执照和资质证书。

② 企业概况。

③ 自有资金情况和财务状况。

④ 目前剩余劳动力和施工机具设备情况。

⑤ 近三年承建的主要工程和质量。

⑥ 现有主要施工任务。

（2）编写投标文件　建设工程投标人应按照招标文件的要求编制投标文件。从合同订立过程来分析，招标文件属于要约邀请，投标文件属于要约，其目的在于向招标人提出订立合同的意愿。投标文件作为一种要约，必须符合以下条件：

① 必须明确向招标人表示愿以招标文件的内容订立合同的意思；

② 必须对招标文件提出的实质性要求和条件作出响应（包括技术要求、投标报价要求、评标标准等）；

③ 必须按照规定的时间、地点提交给招标人。

投标文件是由一系列有关投标方面的书面资料组成的。一般来说，投标文件由投标函部分、商务部分和技术部分3部分组成，采用资格后审的还应包括资格审查文件。

4. 开标、评标和中标

（1）开标

① 开标由招标人主持，邀请所有的投标人参加。

② 由投标人或其推选的代表检查投标文件的密封情况，也可以由招标人委托的公证机构检查并公证。

③ 当众宣读投标人名称，投标价格和投标文件的其他主要内容。

（2）评标

① 评标由招标人依法组建的评标委员会负责，在严格保密的情况下进行。

② 评标委员会应当客观公正地履行职责，遵守职业道德，对所提的评审意见承担个人责任。

（3）中标　中标单位确定后，招标单位向中标单位发出通知书，然后招标单位与中标的施工单位签订施工合同。

【例 2.10】

某大学教学大楼施工招标文件

招标单位：某大学

代理机构：某建设工程招标代理有限公司

备案单位：某市建设工程招标投标办公室

工程名称：某大学教学大楼

第一部分 投标须知

本工程的招标人为某大学，招标代理人为某建设工程招标代理有限公司，招标工作由经招标监督管理机构核准的某大学教学大楼工程招标领导小组负责主持。招投标监督管理机构管理整个招标、投标过程。

第一条：工程综合说明

(1) 招标工程：某大学教学大楼。

(2) 工程地址：××市体育馆东面。

(3) 工程概况：六层框架；建筑面积 $20000m^2$。

(4) 本工程建设场地“三通一平”和设计图样已完成。

(5) 投资来源：自筹，总投资约 2400 万元，资金已落实 2000 万元。

(6) 招标发包范围：按照××市城乡规划设计院设计的全套施工图样。包括：①建筑；②结构；③给排水；④电照；⑤其他。

(7) 承包方式：以中标人的中标报价加以下作为决算进行承包。①在合同工期内，国家政策性调整一律不作调整；②设计变更经甲乙双方签证，工程量按实调整，费用执行招标时的费用标准、计算程序及投标时所下浮的百分点。

(8) 招标申请报告已批准。

第二条：编制标书的原则、要求和依据

(1) 投标人的资质等级：房屋建筑总承包二级以上（含二级）的施工企业，项目经理资质等级为二级以上（含二级)。综合费率按工程类别二类，土建计划利润下浮三个百分点，安装工程计划利润下浮一个百分点；装饰工程按工程类别四类，计划利润下浮十一个百分点，本工程不计远征增加费。

(2) 招标人提供的设计图样、有关技术资料及招标答疑纪要，以现行建筑及安装定额为依据。

① 土建工程：执行全国统一基础定额××省 2000 年估价表，2003 年补充定额。

② 装饰工程：执行全国统一基础定额××省 1999 年估价表。

③ 安装工程：执行全国统一基础定额××省 2000 年估价表。

④ 使用的费用定额及招标时已执行的政策性调整。

(3) 在标函中须分别列报招标人指定的“三大材”（钢材、木材、水泥）的数量。

(4) 本工程物资供应方式：①甲方不提供材料；②由投标人自行采购的材料暂按××市定额站发布的 2004 年第六期市场信息及招标答疑提供的有关材料价格，其中钢材、木材、砖、水泥、砂、石、门窗、装饰材料及安装主材，施工中甲、乙双方认质认价，签证调整，其余材料固定价格不调整。

(5) 本工程质量要求：合格。

(6) 计划开工时间××年××月，工期为定额工期。自报的承诺工期为考核标准，每提前或推迟一天按工程总价的万分之三对等奖罚。

第三条：工程价款的支付和结算方式

按工程形象进度（每标段）分基础、框架主体、屋面、楼地面、门窗、内外装饰、安装等分步付款，每次付进度款额的 70%。工程竣工验收达到质量要求，决算经审核后，付至工程总额的 97%，其余留作保修金。

第四条：投标须知

(1) 标书规定

投标书中的商务标、技术标应按下列规定编制。

① 标书中的商务标、技术标应分别密封，技术标封面首页应按规定盖章投标人单位公章、法定代表人（或委托代理人）印章或签字及技术负责人签字；商务标书封面首页除盖投标人单位公章、法定代表人（或委托代理人）印章或签字外，还应签盖工程造价从业人员执业专用印章。

② 商务标中应附工程量计算书原件并签盖工程造价从业人员印章。中标通知书发出三十日后，工程量计算书退还各投标人。

③ 投标书文本应按要求打印，封面、封底、内容均使用 A4 白纸。投标书中的施工组织方案须单独成册，正文内容标题为黑体 3 号字，正文为宋体 4 号字，图表内字号为宋体 5 号字，不得涂改。施工组织方案除封面及“管理组织、机构体系”（必须装订在该方案文本的前几页）外，其他部分不得出现投标人及所

属人员的名称等其他明显标志，标注页码应在页脚居中。

(2) 投标人的投标书逾期送达的或未送达指定地点的或未按招标文件要求密封的，招标人不予受理。

(3) 有下列情况之一的，标书无效。凡认定为废标的，须经评标委员会讨论研究确定，同时向招标投标监督管理机构报告。

① 投标文件未按规定的格式编写，关键内容字迹模糊、不易辨认的。

② 投标人未按照招标文件的要求提供投标保证金的。

③ 组成联合体投标的，投标文件未附联合体各方共同投标协议的。

④ 投标人名称和组织机构与资格预审时不一致的。

⑤ 投标人递交两份或多份内容不同的投标文件，或在一份投标文件中对同一招标项目报有两个或多个报价，未声明哪一个有效的，按招标文件规定提交备选投标方案的除外。

⑥ 投标文件对招标文件提出的实质性要求和条件未作出响应的。

⑦ 投标人以他人名义投标、串通投标、以行贿手段谋取中标或者以其他弄虚作假方式投标的，除按废标处理外，应按照有关法律、法规的规定进行处罚。

⑧ 投标人的投标报价在确定的有效范围以外的。

⑨ 投标人未准时参加开标会议的。

(4) 有关规定

① 评标委员会由招标人在有关行政监督部门的监督下依法组建，原则上为7人以上单数，其中招标人代表2人。

② 经验审后符合招标文件要求的投标文件，按照先评技术标、后评商务标的顺序评标。评标完成后，评标委员会应向招标人提交书面评标报告，并按得分从高到低依法推荐有排序的中标候选人。

③ 投标人的资质证书、营业执照及投标人的项目经理证书，质量实绩、信誉等资料复印件应单独装订成册后，封入技术标袋中。

(5) 其他规定

① 报送的投标书应一式两份，密封后加盖单位公章和法定代表人或委托代理人的私章，并写明报送日期。

② 对未中标的投标人退还保证金，收回招标的图样资料，不缴回图样资料者不退还保证金。投标人报送的投标书及投标资料一律不退还。

③ 招标文件中的条款一经认可确定，作为签订施工合同的主要条款。

④ 凡是纳入准用证管理范围的建筑材料进入施工工地，必须具有建材产品准用证。具体有关规定见××市建设委员会、建材工业协会建材字〔2003〕89号文件精神。

第五条：如愿意参加本工程投标的施工单位，请携介绍信，于2005年1月7日，前往××市建设工程招标代理公司领取招标文件、材料。到招标人处领取图样，并交图样押金2000元人民币。

第六条：定于××年××月××日9:00在××市建设工程交易中心召开招标预备会，由招标人和有关人员答疑，投标人自行勘察现场。

参加人员：招标人、招标代理机构、设计单位、招标办有关人员、投标人编制投标书人员。

第七条：投标人的投标书、有关资料应于2005年2月2日15:00前按本文件要求密封完整，由投标人自行带至开标现场，逾期作自动放弃投标论处。

第八条：拟定于2005年2月2日15:00在××建设工程交易管理中心当众开标，请投标人的法定代表人或持有法人委托书的委托代理人参加。

参加单位：招标人、招标代理机构、投标人、评标委员会成员、招标监督管理机构等有关单位。

第九条：投标标函的内容

(1) 投标综合说明书两份（包括对招标文件主要条款的承诺）。

(2) 标函汇总表两份。

(3) 工程预算书两份及工程量计算书（原件）。

(4) 需耗用“三大材”的材料数量。

(5) 简要的施工组织计划和技术保证措施方案两份。

(6) 计划开、竣工日期，工程总进度及保证措施。

第二部分　评标办法

第十条：评标办法

（一）标书、评标

（1）标书：为投标人所报的商务标、技术标。

（2）评标顺序：先评技术标，后评商务标。

（3）技术标的评定分为合格、基本合格、不合格。

① 施工组织方案评定：管理组织健全，机构体系完整；总平面布置合理；施工工艺先进，技术措施可靠；进度计划、劳动力计划合理，保证措施可行；投入机械与测试设备满足工程要求；质量保证体系完善；安全文明施工、创标准化现场措施合理可行。

② 施工组织方案文本、封面必须加盖单位公章及技术负责人签字。

③ 工程工期：投标工期须符合或低于定额工期要求。

④ 工程质量：自报质量等级须符合或高于招标文件的要求。

⑤ 凡技术标不合格的，不参加商务标的评定。

（4）商务标的评标办法

① 投标人的投标报价与标底价的比值在1.0～0.9（含1.0、0.9）范围内属有效报价，超出此范围的，不参加商务标的评定。

② 投标人的有效投标报价的算术平均值为A值（基准值）。

③ 投标人有效投标报价与A值相比，低于A值且与A值最接近的为第一中标候选人，其余依此类推。

④ 若投标人的有效报价（有效报价指在标底有效范围之内的报价）少于3人（含3人）时，则所有投标人投标报价的算术平均值为A值，然后按商务标的评标办法第（3）条继续评标。

⑤ 轻钢结构暂按××万元价款计入总报价，但不参加商务标的评定，且不在让利范围，投标报价汇总表内必须注明含不含此价款，否则按不响应招标文件实质性要求处理。

（二）投标人及项目经理的资质

投标人及项目经理的资质等级必须符合招标文件要求。

第十一条：附则（其他需要说明的事项）

（1）项目经理资质要求二级以上（含二级）。

（2）承包人在收到中标通知书后，其项目经理、技术负责人必须在5日内到达施工现场开展工作，否则视承包人违约[项目经理、技术负责人处违约金1000元/(人·天)]，同时业主有权终止合同并追究承包人的责任。

（3）承包人在合同规定的工期内，不得调换在投标文件中承诺配备的主要管理人员和技术人员，否则，视承包人违约（项目经理、技术负责人每人处违约金1万元），同时业主有权终止合同并追究承包人的责任。如确有特殊情况需要调换的，必须事先征得业主的同意，并付违约金1万元。

（4）投标人对招标文件及图样的疑问在答疑会议上应以书面形式提交招标人，由招标人统一组织答复，并只以书面形式答复有效。

（5）每个投标人须交3万元投标保证金（交到某大学），中标后转为履约保证金，工程竣工验收合格后退回，否则，按不响应招标文件处理。本招标文件由××市建设工程招标代理公司负责解释。

四、建设工程施工合同

建设工程施工合同是建设单位（招标单位）与施工单位根据有关法律、法规，遵循平等、自愿、公平和诚实信用的原则，签订完成某一建设工程施工任务，明确相互权利、义务关系的有法律效力的协议。《建设工程施工合同示范文本》中把合同分为协议书、通用条款、专用条款三个部分，并附有三个附件。

1. 协议书

合同协议书是施工合同的总纲性法律文件，经双方当事人签字盖章后合同即成立。协议书虽然其文字量并不大，但它规定了合同当事人双方最主要的权利、义务，规定了组成合同的文件及合同当事人对履行合同义务的承诺，并且合同双方当事人要在这份文件上签字盖章，因此具有很高的法律效力。示范文本中合同协议书共计 13 条，主要包括：工程概况、合同工期、质量标准、签约合同价和合同价格形式、项目经理、合同文件构成、承诺以及合同生效条件等重要内容，集中约定了合同当事人基本的合同权利义务。详见例 2.11 所示。

【例 2.11】

第一部分　协议书

发包人（全称）：

承包人（全称）：

依照《中华人民共和国合同法》、《中华人民共和国建筑法》及其他有关法律、行政法规，遵循平等、自愿、公平和诚实信用的原则，双方就________建设工程施工项协商一致，订立本合同。

一、工程概况

工程名称：

工程地点：

工程立项批准文号：

资金来源：

工程内容：

群体工程应附承包人承揽工程项目一览表（附件 1）

工程承包范围

二、合同工期

计划开工日期：

计划竣工日期：

合同工期总日历天数______天。工期总日历天数与根据前述计划开竣工日期计算的工期天数不一致的，以工期总日历天数为准。

三、质量标准

工程质量符合________________________标准。

四、签约合同价与合同价格形式

1. 签约合同价为：

人民币（大写）______________（¥____________元）；

其中：

(1) 安全文明施工费：

人民币（大写）______________（¥____________元）；

(2) 材料和工程设备暂估价金额：

人民币（大写）______________（¥____________元）；

(3) 专业工程暂估价金额：

人民币（大写）______________（¥____________元）；

(4) 暂列金额：

人民币（大写）______________（¥____________元）。

2. 合同价格形式：__________________________。

五、项目经理

承包人项目经理：

六、合同文件构成

本协议书与下列文件一起构成合同文件：

(1) 中标通知书（如果有）；

(2) 投标函及其附录（如果有）；

(3) 专用合同条款及其附件；

(4) 通用合同条款；

(5) 技术标准和要求；

(6) 图纸；

(7) 已标价工程量清单或预算书；

(8) 其他合同文件。

在合同订立及履行过程中形成的与合同有关的文件均构成合同文件组成部分。

上述各项合同文件包括合同当事人就该项合同文件所作出的补充和修改，属于同一类内容的文件，应以最新签署的为准。专用合同条款及其附件须经合同当事人签字或盖章。

七、承诺

1. 发包人承诺按照法律规定履行项目审批手续、筹集工程建设资金并按照合同约定的期限和方式支付合同价款。

2. 承包人承诺按照法律规定及合同约定组织完成工程施工，确保工程质量和安全，不进行转包及违法分包，并在缺陷责任期及保修期内承担相应的工程维修责任。

3. 发包人和承包人通过招投标形式签订合同的，双方理解并承诺不再就同一工程另行签订与合同实质性内容相背离的协议。

八、词语含义

本协议书中词语含义与第二部分通用合同条款中赋予的含义相同。

九、签订时间

本合同于________年____月____日签订。

十、签订地点

本合同在________________________________签订。

十一、补充协议

合同未尽事宜，合同当事人另行签订补充协议，补充协议是合同的组成部分。

十二、合同生效

本合同自______________________________生效。

十三、合同份数

本合同一式____份，均具有同等法律效力，发包人执____份，承包人执____份。

发包人：(公章)	承包人：(公章)
法定代表人或其委托代理人：	法定代表人或其委托代理人：
(签字)	(签字)
组织机构代码：	组织机构代码：
地　址：	地　址：
邮政编码：	邮政编码：
电　话：	电　话：
传　真：	传　真：
电子信箱：	电子信箱：
开户银行：	开户银行：
账　号：	账　号：

2. 通用条款

通用条款是根据《中华人民共和国合同法》、《中华人民共和国建筑法》、《建设工程施工合同管理办法》等法律、法规，对承发包双方的权利、义务作出的规定，除双方协商一致对其中的某些条款作出修改、补充或取消外，其余条款双方都必须履行。它是将建设工程施工合同中共性的一些内容抽出来编写的一份完整的合同文件。通用条款具有很强的通用性，基本适用于各类建设工程。通用合同条款共计 20 条，具体条款分别为：一般约定、发包人、承包人、监理人、工程质量、安全文明施工与环境保护、工期和进度、材料与设备、试验与检验、变更、价格调整、合同价格、计量与支付、验收和工程试车、竣工结算、缺陷责任与保修、违约、不可抗力、保险、索赔和争议解决。前述条款安排既考虑了现行法律法规对工程建设的有关要求，也考虑了建设工程施工管理的特殊需要。

3. 专用条款

考虑到建设工程的内容各不相同，工期、造价也随之变动，承包人、发包人各自的能力、施工现场的环境也不相同，通用条款不能完全适用于各个具体工程，因此配之以专用条款对其作必要的修改和补充，使通用条款和专用条款共同成为双方统一意愿的体现。专用条款的条款号与通用条款相一致，但主要是空格，由当事人根据工程的具体情况予以明确或者对通用条款进行修改。

4. 附件

施工合同文本的附件则是对施工合同当事人的权利、义务的进一步明确，并且使得施工合同当事人的有关工作一目了然，便于执行和管理。

协议书附件包括以下内容。

附件 1：承包人承揽工程项目一览表

专用合同条款附件

附件 2：发包人供应材料设备一览表

附件 3：工程质量保修书

附件 4：主要建设工程文件目录

附件 5：承包人用于本工程施工的机械设备表

附件 6：承包人主要施工管理人员表

附件 7：分包人主要施工管理人员表

附件 8：履约担保格式

附件 9：预付款担保格式

附件 10：支付担保格式

附件 11：暂估价一览表

五、监理招投标文件

监理招投标文件是指建设单位选择工程项目监理单位过程中所形成的招标、投标活动的文件资料。

1. 招标文件

监理招标文件应包括以下几方面的内容。

(1) 投标须知

① 工程项目综合说明，包括主要的建设内容、规模、工程等级、地点、总投资、现场条件。

② 开竣工日期。

③ 委托的监理范围和监理业务。

④ 投标文件的格式、编制、递交。

⑤ 无效投标文件的规定。

⑥ 投标起止时间，开标、评标、定标的时间和地点。

⑦ 招标文件、投标文件的澄清与修改。

⑧ 评标的原则等。

(2) 合同条件。

(3) 业主提供的现场办公条件（包括交通、通信、住宿、办公用房等）。

(4) 对监理单位的要求（包括现场监理人员、检测手段、工程技术难点等方面）。

(5) 有关技术规定。

(6) 必要的设计文件、图样、有关资料。

(7) 其他事宜。

2. 投标文件

投标人根据招标文件编制投标书，投标书应注意以下几方面的合理性。

(1) 投标人的资质（包括资质等级、批准的监理业务范围、主管部门或股东单位、人员综合情况等）。

(2) 监理大纲的合理性。

(3) 拟派项目的主要监理人员（总监理工程师和主要专业监理工程师）。

(4) 人员派驻计划和监理人员的素质（学历证书、职称证书、上岗证书等）。

(5) 监理单位提供用于工程的检测设备和仪器，或委托有关单位检测的协议。

(6) 近几年监理单位的业绩和奖惩情况。

(7) 监理费报价和费用的组成。

(8) 招标文件要求的其他情况。

六、建设工程监理合同

建设工程监理合同，是委托人与监理人就委托的工程项目管理内容签订的明确相互权利、义务关系的有法律效力的协议。《建设工程监理合同示范文本》中把合同分为协议书、通用条件、专用条件三个部分。

1. 协议书

协议书是纲领性的法律文件，经双方当事人签字盖章后合同即成立。合同中需要明确和填写的主要内容包括：工程概况、词语限定、组成合同的文件、总监理工程师、签约酬金、期限、双方承诺、合同订立等。详见例 2.12 所示。

【例 2.12】

第一部分　协议书

委托人（全称）：

监理人（全称）：

根据《中华人民共和国合同法》、《中华人民共和国建筑法》及其他有关法律、法规，遵循平等、自愿、公平和诚信的原则，双方就下述工程委托监理与相关服务事项协商一致，订立本合同。

一、工程概况

1. 工程名称：

2. 工程地点：

3. 工程规模：

4. 工程概算投资额或建筑安装工程费：

二、词语限定

协议书中相关词语的含义与通用条件中的定义与解释相同。

三、组成合同的文件

1. 协议书；

2. 中标通知书（适用于招标工程）或委托书（适用于非招标工程）；

3. 投标文件（适用于招标工程）或监理与相关服务建议书（适用于非招标工程）；

4. 专用条件；

5. 通用条件；

6. 附录，即：

附录 A　相关服务的范围和内容

附录B　委托人派遣的人员和提供的房屋、资料、设备

本合同签订后，双方依法签订的补充协议也是本合同文件的组成部分。

四、总监理工程师

总监理工程师姓名：__________，身份证号码：____________________，注册号：__________。

五、签约酬金

签约酬金（大写）：____________________（¥　　　　　）。

包括：

1. 监理酬金：____________________。

2. 相关服务酬金：____________________。

其中：

(1) 勘察阶段服务酬金：____________________。

(2) 设计阶段服务酬金：____________________。

(3) 保修阶段服务酬金：____________________。

(4) 其他相关服务酬金：____________________。

六、期限

1. 监理期限：

自____年____月____日始，至____年____月____日止。

2. 相关服务期限：

(1) 勘察阶段服务期限自____年____月____日始，至____年____月____日止。

(2) 设计阶段服务期限自____年____月____日始，至____年____月____日止。

(3) 保修阶段服务期限自____年____月____日始，至____年____月____日止。

(4) 其他相关服务期限自____年____月____日始，至____年____月____日止。

七、双方承诺

1. 监理人向委托人承诺，按照本合同约定提供监理与相关服务。

2. 委托人向监理人承诺，按照本合同约定派遣相应的人员，提供房屋、资料、设备，并按本合同约定支付酬金。

八、合同订立

1. 订立时间：________年____月____日。

2. 订立地点：____________________。

3. 本合同一式____份，具有同等法律效力，双方各执____份。

委托人：______（盖章）______	监理人：______（盖章）______
住所：____________	住所：____________
邮政编码：____________	邮政编码：____________
法定代表人或其授权 的代理人：（签字）______	法定代表人或其授权 的代理人：（签字）______
开户银行：____________	开户银行：____________
账号：____________	账号：____________
电话：____________	电话：____________
传真：____________	传真：____________
电子邮箱：____________	电子邮箱：____________

2. 通用条件

通用条件是委托监理合同的通用性文件，适用于各类建设工程项目监理，委托人和监理人都必须遵守。其内容包括：定义与解释，监理人的义务，委托人的义务，违约责任，支付，合同生效、变更、暂停、解除与终止，争议解决，其他。

3. 专用条件

由于通用条件适用于各种行业和专业项目的建设工程监理，对于具体建设工程项目监理，某些条款内容已不具有适用性，需要在签订建设工程委托监理合同时，根据建设工程项目的具体情况和实际要求，对通用条件中的某些条款进行补充和修正。

第六节 开工审批文件

一、建设工程规划许可证及附件

新开工的项目应列入年度计划，建设单位应向建设行政主管部门和工程规划部门申请开工许可，申请开工的建设项目需办理建设工程规划许可证和建设工程开工证。

1. 开工应具备的条件

（1）有经过审批的可行性研究报告和初步设计文件。

（2）已列入国家和地方的年度基本建设计划。

（3）完成了征用土地、拆迁安置工作。

（4）落实了三通一平（或四通、五通、六通、七通一平）。

（5）施工图样和原材料物资准备能满足工程施工进度的要求。

（6）办理了施工招标手续，与施工单位签订了施工合同。

（7）选定了建设监理部门，并与监理单位签订了工程施工监理合同。

（8）资金到位，并取得了审计机关出具的开工前审计意见书。

（9）建设项目与市政有关部门协调，落实了配套工程设计并签订了合同。

（10）办理了建设工程规划许可证。

（11）办理了建设工程施工许可证。

根据开工项目应具备的条件，建设单位基本落实前九项的条件，即可申请办理建设工程规划许可证和建设工程施工许可证。

2. 建设工程规划许可证

建设工程规划许可证是建设单位在城市规划区内新建、改建、扩建的建筑物、构筑物、道路、管线和其他工程设施，必须持有相关批准文件向城市规划行政主管部门提出申请，根据城市规划，由城市规划主管部门提出规划要求，并审查设计施工图等有关文件，核发的法规性文件。

（1）建设工程规划许可证申报程序

① 建设单位领取并填写规划审批申请表，加盖建设单位和申报单位公章。

② 提交申报建设工程规划许可证要求中所列要求报送的文件和图样。

③ 城市规划行政管理部门填发建设工程规划许可证立案表，作为申报建设工程规划许可证的回执。

④ 城市规划行政管理部门进行审查，对不符合规划要求的初步设计提出修改意见，发出修改工程图样通知书，修改后重新申报。

⑤ 经审查合格的建设工程，建设单位在取件日期内在规划管理单位领取建设工程规划许可证。

⑥ 办理建设工程规划许可证要经过建设单位申请和规划行政管理部门审查批准。

（2）申报建设工程规划许可证要求报送的文件和图样

① 年度施工任务批准文件。

② 人防、消防、环保、园林、市政、文物、通信、教育、卫生等有关行政主管部门的审批意见和要求，以及取得的协议书。

③ 工程竣工档案登记表。

④ 工程设计图，包括总平面图，各层平、立、剖面图，基础平面图和设计图样目录。

⑤ 其他

(3) 核发建设工程规划许可证　建设工程规划许可证还包括建设工程规划许可证附图与附件。附图与附件由发证机关确定，与建设工程规划许可证具有同等的法律效力。

建设工程规划许可证中除正文外，还规定了应注意的事项。

① 建设工程放线后，由测绘院、规划行政管理部门验线，合格后方可施工。

② 与消防、交通、环保、市政等部门未尽事宜，由建设单位负责与有关行政主管部门联系，妥善解决。

③ 建设工程规划许可证发出后两年内工程未动工，本许可证自动失效，再需要建设时应向审批机关重新申报，经审核批准后方可动工。

④ 建设工程竣工后应按规定编制工程竣工档案，报送城市建设档案馆。

【例 2.13】

中华人民共和国

建设工程规划许可证

编号　规建字　号

根据《中华人民共和国城市规划法》第三十二条规定，经审定，本建设工程符合城市规划要求，准予建设。

特发此证

发证机关：

日期：　年　月　日

建设单位	
建设项目	
建设位置	
建设规模（大写）	万元
	m^2
附图及附件名称	

遵守事项

一、本证是城市规划区内，经城市规划行政主管部门审定，准予建设各类工程的凭证。本证不作为产权登记依据。

二、凡未取得本证或不按本证规定进行建设，均属违法建设项目。

三、未经发证机关许可，本证的各项规定均不得随意变更。

四、根据发证机关的要求，建设单位在实施项目期间应将本证提交查验。

五、工程竣工经规划验收后，符合本证各项规定的建设项目，三个月内凭本证换取建设工程规划许可证正本，过期自行作废。

六、本证所需附图及附件由发证机关确定，与本证具有同等法律效力。

【例 2.14】

建设工程规划许可证附件

(×××规划委员会专用章)

建设工程

建设单位：×××房屋开发有限公司　　04—规建字—108

建设位置：×××市×××路×××号　　图幅号 95—10

建设单位联系人：×××　　电话：××××××　　发件日期：××年××月××日

建设项目名称	建设规模/m²	层数		高度/m	栋数	结构类型	造价/万元	备注
		地上	地下					
×××大厦	18659	19	2	61.8	1	框架	2687	

说明：

1. 本附件与《建设工程规划许可证》具有同等效力。

2. 遵守事项见《建设工程规划许可证》。

注意事项：

1. 本工程放线完毕，请通知×××规划局、×××测绘院验线无误后方可施工。

2. 有关消防、绿化、交通、环保、市政、文物等未尽事宜，应由建设单位负责与有关主管部门联系，妥善解决。

3. 设计责任由设计单位负责。按规定允许非正式设计单位设计工程，其设计责任由建设单位负责。

4. 本《建设工程规划许可证》及附件发出后，因年度建设计划变更或因故未建满两年者，《建设工程规划许可证》及附件自行失效。需建设时，应向审批机关重新申报，经审核批准后方可施工。

5. 凡属按规定应编制竣工图的工程，必须按国家编制竣工图有关规定编制竣工图，送城市建设档案部门备案。

二、建设工程施工许可证

1. 建设工程施工许可证申请表

建设工程开工前，建设单位应当按照国家有关规定向工程所在地建设行政主管部门申请领取施工许可证。

申请办理施工许可证的程序如下。

(1) 建设单位向工程所在地建设行政主管部门领取《建筑工程施工许可证申请表》(见例 2.15)。

(2) 建设单位持加盖单位及法定代表人印鉴的《建筑工程施工许可证申请表》，并附相关证明文件，向工程所在地建设行政主管部门提出申请。

(3) 工程所在地建设行政主管部门在收到建设单位报送的《建筑工程施工许可证申请表》和所附证明文件后，对于符合条件的，应当自收到申请之日起十五日内颁发施工许可证；对于证明文件不齐全或者失效的，应当限期要求建设单位补正，审批时间可以自证明文件补正齐全后作相应顺延；对于不符合条件的，应当自收到申请之日起十五日内书面通知建设单位，并说明理由。

【例 2.15】

建设工程施工许可证申请表

表一 工程简要情况

<table>
<tr><td>申请人(建设单位)全称</td><td></td><td>建设单位法定代表人</td><td></td></tr>
<tr><td>建设单位地址</td><td></td><td>电　　话</td><td></td></tr>
<tr><td>工 程 名 称</td><td colspan="3"></td></tr>
<tr><td>工程建设地点</td><td colspan="3"></td></tr>
<tr><td>立项批准文件</td><td colspan="3">批准投资总额：　　　万元;其中外币(币种　　)　　万元</td></tr>
<tr><td>申请许可工程内容</td><td colspan="3"></td></tr>
<tr><td>申请许可工程合同总额</td><td colspan="3"></td></tr>
<tr><td>申请许可工程计划开工日期</td><td></td><td>申请许可工程计划竣工日期</td><td></td></tr>
<tr><td colspan="2">施工总包单位名称</td><td colspan="2">施工分包单位名称</td></tr>
<tr><td colspan="4">施工许可申请单位：
法定代表人(签字)　　单位(盖章)
年　月　日</td></tr>
</table>

表二 建设单位提供的文件或证明材料情况

<table>
<tr><td rowspan="2">用地批准文件</td><td>国土行政主管部门单位名称：
批准用地的文件名称：</td></tr>
<tr><td>土地使用权证证书号：</td></tr>
<tr><td>建设工程规划许可证</td><td></td></tr>
<tr><td rowspan="2">施工现场是否具备施工条件</td><td>具备：</td></tr>
<tr><td>不具备：</td></tr>
<tr><td rowspan="2">需要拆迁的，其拆迁进度是否符合施工要求</td><td>符合：</td></tr>
<tr><td>不符合：</td></tr>
<tr><td>中标通知书及施工合同</td><td></td></tr>
<tr><td>施工图样及技术资料</td><td>施工图样已经审查机构审查合格
审查机构名称：</td></tr>
<tr><td>施工组织设计</td><td></td></tr>
<tr><td>监理合同或建设单位工程技术人员情况</td><td>监理企业名称：
监理合同文本</td></tr>
<tr><td>工程质量保证具体措施</td><td>已经办理建设工程质量监督手续
监督机构名称：</td></tr>
<tr><td rowspan="2">工程安全施工保证具体措施</td><td>已经办理建设工程安全监督手续
监督机构名称：</td></tr>
<tr><td>施工企业已取得安全生产许可证
许可证号：
发证单位：</td></tr>
</table>

续表

建设工程资金	建设工程资金保函： 建设工程资金证明：
建筑工程消防设计审核	已经通过建筑工程消防设计审核 审核单位名称：
其他资料	
审查意见： （发证机关盖章） 经办人： 审查人： 年 月 日	

注：此栏中应填写文件或证明材料的编号。没有编号的，应由经办人审查文件或资料是否完备。

2. 建设工程施工许可证

建设工程施工许可证是新建、改建、扩建工程开工必备的依据性文件，开工的建设项目经审查具备开工条件后，由具有审批权限的建设行政主管部门核发建设工程施工许可证（见例 2.16）。

【例 2.16】

封面

中华人民共和国

建设工程施工许可证

建开字〔2005〕第×××号

根据《中华人民共和国建筑法》第八条规定，经审查，本建筑工程符合施工条件，准予施工。

×××建设委员会

（建设工程开工审批专用章）

2005 年×月×日

建设单位	×××房地产开发有限公司		
建设项目	××花园 5 号楼		
建设地点	四合路		
建筑面积	4875.71m^2	合同价格	250 万元
设计单位	×××设计院		
施工单位	×××建筑安装公司		
监理单位	×××建设监理公司		
合同开工日期		合同竣工日期	
备注： 总　　监：××× 项目经理：×××			

遵守事项：

一、本证是本市行政区域内各类房屋建筑工程开工的合法依据，无本证开工的建筑工程均属违法建设；

二、本证内容未经发证机关批准不得擅自更改；

三、建设单位有义务向有权检查部门出示本证；

四、本证自签发之日起一年内未开工的即视为无效。

建设单位申请领取施工许可证，应当具备下列条件：

（1）已经办理该建筑工程用地批准手续；

（2）在城市规划区的建筑工程，已经取得规划许可证；

（3）需要拆迁的，其拆迁进度符合施工要求；

（4）已经确定建筑施工企业；

（5）有满足施工需要的施工图纸及技术资料；

（6）有保证工程质量和安全的具体措施；

（7）建设资金已经落实；

（8）法律、行政法规规定的其他条件。

建设单位应当自领取施工许可证之日起三个月内开工。因故不能按期开工，应当向发证机关申请延期。延期以两期为限，每次不超过三个月。因故不能按期开工超过六个月的，应当重新办理开工报告的审批手续。

三、工程质量监督手续

根据国务院《建设工程质量管理条例》和建设部《关于质量监督机构深化改革的指导意见》，政府质量监督机构必须建立和遵循严格的工程质量监督程序，以加大建设工程质量监督的力度，保证建设工程质量。质量监督机构对建设工程质量监督的依据是国家的法律、法规和强制性标准；主要目的是保证建设工程使用安全和环境质量；主要内容是监督工程建设各方主体质量行为和地基、基础、主体结构和使用功能；主要监督方式是巡回抽查，对建设单位组织的竣工验收实施监督。工程竣工后出具工程质量监督报告。

1. 工程质量监督登记表

凡新建、改建、扩建的建设工程，在工程项目施工招标投标工作完成后，建设单位申请领取施工许可证之前，应携有关资料到所在地建设工程质量监督机构办理工程质量监督登记手续，填写工程质量监督登记表（见例 2.17）并按规定交纳工程质量监督费用。

【例 2.17】

建设工程质量监督报监备案登记表

工程名称						工程地点	
结构层数		建设规模		结构类型			
施工承包单位资质等级							
施工承包单位项目经理				项目经理资质			
勘察单位资质等级				资格证书号码			
注册岩土工程师				资格证书号码			
监理单位资质等级							
总监理工程师				资格证书号码			
设计单位资质等级							
项目设计注册建筑师				注册登记号码			
项目设计注册结构师				注册登记号码			
建设单位： 法人代表： 电话： 项目负责人： 电话：						盖章 年 月 日	

本表一式四份，建设单位、监理单位、施工单位、质监站各一份。

办理工程质量监督注册手续时，建设单位应提供下列文件资料：

(1) 工程规划许可证；

(2) 施工、监理中标通知书；

(3) 施工、监理合同及其单位资质证书（复印件）；

(4) 施工图设计文件审查意见；

(5) 其他规定需要的文件资料。

建设单位在提交上述文件后，并填写《建设工程质量监督注册登记表》，由监督注册部门审查符合要求后，方可办理监督注册手续，指定监督机构并发出《质量监督通知书》及《工程质量监督计划》(见例 2.18、例 2.19)。

2. 见证取样和送检见证人授权书

为了加强建设工程质量管理和监督，每个单位工程必须有 1～2 名取样和送检见证人，见证人由施工现场监理人员或建设单位委派具有一定试验知识的专业技术人员担任。见证人设定后，建设单位根据建设工程质量监督的有关规定，向工程质量监督机构办理见证取样和送检见证人备案书（见例 2.20），一式四份（质量监督机构、质量检测试验室、施工单位、见证人各一份）。工程竣工后备案书存入工程档案。见证人和送检单位对送检试验样品的真实性和代表性负法定责任。

【例 2.18】

×××建设工程质量监督站

工程质量监督通知书

No. ×××××

监督站×××室（组）：

经研究决定×××××开发有限公司（单位），位于×××市××街××号的××××工程由你室（组）办理质量监督管理手续，请接洽。

×××市建设工程质量监督站

××××年××月××日

【例 2.19】

工程质量监督计划

根据监督注册________号，由我站对____________进行质量监督。为保证质量监督工作的顺利实施，使监督工作有序开展，依据《建设工程质量管理条例》，特制定如下监督计划。

一、工程概况

根据施工图设计文件，该工程为________结构，_____层，建筑面积____m^2，总造价_____万元。勘察单位________，设计单位________，施工单位________，监理单位________。

二、计划编制依据

编制计划的依据主要是有关法律、法规、强制性标准、合同的约定和施工图设计文件及审查意见、施工组织设计、施工方案。

三、监督组织

该项目工程监督工作由____级监督工程师_____等___人组成监督组。

四、监督工作内容及要求

1. 在正式监督前，对施工单位的资质等级进行核查。工地必须明确施工员、技术员及专职质检员，并建立必要的技术管理制度和质量保证体系。

2. 检查受监工程的勘察、设计、监理、施工及预拌混凝土生产单位的资质以及参建各方面质量行为及执行强制性标准的情况。

3. 对工程使用的原材料（水泥、钢材、砖、砂、石、防水材料、外加剂、水暖器材、电料、装饰材料等）和半成品、预制构件、混凝土、砂浆等质量进行抽查监督。材料不合格的，应试验而未经取样试验的或者没有合格证的，不准使用。

4. 工程监督依据国家规定执行，四步到位（即地基基础核验、主体工程核验、样板工程核验、工程竣工核验），每次核验前，施工单位必须进行自检。

5. 建设、施工单位按照监督计划和内容要求，施工受检部位必须通知我站进行监督、检查或核验，否则不准进行下一道工序。

6. 暖卫、电气工程的监督，依照土建进度随时通知我站。工地质检员随时掌握进度，避免因工种交叉造成必检工程项目的漏检。

7. 随时抽查施工技术条件。

8. 在进行内、外装修、装饰施工前，必须进行样板（样板间）的制作，并经我站检查、核验后，方可大面积施工。

9. 工程完成后，首先由建设单位、施工单位对工程质量预验合格，再申报我站组织工程等级核验。

10. 工程发生重大质量事故后，施工单位应在24h内书面通知我站。

11. 如对工程质量产生怀疑，我站组织鉴定及时进行非破损检验。

五、我站监督工程师________同志，联系电话________。

地址________，邮编________。

________工程质量监督站（公章）

送达单位签收　　年　月　日

建设单位项目负责人：（签字）　　年　月　日

监督单位总监理工程师：（签字）　　年　月　日

施工单位项目经理：（签字）　　年　月　日

【例 2.20】

见证取样和送检见证人备案书

×××××质量监督站

×××××检测中心（试验室）

我单位决定由________同志担任________工程见证取样和送检见证人。

有关的印章和签字如下，请查收备案。

有见证取样和送检印章	见证人签字

建设单位名称(盖章)：　　年　月　日

监理单位名称(盖章)：　　年　月　日

施工项目负责人签字：　　年　月　日

第七节　商务文件

商务文件由工程投资估算、工程设计概算、施工图预算等方面构成。

一、工程投资估算资料

投资估算是投资决策阶段拟建项目编制项目建议书、可行性研究报告的重要组成部分，是项目决策的重要依据之一。它包括该工程项目从筹建到竣工验收、交付使用所需要的全部费用。具体包括建筑安装工程费，设备、工器具购置费，工程建设其他费用，预备费，固定资产投资方向调节税，建设期贷款利息等。

投资估算由建设单位编制或委托设计单位（或咨询单位）编制，主要依据相应建设项目投资估算，参照以往类似工程的造价资料编制。它对初步设计概算和工程造价起控制作用。

（1）建筑安装工程费用　建筑安装工程费用是指建设单位为从事该项目建筑安装工程所支付的全部生产费用。包括直接用于各单位工程的人工、材料、机械使用费、其他直接费以及分摊到各单位工程中的管理费、利润和税金。

（2）设备、工器具费用　设备、工器具费用是指建设单位按照建设项目设计文件要求而购置或自备的设备及工器具所需的全部费用，包括需要安装与不需要安装设备及未构成固定资产的各种工具、器具、仪器、生产家具的购置费用。

（3）工程建设其他费用　工程建设其他费用是指除上述工程和设备、工器具费用以外的，根据有关规定在固定资产投资中支付，并列入建设项目总概算或单项工程综合概算的费用。

（4）预备费　预备费是指初步设计和概算中难以预料的工程和费用。其中包括实行按施工图概算加系数包干的概算包干费用。

（5）建设期利息　建设期利息是指工程项目在建设期间内发生并计入固定资产的利息。

二、工程设计概算预算

（1）工程设计概算书　初步设计阶段，设计单位根据初步设计规定的总体布置及单项工程的主要建筑结构和设备清单来编制建设项目总概算。

设计概算一般包括：建筑安装工程费用，设备、工器具购置费用，工程建设其他工程费用，预备费等。

设计概算经批准后是确定建设项目总造价、编制固定资产投资计划、签订建设项目贷款总合同的依据，也是控制建设项目拨款、考核设计经济合理性的依据。

（2）工程施工图预算书　工程招标投标阶段，根据施工图设计确定的工程量编制施工图预算。招标单位（或委托单位）编制的施工图预算是确定标底的依据，投标单位编制的施工图预算是确定报价的依据，标底、报价是评标、决标的重要依据。施工图预算经审核后，是确定工程造价、签订工程承包合同、实行建筑安装工程造价包干的依据。

本章小结

本章知识结构如下所示：

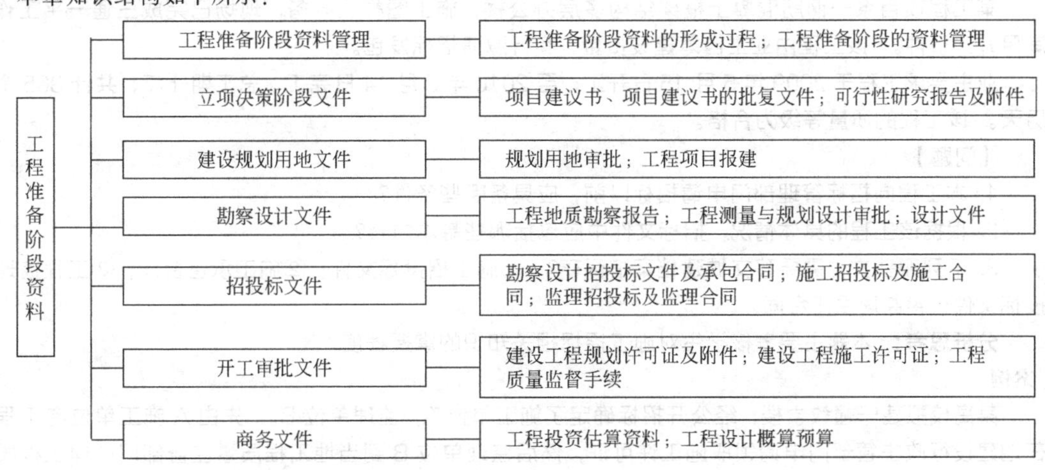

自测练习

一、选择题

1. 工程质量监督手续，由（　　）到质量监督机构办理工程质量监督手续，由质量监督机构负责提供。

A. 建设单位　　B. 施工单位　　C. 监理单位　　D. 设计单位

2. 建设工程规划许可证资料，是建设单位到规划部门办理，应由（　　）提供。

A. 建设单位　　B. 规划部门　　C. 发改委　　D. 国土资源管理部门

3. 发展改革部门批准的项目立项文件，由（　　）负责收集、提供。

A. 建设单位　　B. 施工单位　　C. 监理单位　　D. 设计单位

4. 由（　　）对设计的施工图进行审查，合格后发给合格证书。

A. 建设单位　　B. 施工单位　　C. 施工图审查机构　　D. 设计单位

5. 建设单位领取施工许可证是要具备一定条件的，下列选项中哪一项不是必需条件（　　）。

A. 已经办理建筑工程用地批准手续　　B. 已经确定建筑施工企业

C. 建设资金已落实　　D. 工程施工工作已开始

6. 工程准备阶段的文件包括（　　）。

A. 立项文件　　B. 施工文件　　C. 征地文件　　D. 招投标文件

二、学习思考

1. 什么是项目建议书？
2. 什么是选址意见书？
3. 工程建设项目报建的主要内容有哪些？
4. 解释什么是拨地测量？
5. 规划设计条件主要应包括哪些内容？
6. 施工图审查的内容有哪些？
7. 简述施工招投标的程序。
8. 《建设工程施工合同示范文本》包括哪几部分内容？
9. 简述建设工程前期文件的整理顺序。
10. 试述建设工程开工应具备的条件。
11. 试述办理施工许可证时应准备哪些资料？

三、案例分析训练

〖案例一〗

某工程项目系一钢筋混凝土框架结构多层办公楼，施工图样已齐备，现场已完成三通一平工作，满足开工条件。该工程由业主自筹建设资金，实行邀请招标发包。

业主要求工程于 2009 年 5 月 15 日开工，至 2010 年 5 月 14 日完工，总工期 1 年，共计 365 个日历天。该工程的质量等级为合格。

【问题】

1. 本工程向招标管理部门申请招标以前，应具备哪些条件?

2. 根据该工程的具体情况，招标文件中应包括哪些基本内容?

3. 下列哪些文件需要移交城建档案馆保存？①施工招投标文件；②施工承包合同；③工程监理招投标文件；④监理委托合同。

分析思考： 本题主要考核学生对施工招标相关知识的掌握程度。

〖案例二〗

某高校拟建一幢教学楼，经公开招标确定了施工单位 A，监理单位 B。先由 A 施工单位向工程所在地建设行政主管部门申请领取施工许可证，然后监理单位 B 到当地工程质量监督部门办理工程质量监督手续。

【问题】

1. 上述做法有何不妥？ 为什么?

2. 申请领取施工许可证应具备什么条件?

3. 如自领取施工许可证之日3个月内，因故无法开工，该如何处理。

分析思考：本题主要考核学生对施工许可证及工程质量监督手续办理知识的掌握程度。

〖案例三〗

某工程在施工过程中，遇到了特大暴雨引发的山洪暴发，造成现场临时道路、管网和其他临时设施损坏。施工单位认为合同文件的优先解释顺序是：①合同协议书；②本合同专用条款；③本合同通用条款；④中标通知书；⑤投标书及附件；⑥标准、规范及有关技术文件；⑦工程量清单或预算书；⑧图纸。合同履行中，发包人、承包人有关工程的洽商、变更等书面协议书或文件视为本合同的组成部分。

【问题】

你认为案例中的合同文件的优先解释顺序是否妥当？ 请给出合理的合同文件的优先解释顺序。

分析思考：本案例主要考核学生对建设工程施工合同文件组成的掌握。

第三章　建设监理资料

知识目标

- 了解：监理资料的管理流程。
- 理解：各种监理资料的作用。
- 掌握：监理资料的组成，各种监理资料的概念、表式、填写要求及填表方法。

能力目标

- 能熟练地填写、收集、整理、归档各类监理资料。
- 能解释各种监理资料的作用并加以熟练应用。

建设监理资料是工程监理单位在履行建设工程监理合同过程中形成或获取的，以一定形式记录、保存的文件资料。按照施工阶段工程监理的主要工作任务和控制环节将建设监理资料划分为监理管理资料、进度控制资料、质量控制资料、造价控制资料、合同管理资料及竣工验收资料六大类。

第一节　监理单位文件资料管理流程

一、监理单位文件资料的概念

监理单位文件资料的管理是指监理工程师受建设单位的委托，在其进行监理工作期间，对工程建设实施过程中所形成的建设监理资料进行收集积累、加工整理、组卷归档和检索利用等进行的一系列工作。

二、监理单位资料管理流程

监理单位资料管理流程如图 3-1～图 3-5 所示。

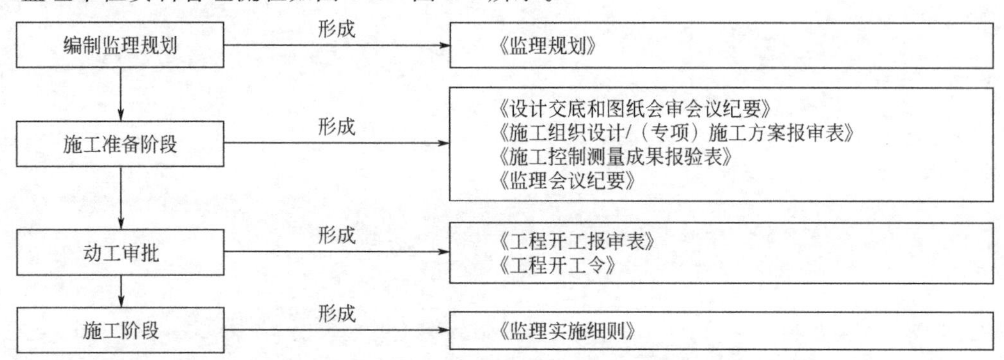

图 3-1　监理过程资料形成（一）

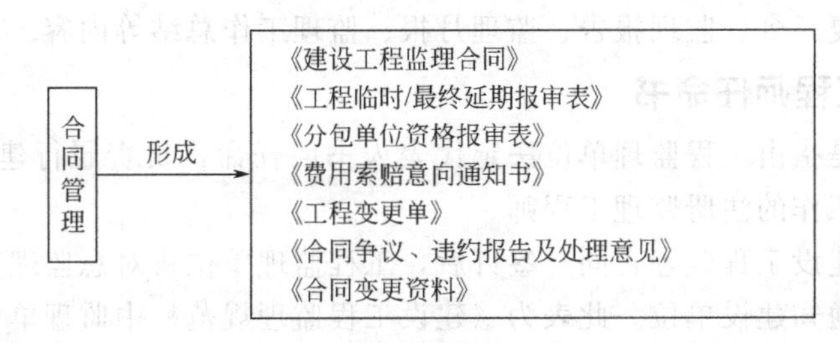

图 3-2　监理过程资料形成（二）

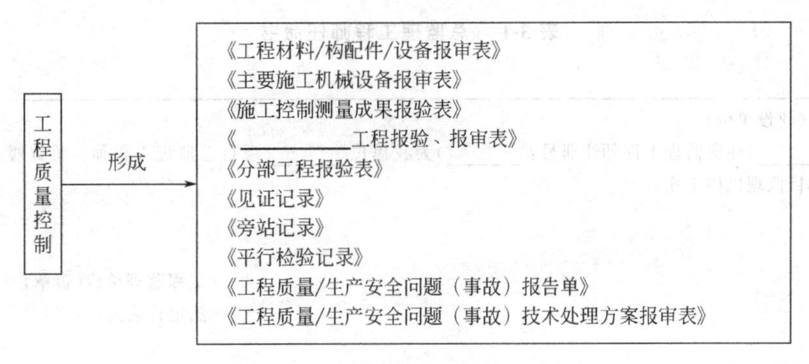

图 3-3　监理过程资料形成（三）

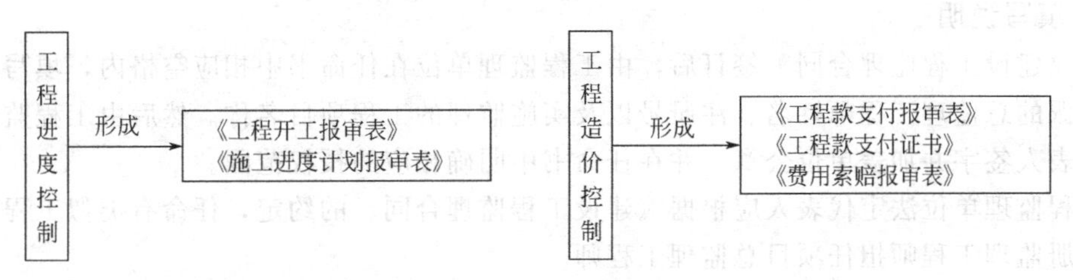

图 3-4　监理过程资料形成（四）

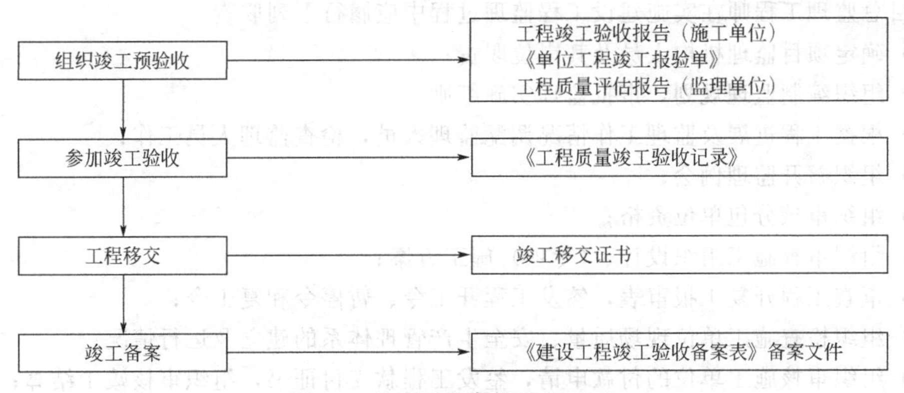

图 3-5　监理过程资料形成（五）

第二节　监理管理资料

监理管理资料主要包括总监理工程师任命书、监理规划、监理实施细则、工程开工令、监理会议纪要、监理日志、工作联系单、监理通知单、监理通知回复单、工程暂停令、工程复工报审表、工程复工令、监理报告、监理月报、监理工作总结等内容。

一、总监理工程师任命书

总监理工程师是指由工程监理单位法定代表人书面任命，负责履行建设工程监理合同、主持项目监理机构工作的注册监理工程师。

本表适用于《建设工程监理合同》签订后，工程监理单位将对总监理工程师的任命及相应的授权范围书面通知建设单位。此表为《建设工程监理规范》中监理单位用表A.0.1。

1. 总监理工程师任命书的样式（见表3-1）

表3-1 总监理工程师任命书

工程名称：　　　　　　　　　　　　　　　　　　　　　　　　　　　　编号：

致：__________(建设单位) 兹任命________(注册监理工程师注册号：________)为我单位________项目总监理工程师。负责履行建设工程监理合同、主持项目监理机构工作。 工程监理单位(盖章) 法定代表人(签字) 年　月　日

2. 填写说明

在《建设工程监理合同》签订后，由工程监理单位在任命书中相应空格内，填写本公司即将委派的总监理工程师姓名、注册号以及实施监理的工程项目名称。然后由工程监理单位法定代表人签字并加盖单位公章，并在任命书中明确相应的授权范围。

工程监理单位法定代表人应根据《建设工程监理合同》的约定，任命有类似工程管理经验的注册监理工程师担任项目总监理工程师。

3. 总监理工程师的职责

项目总监理工程师在实施建设工程监理过程中应履行下列职责。

(1) 确定项目监理机构人员及其岗位职责；

(2) 组织编制监理规划，审批监理实施细则；

(3) 根据工程进展及监理工作情况调配监理人员，检查监理人员工作；

(4) 组织召开监理例会；

(5) 组织审核分包单位资格；

(6) 组织审查施工组织设计、(专项) 施工方案；

(7) 审查工程开复工报审表，签发工程开工令、暂停令和复工令；

(8) 组织检查施工单位现场质量、安全生产管理体系的建立及运行情况；

(9) 组织审核施工单位的付款申请，签发工程款支付证书，组织审核竣工结算；

(10) 组织审查和处理工程变更；

(11) 调解建设单位与施工单位的合同争议，处理工程索赔；

(12) 组织验收分部工程，组织审查单位工程质量检验资料；

(13) 审查施工单位的竣工申请，组织工程竣工预验收，组织编写工程质量评估报告，参与工程竣工验收；

(14) 参与或配合工程质量安全事故的调查和处理；

(15) 组织编写监理月报、监理工作总结，组织整理监理文件资料。

二、监理规划

监理规划是工程监理单位接受业主委托监理合同之后，在总监理工程师的主持下，根据建设工程监理合同，在监理大纲的基础上，结合工程的具体情况，广泛收集工程信息和资料的情况下编制，经监理单位技术负责人批准，用来指导项目监理机构全面开展建设工程监理工作的指导性文件。

监理规划可在签订建设工程监理合同及收到工程设计文件后由总监理工程师组织编制，并应在召开第一次工地会议前 7 天报送建设单位。

1. 监理规划的编制依据

(1) 建设工程的相关法律、法规及项目审批文件。

(2) 与建设工程项目有关的标准、设计文件、技术资料。

(3) 监理大纲、建设工程监理合同文件以及与建设工程项目相关的合同文件。

2. 监理规划的主要内容

(1) 工程概况。

(2) 监理工作范围、内容、目标。

(3) 监理工作依据。

(4) 监理组织形式、人员配备及进退场计划、监理人员岗位职责。

(5) 监理工作制度。

(6) 工程质量控制。

(7) 工程造价控制。

(8) 工程进度控制。

(9) 安全生产管理的监理工作。

(10) 合同与信息管理。

(11) 组织协调。

(12) 监理工作设施。

【特别提示】 *在实施建设工程监理过程中，实际情况或条件发生变化而需要调整监理规划时，应由总监理工程师组织专业监理工程师修改，并应经工程监理单位技术负责人批准后报建设单位。*

3. 监理规划的封面形式

____________工程监理规划
总监理工程师(编制)：____________
公司技术负责人(审核)：____________
监理单位(章)：____________
编制日期：_____年____月____日

三、监理实施细则

监理实施细则是根据监理规划由专业监理工程师编写，并经项目总监理工程师批准，针对工程项目中的某一专业或某一方面建设工程监理工作的可操作性文件。

监理实施细则应在相应工程施工开始前由专业监理工程师编制，并应报总监理工程师审批。

1. 监理实施细则的编写依据

(1) 已批准的监理规划。

(2) 工程建设标准、工程设计文件。

（3）施工组织设计、（专项）施工方案。

2. 监理实施细则的主要内容

（1）专业工程特点。

（2）监理工作流程。

（3）监理工作要点。

（4）监理工作方法及措施。

【特别提示】 监理细则应做到详细、具体、具有可操作性。对专业性较强、危险性较大的分部分项工程，项目监理机构应编制监理实施细则。

在实施建设工程监理过程中，监理实施细则可根据实际情况进行补充、修改，并应经总监理工程师批准后实施。

3. 监理实施细则的封面形式

________工程监理实施细则 （土建或水、电、暖） 专业监理工程师（编制）：________ 总监理工程师（批准）：________ 项目监理机构（章）：________ 编制日期：____年____月____日

四、工程开工令

签发《工程开工令》是总监理工程师应履行的职责。在建设单位对《工程开工报审表》签署同意意见后，总监理工程师可签发《工程开工令》。此表为《建设工程监理规范》中监理单位用表 A.0.2。

1. 工程开工令的样式（见表 3-2）

表 3-2 工程开工令

工程名称：　　　　　　　　　　　　　　　　　　　　编号：

致：________（施工单位） 经审查，本工程已具备施工合同约定的开工条件，现同意你方开始施工，开工日期为：____年____月____日。 附件：工程开工报审表
项目监理机构（盖章） 总监理工程师（签字、加盖执业印章） 年　月　日

2. 填表说明

总监理工程师应组织专业监理工程师审查施工单位报送的《工程开工报审表》及相关资料；同时具备下列条件时，应由总监理工程师签署审核意见，并应报建设单位批准后，总监理工程师签发工程开工令。

（1）设计交底和图纸会审已完成。

（2）施工组织设计已由总监理工程师签认。

（3）施工单位现场质量、安全生产管理体系已建立，管理及施工人员已到位，施工机械具备使用条件，主要工程材料已落实。

（4）进场道路及水、电、通信等已满足开工要求。

总监理工程师应在开工日期 7 天前向施工单位发出工程开工令。工期自总监理工程师发出的工程开工令中载明的开工日期起计算。施工单位应在开工日期后尽快施工。

五、监理会议纪要

监理会议纪要指由项目监理机构负责整理的会议纪要，它主要包括第一次工地会议会议纪要、监理例会纪要和由项目监理机构主持的专题会议纪要。

第一次工地会议由建设单位主持召开。监理例会是由总监理工程师或其授权的专业监理工程师定期主持召开的会议。专题会议是由总监理工程师或其授权的专业监理工程师主持或参加的，为解决监理过程中的工程专项问题而不定期召开的会议。

1. 监理会议纪要的样式（见表3-3）

表 3-3　监理会议纪要

工程名称：　　　　　　　　　　　　　　　　　　　　　　　　　　编号：

各与会单位：

现将________会议纪要印发给你们，请查收。附会议纪要正文________页。

项目监理机构(盖章)

总监理工程师

年　月　日

会议地点		会议时间	
组织单位		主持人	
会议议题			
各与会单位及人员签到栏	与会单位	与会人员	
备注：			

2. 会议主要内容

（1）第一次工地会议　应包括以下主要内容：

① 建设单位、施工单位和工程监理单位分别介绍各自驻现场的组织机构、人员及分工；

② 建设单位介绍工程开工准备情况；

③ 施工单位介绍施工准备情况；

④ 建设单位代表和总监理工程师对施工准备情况提出意见和要求；

⑤ 总监理工程师介绍监理规划的主要内容；

⑥ 研究确定各方在施工过程中参加监理例会的主要人员，召开监理例会的周期、地点及主要议题；

⑦ 其他有关事项。

（2）监理例会的主要内容

① 检查上次例会议定事项的落实情况，分析未完事项原因。

② 检查分析工程项目进度计划完成情况，提出下一阶段进度目标及落实措施。

③ 检查分析工程项目质量、施工安全管理状况，针对存在的问题提出改进措施。

④ 检查工程量核定及工程款支付情况。

⑤ 解决需要协调的有关事项。

⑥ 其他有关事宜。

（3）专题会议纪要的内容　包括会议主要议题、会议内容、与会单位、参加人员及召开时间等。工程项目各主要参建单位均可向项目监理机构书面提出召开专题会议的动议。

3. 监理会议纪要的相关规定及要求

（1）主要议题应简明扼要地写清楚会议的主要内容及中心议题（即与会各方提出的主要事项和意见），监理例会还包括检查上次例会议定事项的落实情况。

（2）解决或议定事项应写清楚会议达成的一致意见、下步工作安排和对未解决问题的处理意见。

【特别提示】监理会议纪要由项目监理机构起草。监理例会上对重大问题有不同意见时，应将各方的主要观点，特别是相互对立的意见记入“其他事项”中，会议纪要内容应准确如实，简明扼要，经总监理工程师审阅，与会各方代表会签，发至合同有关各方，并应有签收手续。

六、监理日志

监理日志是项目监理机构每日对建设工程监理工作及施工进展情况所做的记录。

监理日志宜使用统一制式，每册封面应标明工程名称、册号、记录时间段及建设单位、设计单位、施工单位、监理单位名称。总监理工程师应定期审阅监理日志，全面了解监理工作情况。

1. 监理日志的样式（见表3-4）

表3-4 监理日志

工程名称：　　　　　　　　　　　　　　　　　　　　　　　　编号：

施工单位		日期	年　月　日
气象情况	最高　℃，最低　℃；气候上午（晴、雨、雪），下午（晴、雨、雪）		
当日施工进展情况			
当日监理情况			
存在问题、处理情况			
其他有关事项			

2. 监理日志的主要内容

（1）当日施工情况　施工部位及内容；主要材料、机械、劳动力进出场情况；原材料、构配件等的抽样和现场检测情况；验收情况（包括参加人员）。

（2）当日监理情况　包括施工过程巡视、旁站、见证取样、平行检验等情况。

（3）存在问题及处理情况　工程质量、进度、安全生产等方面存在的问题；对问题处理情况及结果；签发的证书和单据（监理通知单、工程联系单、监理会议记录、监理月报、工程变更等）。

（4）其他有关事项　专业协调、专题现场会议、停工情况、合理化建议等；上级主管部门及公司领导巡视检查情况。

【特别提示】监理日志应由总监理工程师根据工程实际情况指定专业监理工程师负责记录。监理日志不等同于监理日记。监理日记是每个监理人员的工作日记。

专业监理工程师的监理日记主要记录当日主要的施工和监理情况，而监理员的监理日记则记录当日的检查情况和发现的问题。监理人员应及时填写监理日记并签字、不得补记，不得隔页或扯页以保持其原始记录。

七、工作联系单

工程建设有关方相互之间的日常书面工作联系用表，包括告知、督促、建议等事项。即与监理有关的某一方需向另一方或几方告知某一事项、或督促某项工作、或提出某项建议等，对方执行情况不需要书面回复时均用此表。此表为《建设工程监理规范》中通用表 C.0.1。

项目监理机构与工程建设相关方（包括建设、施工、监理、勘察设计及上级主管部门）相互之间的日常书面工作联系，除另有规定外宜采用工作联系单形式进行。

1. 工作联系单表格样式（见表 3-5）

表 3-5　工作联系单

工程名称：　　　　　　　　　　　　　　　　　　　　　　　　　　编号：

致： 事由： 内容： 发文单位(章) 负 责 人 年　　月　　日

2. 表格填写内容说明

(1) 事由　指需联系事项的主题。

(2) 内容　指需联系事项的详细说明。要求内容完整、齐全，技术用语规范，文字简练明了。

(3) 发文单位　指提出工作联系事项的单位。填写本工程现场管理机构名称全称并加盖公章。

(4) 负责人　指提出工作联系事项单位在本工程的负责人。如建设单位的现场代表、施工单位的项目经理、监理单位的项目总监理工程师、设计单位的本工程设计负责人及项目其他参建单位的相关负责人。

3. 联系事项

主要包括以下内容。

(1) 监理例会时间、地点安排。

(2) 建设单位向监理机构提供的设施、物品及监理机构在监理工作完成后向建设单位移交设施及剩余物品。

(3) 建设单位及施工单位就本工程及本合同需要向监理机构提出保密要求的有关事项。

(4) 建设单位向监理机构提供与本工程合作的原材料、构配件、机械设备生产厂家名录以及与本工程有关的协作单位、配合单位的名录。

(5) 按《建设工程监理合同》监理单位应履行职责中需向委托人书面报告的事项。

(6) 监理单位调整监理人员；建设单位要求监理单位更换监理人员。

(7) 监理费用支付通知。

(8) 监理机构提出的合理化建议。

(9) 建设单位派驻及变更施工场地履行合同的代表姓名、职务、职权。

(10) 紧急情况下无法与专业监理工程师联系时，项目经理采取了保证人员生命和财产安全的紧急措施，在采取措施后 48h 内向专业监理工程师提交的报告。

(11) 对不能按时开工提出延期开工理由和要求的报告。

(12) 实施爆破作业、在放射毒害环境中施工及使用毒害性、腐蚀性物品施工，施工单位在施工前14天以内向专业监理工程师提出的书面通知。

(13) 可调价合同发生实体调价的情况时，施工单位向专业监理工程师发出的调整原因、金额的意向通知。

(14) 发生不可抗力事件，施工单位向专业监理工程师通报受害损失情况。

(15) 在施工中发现的文物、地下障碍物向专业监理工程师提出的书面汇报。

(16) 其他各方需要联系的事宜。

【特别提示】当工作联系单不需回复时应有签收记录，并应注明收件人的姓名、单位和收件日期。

八、监理通知单

在监理工作中，项目监理机构按建设工程监理合同授予的权限和国家有关规定，针对施工出现的各种问题，对施工单位所发出的指令、提出的要求，除另有规定外，均应采用此表。监理工程师现场发出的口头指令及要求，也应采用此表予以确认。此表为《建设工程监理规范》中工程监理单位用表A.0.3。

监理通知的内容，施工单位应认真执行，并将执行结果用《监理通知回复单》报监理机构复核。

1. 表格样式（见表3-6）

表3-6　监理通知单

工程名称：　　　　　　　　　　　　　　　　　　　　　　　编号：

致：________________(施工项目经理部) 事由： 内容： 项目监理机构(章) 总/专业监理工程师 年　月　日

2. 表格填写说明

(1) 事由　应填写监理通知内容的主题词，相当于标题。

(2) 内容　应写明发生问题的具体部位、具体内容，并写明监理工程师的要求、依据。必要时，应补充相应的文字、图纸、图像等作为附件进行具体说明。

本表可由总监理工程师或专业监理工程师签发，对于一般问题可由专业监理工程师签发，对于重大问题应由总监理工程师或经其同意后签发。

3. 相关规定

施工单位发生下列情况时，项目监理机构应发出监理通知。

(1) 在施工过程中出现不符合设计要求、工程建设标准、合同约定。

(2) 使用不合格的工程材料、构配件和设备。

(3) 在工程质量、进度、造价等方面存在违法、违规等行为。

施工单位对监理工程师签发的《监理通知单》中的要求有异议时，应在收到通知后24h内向监理机构提出修改申请，要求总监理工程师予以确认，但在未得到总监理工程师修改意见前，施工单位应执行专业监理工程师下发的《监理通知单》。

九、监理通知回复单

监理通知回复单是指监理单位发出《监理通知单》，施工单位对《监理通知单》执行完成后，报项目监理机构请求复查的回复用表。施工单位完成《监理通知回复单》中要求继续整改的工作后，仍用此表回复。此表为《建设工程监理规范》中施工单位报审、报验用表 B.0.9。

1. 表格样式（见表 3-7）

表 3-7 监理通知回复单

工程名称：　　　　　　　　　　　　　　　　　　　　　　　　编号：

致：______________(监理单位) 我方接到编号为________的《监理通知单》后，已按要求完成了________工作，现报上，请予以复查。 详细内容： 施工项目经理部(盖章) 项目经理(签字) 年　月　日
复查意见： 项目监理机构(盖章) 总/专业监理工程师(签字) 年　月　日

2. 填写说明

(1) 我方收到编号为________　填写所需回复的《监理通知单》的编号。

(2) 完成了______工作　按《监理通知单》要求完成的工作填写。

(3) 详细内容　针对《监理通知单》的要求，简要说明落实整改过程、结果及自检情况，必要时附整改相关证明资料，包括检查记录、对应部位的影像资料等。

(4) 复查意见　专业监理工程师应详细核查施工单位所报的有关资料，符合要求后针对工程质量实体的缺陷整改进行现场检查，符合要求后填写“已按《监理通知单》整改完毕，经检查符合要求”的意见，如不符合要求，应具体指明不符合要求的项目或部位，签署“不符合要求，要求施工单位继续整改”的意见。

十、工程暂停令

工程暂停令是指在施工过程中发生了需要停工处理事件，总监理工程师签发停工指令用表。此表为《建设工程监理规范》中工程监理单位用表 A.0.5。

总监理工程师签发工程暂停令，应事先征得建设单位同意。在紧急情况下，未能事先征得建设单位同意的，应在事后及时向建设单位书面报告。施工单位未按要求停工或复工的，项目监理机构应及时报告建设单位。

1. 表格样式（见表 3-8）

表 3-8 工程暂停令

工程名称：　　　　　　　　　　　　　　　　　　　　　　　　编号：

致：______________(施工项目经理部) 由于__________原因，通知你方于____年___月___日___时起，暂停__________部位(工序)施工，并按下述要求做好后续工作。 要求： 项目监理机构(盖章) 总监理工程师(签字、加盖执业印章) 年　月　日

2. 填写说明

(1) 由于__________原因　应简明扼要地准确填写工程暂停原因。暂停原因主要有：

① 建设单位要求暂停施工且工程需要暂停施工；

② 施工单位未经批准擅自施工或拒绝项目监理机构管理的；

③ 施工单位未按审查通过的工程设计文件施工的；

④ 施工单位违反工程建设强制性标准的；

⑤ 施工存在重大质量、安全事故隐患或发生质量、安全事故的。

(2) ____________部位（工序） 指根据停工原因的影响范围和影响程度，填写本暂停指令所停工工程的范围。

(3) 要求 指工程暂停后要求施工单位所做的有关工作，如对停工工程的保护措施，针对工程质量问题的整改、预防措施等。

(4) 工程暂停令的签发 建设单位要求停工的，监理工程师经过独立判断，也认为有必要暂停施工时，可签发工程暂停指令；反之，经过总监理工程师的独立判断，认为没有必要停工，则不应签发工程暂停令。

发生情况②时，施工单位擅自施工的，总监理工程师应及时签发工程暂停令；施工单位拒绝执行项目监理机构的要求和指令时，总监理工程师应视情况签发工程暂停令。

发生情况③～⑤时，总监理工程师均应及时签发工程暂停令。

3. 相关规定及要求

(1) 工程暂停指令，总监理工程师应根据暂停工程的影响范围和影响程度，按照施工合同和建设工程监理合同的约定签发。

(2) 工程暂停原因是由施工单位的原因造成的，施工单位申请复工时，除了填报《工程复工报审表》外，还应报送针对导致停工原因所进行的整改工作报告等有关材料。

(3) 工程暂停原因是由于非施工单位的原因造成时，也就是建设单位的原因或应由建设单位承担责任的风险或其他事件时，总监理工程师在签发工程暂停令之后，应尽快按施工合同的规定处理因工程暂停引起的与工期、费用等有关问题。

(4) 当引起工程暂停的原因不是非常紧急（如由于建设单位的资金问题、拆迁等)，同时工程暂停会影响一方（尤其是施工单位）的利益时，总监理工程师应在签发暂停令之前，就工程暂停引起的工期和费用补偿等与施工单位、建设单位进行协商，如果总监理工程师认为暂停施工是妥善解决的较好办法时，也应当签发工程暂停令。

(5) 签发工程暂停令时，必须注明是全部停工还是局部停工，不得含糊。

十一、工程复工报审表

此表用于工程暂停原因消失时，施工单位申请恢复施工。对项目监理机构不同意复工的复工报审，施工单位按要求完成后仍用该表报审。此表为《建设工程监理规范》中施工单位报审、报验用表 B.0.3。

1. 表格样式（见表 3-9）

2. 填写说明

(1) 编号为________《工程暂停令》所停工的________部位 填写《工程暂停令》的编号，及所要求停工的具体部位。

(2) 附件（证明文件资料） 包括相关检查记录、有针对性的整改措施及其落实情况、会议纪要、影像资料等。当导致暂停的原因是危及结构安全或使用功能时，整改完成后，应有建设单位、设计单位、监理单位各方共同认可的整改完成文件，其中涉及建设工程鉴定的文件必须由有资质的检测单位出具。

表 3-9　工程复工报审表

工程名称：　　　　　　　　　　　　　　　　　　　　　　　　　　　　编号：

<table>
<tr><td>致：________________（项目监理机构）
编号为______《工程暂停令》所停工的______部位，现已满足复工条件，我方申请于____年___月___日复工，请予以审批。
附件：证明文件资料

施工项目经理部（盖章）
项目经理（签字）
年　月　日</td></tr>
<tr><td>审查意见：

项目监理机构（盖章）
总监理工程师（签字）
年　月　日</td></tr>
<tr><td>审批意见：

建设单位（盖章）
建设单位代表（签字）
年　月　日</td></tr>
</table>

（3）审查意见　总监理工程师应指定专业监理工程师对复工条件进行复核，在施工合同约定的时间内完成对复工申请的审批，符合复工条件的则签同意复工，并注明同意复工的时间；不符合复工条件的，则签不同意复工，并注明不同意复工的原因和对施工单位的要求。

3. 复工申请的审查程序

（1）工程暂停是由施工单位原因引起的，当暂停施工原因消失、具备复工条件时，施工单位应填写《工程复工报审表》申请复工；项目监理机构应对施工单位的停工整改过程、结果进行检查、验收，符合要求的，对施工单位的《工程复工报审表》予以审核，并报建设单位；建设单位审批同意后，总监理工程师应及时签发《工程复工令》，施工单位接到《工程复工令》后组织复工。

（2）施工单位未提出复工申请的，总监理工程师应根据工程实际情况指令施工单位恢复施工。

【特别提示】项目监理机构应在收到《工程复工报审表》后48h内完成审批工作。项目监理机构未在收到施工单位复工申请后48h（或施工合同规定时间）内提出审查意见，施工单位可自行复工。

十二、工程复工令

本表适用于导致工程暂停施工的原因消失、具备复工条件时，施工单位提出复工申请，并且其复工报审表及相关资料经审查符合要求后，总监理工程师签发指令同意或要求施工单位复工；施工单位未提出复工申请的，总监理工程师应根据工程实际情况指令施工单位恢复施工。此表为《建设工程监理规范》中监理单位用表A.0.7。

1. 表格样式（见表3-10）

2. 填写说明

（1）因建设单位原因或非施工单位原因引起工程暂停的，在具备复工条件时，应及时签发《工程复工令》指令施工单位复工。

表 3-10 工程复工令

工程名称：　　　　　　　　　　　　　　　　　　　　　　　　编号：

致：__________(施工项目经理部) 我方发出的编号为________《工程暂停令》,要求暂停施工的__________部位(工序),经查已具备复工条件。经建设单位同意,现通知你方于____年___月___日___时起恢复施工。 附件:工程复工报审表 项目监理机构(盖章) 总监理工程师(签字、加盖执业印章) 年　月　日

(2) 因施工单位原因引起工程暂停的，施工单位在复工前应使用《工程复工报审表》申请复工；项目监理机构应对施工单位的整改过程、结果进行检查、验收，符合要求的，对施工单位的《工程复工报审表》予以审核，并报建设单位；建设单位审批同意后，总监理工程师应及时签发《工程复工令》，施工单位接到《工程复工令》后组织复工。

(3) 本表必须注明复工的部位和范围、复工日期等，并附《工程开工报审表》等其他相关证明文件。

十三、监理报告

项目监理机构在实施监理过程中，发现工程存在安全事故隐患，发出《监理通知单》或《工程暂停令》后，施工单位拒不整改或者不停工的，应当采用监理报告及时向政府有关主管部门报告，同时应附相应《监理通知单》或《工程暂停令》等证明监理人员所履行安全生产管理职责的相关文件资料。本表为《建设工程监理规范》中监理单位用表 A.0.4。

1. 表格样式（见表 3-11）

表 3-11 监理报告

工程名称：　　　　　　　　　　　　　　　　　　　　　　　　编号：

致：__________(主管部门) 由__________(施工单位)施工的__________(工程部位),存在安全事故隐患。我方已于____年___月___日发出编号为________的《监理通知单》/《工程暂停令》,但施工单位未整改/停工。 特此报告。 附件:□监理通知单 □工程暂停令 □其他 项目监理机构(盖章) 总监理工程师(签字) 年　月　日

2. 填写说明

(1) 本表填报时应说明工程名称、施工单位、工程部位，并附监理处理过程文件（《监理通知单》、《工程暂停令》等，应说明时间和编号），以及其他检测资料、会议纪要等。

(2) 紧急情况下，项目监理机构通过电话、传真或电子邮件方式向政府有关主管部门报告的，事后应以书面形式《监理报告》送达政府有关主管，同时抄报建设单位和工程监理单位。

十四、监理月报

监理月报由项目总监理工程师组织各专业监理工程师编写，由总监理工程师签认，就工程实施情况和监理工作定期向建设单位和本监理单位所做的报告。

1. 监理月报的主要内容

（1）本月工程实施情况

① 工程进展情况，实际进度与计划进度的比较，施工单位人、机、料进场及使用情况，本期在施部位的工程照片。

② 工程质量情况，分项分部工程验收情况，工程材料、设备、构配件进场检验情况，主要施工试验情况，本月工程质量分析。

③ 施工单位安全生产管理工作评述。

④ 已完工程量与已付工程款的统计及说明。

（2）本月监理工作情况

① 工程进度控制方面的工作情况。

② 工程质量控制方面的工作情况。

③ 安全生产管理方面的工作情况。

④ 工程计量与工程款支付方面的工作情况。

⑤ 合同其他事项的管理工作情况。

⑥ 监理工作统计及工作照片。

（3）本月施工中存在的问题及处理情况

① 工程进度控制方面的主要问题分析及处理情况。

② 工程质量控制方面的主要问题分析及处理情况。

③ 施工单位安全生产管理方面的主要问题分析及处理情况。

④ 工程计量与工程款支付方面的主要问题分析及处理情况。

⑤ 合同其他事项管理方面的主要问题分析及处理情况。

（4）下月监理工作重点

① 在工程管理方面的监理工作重点。

② 在项目监理机构内部管理方面的工作重点。

2. 监理月报的封面形式

________________工程监理月报

第________期

______年____月____日至______年____月____日

总监理工程师(编制)：______________

项目监理机构(章)：____________________

编制日期：______年____月____日

十五、监理工作总结

监理工作总结是监理单位对履行委托监理合同情况及监理工作的综合性总结。

（1）监理工作总结由总监理工程师组织项目监理机构有关人员编写。

（2）监理工作总结由总监理工程师和监理单位负责人签字，并加盖监理单位公章。

（3）施工阶段监理工作结束时，监理单位应向建设单位提交监理工作总结。

（4）监理工作总结应包括以下内容：

① 工程概况。

② 项目监理机构、监理人员和投入的监理设施。

③ 建设工程监理合同履行情况 建设工程监理合同履行情况应进行总体概述，并详细描述质量、进度、投资控制目标的实现情况；建设单位提供的建设设施的归还情况；如建设工程监理合同执行过程中有出现纠纷的，应叙述主要纠纷事实，并说明通过友好协商取得合理解决的情况。

④ 监理工作成效 着重叙述工程质量、进度、投资三大目标控制及完成情况，对此所采取的措施及做法；监理过程中往来的文件、设计变更、报审表、命令、通知等名称、份数；质保资料的名称、份数；独立抽查项目质量记录份数；工程质量评定情况等。以及合理化建议产生的实际效果情况。

⑤ 监理工作中出现的问题及其处理情况 视具体情况对监理过程中出现的问题及处理情况进行阐述。

⑥ 说明和建议 可附上各施工阶段有代表性的照片，尤其是隐蔽工程、质量事故的照片；使用新材料、新产品、新技术的照片等。每张照片都要有简要的文字材料，能准确说明照片内容，如照片类型、位置、拍照时间、作者、底片编号等。

第三节 进度控制资料

进度控制资料主要包括工程开工报审表、施工进度计划报审表等内容。

一、工程开工报审表

工程满足开工条件后，施工单位填写《工程开工报审表》报项目监理机构复核和批复开工时间。此表为《建设工程监理规范》中施工单位报审、报验用表 B.0.2。

如整个项目一次开工，只填报一次；如工程项目中涉及较多单位工程，且开工时间不同，则每个单位工程开工都应填报一次。

1. 表格样式（见表 3-12）

表 3-12 工程开工报审表

工程名称： 编号：

致：________________(建设单位) ：________________(监理单位) 我方承担的________________工程，已完成相关准备工作，具备开工条件，申请于____年____月____日开工，请予以审批。 附件：相关证明材料 施工单位(盖章) 项目经理(签字) 年 月 日
审查意见： 项目监理机构(盖章) 总监理工程师(签字、加盖执业印章) 年 月 日
审批意见： 建设单位(盖章) 建设单位代表(签字) 年 月 日

2. 填写说明

（1）工程名称是指相应的建设项目或单位工程名称，应与施工图的工程名称一致。

（2）相关证明材料是指证明已具备开工条件的相关资料（施工组织设计的审批，施工现场质量管理检查记录表的内容审核情况，主要材料、设备的准备情况，现场临时设施等的准备情况说明）。

（3）审查意见　总监理工程师应组织专业监理工程师审查施工单位报送的工程开工报审表及相关资料。如同时具备下列条件，应由总监理工程师签署审核意见，并应报建设单位批准后，总监理工程师签发工程开工令：①设计交底和图纸会审已完成；②施工组织设计已由总监理工程师签认；③施工单位现场质量、安全生产管理体系已建立，管理及施工人员已到位，施工机械具备使用条件，主要工程材料已落实；④进场道路及水、电、通信等已满足开工要求。否则，应简要指出不符合开工条件要求之处。

3. 工程开工报审的一般程序

（1）施工单位自查认为施工准备工作已完成，具备开工条件时，向项目监理机构报送《工程开工报审表》及相关证明材料。

（2）专业监理工程师审查施工单位报送的《工程开工报审表》及相关证明材料，现场核查各项准备工作的落实情况，报项目总监理工程师审核。

（3）项目总监理工程师根据专业监理工程师的审查情况，签署审核意见，具备开工条件时报建设单位审批。

4. 相关规定

总监理工程师应在签署《工程开工报审表》审核意见后报建设单位批准，并应在开工日期7天前向施工单位发出工程开工令。工期自总监理工程师发出的工程开工令中载明的开工日期起计算。

二、施工进度计划报审表

施工进度计划报审表是指施工单位向项目监理机构报审工程进度计划的用表，由施工单位填报，项目监理机构审批。此表为《建设工程监理规范》中通用表B.0.12。

施工总进度计划、阶段性施工进度计划（年、季、月、周进度计划及关键工程进度计划），报审时均使用本表。

1. 表格样式（见表3-13）

2. 填写说明

（1）________工程施工进度计划　填写所报进度计划的时间（工程名称）或调整计划的工程项目名称。

（2）施工进度计划　根据监理机构批准的施工组织设计（专项施工方案），结合工程的大小、规模等情况，施工单位应分别编制按合同工期目标制定的施工总进度计划；按单位工程或按施工单位划分的分目标；按不同计划期（年、季、月）制定的阶段性施工进度计划进行报审。

（3）施工进度计划审查应包括下列基本内容：

① 施工进度计划是否符合施工合同中工期的约定；

② 施工进度计划中主要项目有无遗漏，是否满足分批投入试运行、分批动用的需要，阶段性施工进度计划是否满足总进度控制目标的要求；

③ 施工顺序的安排是否符合施工工艺的要求；

④ 施工人员、工程材料、施工机械等资源供应计划是否能满足施工进度计划的需要；

表 3-13　施工进度计划报审表

<table>
<tr><td>工程名称：　　　　　　　　　　　　　　　　　　　　　　　　　编号：</td></tr>
<tr><td>致：________(项目监理机构)
我方根据施工合同的有关规定，已完成________工程施工进度计划的编制和批准，请予以审查。
附件：□ 施工总进度计划
□ 阶段性进度计划

施工项目经理部(盖章)
项目经理(签字)
年　月　日</td></tr>
<tr><td>监理审核意见：

专业监理工程师(签字)
年　月　日</td></tr>
<tr><td>审核意见：

项目监理机构(盖章)
总监理工程师(签字)
年　月　日</td></tr>
</table>

⑤ 施工进度计划是否符合建设单位提供的资金、施工合同、施工场地、物资等施工条件。

(4) 通过专业监理工程师的审核，提出审查意见报总监理工程师，总监理工程师审核后签署意见。如不同意，则应简要列明不同意的原因及理由。

3. 施工进度计划报审程序

(1) 施工单位按施工合同要求的时间编制好施工进度计划，并填报《施工进度计划报审表》报项目监理机构。

(2) 总监理工程师指定专业监理工程师对施工单位所报的《施工进度计划报审表》及有关资料进行审查，并向总监理工程师报告。

(3) 总监理工程师按施工合同要求的时间，对施工单位所报《施工进度计划报审表》予以确认或提出修改意见。

月施工进度计划报审表施工单位项目经理部应提前 5 日提出，一般为每月 25 日申报。

群体工程中单位工程分期进行施工的，施工单位应按照建设单位提供图纸及有关资料的时间，分别编制各单位工程的进度计划，并向项目监理机构报审。

施工单位报审的总体进度计划必须经其企业技术负责人审批，且编制、审核、批准人员签字及单位公章齐全。

【特别提示】项目监理机构应检查施工进度计划的实施情况，发现实际进度严重滞后于计划进度且影响合同工期时，应签发监理通知单，要求施工单位采取调整措施加快施工进度。总监理工程师应向建设单位报告工期延误风险。

项目监理机构应比较分析工程施工实际进度与计划进度，预测实际进度对工程总工期的影响，并应在监理月报中向建设单位报告工程实际进展情况。

第四节 质量控制资料

质量控制资料主要包括施工组织设计/(专项) 施工方案报审表、施工控制测量成果报验表、工程材料、构配件、设备报审表、主要施工机械设备报审表、______报审、报验表、分部工程报验表、见证记录、旁站记录、平行检验记录、工程质量/生产安全问题（事故）报告单、工程质量/生产安全问题（事故）技术处理方案报审表等内容。

一、施工组织设计/(专项) 施工方案报审表

此表除用于施工单位报审施工组织设计/(专项) 施工方案及施工组织设计/(专项) 施工方案发生改变后的重新报审外，还可用于对危及结构安全或使用功能的分项工程整改方案的报审及重点部位、关键工序的施工工艺、四新技术的工艺方法和确保工程质量的措施报审。此表为《建设工程监理规范》中施工单位报审、报验用表 B. 0. 1。

1. 表格样式（见表 3-14）

表 3-14 施工组织设计/(专项) 施工方案报审表

工程名称： 编号：

致：________________(项目监理机构) 我方已经完成__________工程施工组织设计/(专项)施工方案的编制，并按规定完成审批手续，请予以审查。 附件：□施工组织设计 □专项施工方案 □施工方案 施工项目经理部(盖章) 项目经理(签字) 年 月 日
审查意见： 专业监理工程师(签字) 年 月 日
审核意见： 项目监理机构(盖章) 总监理工程师(签字、加盖执业印章) 年 月 日
审批意见(仅对超过一定规模的危险性较大的分部分项工程专项施工方案)： 建设单位(盖章) 建设单位代表(签字) 年 月 日

2. 填写说明

(1) ______施工组织设计/(专项) 施工方案 填写相应的建设项目、单位工程、分部工程、分项工程或关键工序名称。

(2) 附件 指需要审核的施工组织设计、专项施工方案、施工方案。

(3) 审查意见 专业监理工程师对施工组织设计/(专项) 施工方案应审核其完整性、符合性、适用性、合理性、可操作性及实现目标的保证措施。

如符合要求，专业监理工程师审查意见应签署“施工组织设计/(专项) 施工方案合理、

可行，且审批手续齐全，拟同意施工单位按该施工组织设计/(专项）施工方案组织施工，请总监理工程师审核”。如不符合要求，专业监理工程师审查意见应简要指出不符合要求之处，并提出修改补充意见后签署“暂不同意（部分或全部应指明）施工单位按该施工组织设计/(专项）施工方案组织施工，待修改完善后再报，请总监理师工程师审核”。

(4）审核意见 总监理工程师对专业监理工程师的结果进行审核，如同意专业监理工程师的审查意见，应签署“同意专业监理工程师审查意见，同意施工单位按该施工组织设计/(专项）施工方案组织施工”；如不同意专业监理工程师的审查意见，应简要指明与专业监理工程师审查意见中的不同之处，签署修改意见；并签认最终结论“不同意施工单位按该施工组织设计/(专项）施工方案组织施工（修改后再报）”。

3. 专业监理工程师审查要点

(1）施工组织设计审查内容

① 编审程序是否符合相关规定。

② 施工进度、施工方案及工程质量保证措施是否符合施工合同要求。

③ 资金、劳动力、材料、设备等资源供应计划是否满足工程施工需要。

④ 安全技术措施是否符合工程建设强制性标准。

⑤ 施工总平面布置是否科学合理。

项目监理机构还应审查施工组织设计中的生产安全事故应急预案，重点审查应急组织体系、相关人员职责、预警预防制度、应急救援措施。

(2）(专项）施工方案审查内容

① 编审程序是否符合相关规定。

② 安全技术措施（工程质量保证措施）是否符合工程建设强制性标准（有关标准）。

超过一定规模的危险性较大的分部分项工程的专项施工方案，还应检查施工单位组织专家进行论证、审查的情况，以及是否附具安全验算结果。

4. 施工组织设计报审程序

(1）施工单位应在施工合同约定的时间内（一般为工程项目开工前7天）完成施工组织设计的编制及自审工作，与《施工组织设计/(专项）施工方案报审表》一并报送项目监理机构。

(2）总监理工程师应在施工合同约定的时间（一般为7天）内，组织专业监理工程师审查，需要修改的，由总监理工程师签发书面意见，退回修改；符合要求的，由总监理工程师签认。

(3）已签认的施工组织设计由项目监理机构报送建设单位。

(4）规模大、结构复杂或属新结构、特种结构的工程，项目监理机构对施工组织设计审查后，还应报送监理单位技术负责人审查，提出审查意见后，由总监理工程师签发，必要时与建设单位协商，组织有关专业部门和有关专家会审。

(5）规模大、工艺复杂的工程，群体工程或分期出图的工程，经建设单位批准，可分阶段报审施工组织设计。

(6）技术复杂、重点部位、关键工序或采用新材料、新工艺、新技术、新设备的分项、分部工程，施工单位还应编制该分项、分部工程的施工方案，填报《施工组织设计/(专项）施工方案报审表》报项目监理机构审核、签认。

【特别提示】分包单位编制的施工组织设计/(专项）施工方案均应由施工单位按相关规定完成相关审批手续后，报项目监理机构审核。

施工单位编制的施工组织设计经施工单位技术负责人审批同意并加盖施工单位公章。

对于危及结构安全或施工功能的分项工程整改方案的报审，在证明文件中应有建设单位、设计单位、监理单位各方共同认可的书面意见。

二、施工控制测量成果报验表

本表用于施工单位控制测量完成并自检合格后，报送项目监理机构复核确认。此表为《建设工程监理规范》中施工单位报审、报验用表B.0.5。

测量放线的专业人员资格（测量人员的资格证书）及测量设备资料（施工测量放线使用测量仪器的名称、型号、编号、校验资料）也应经项目监理机构确认。

施工控制测量成果报验分为：开工前的交桩复测及施工平面控制网、高程控制网、临时水准点的测量成果；施工过程中的施工测量放线成果。

1. 表格样式（见表3-15）

表3-15　施工控制测量成果报验表

工程名称：　　　　　　　　　　　　　　　　　　　　　　　　编号：

致：________________（项目监理机构） 我方已完成____________的施工控制测量，经自检合格，请予以查验。 附件：1. 施工控制测量依据资料 2. 施工控制测量成果表 施工项目经理部（盖章） 项目技术负责人（签字） 年　月　日
审查意见： 项目监理机构（盖章） 监理工程师（签字） 年　月　日

2. 填写说明

（1）____的施工控制测量　工程定位测量填写工程名称，轴线、标高测量填写所测量项目部位名称。

（2）测量依据资料及测量成果内容

①平面、高程控制测量　需报送控制测量依据资料、控制测量成果表（包含平差计算表）及附图。

②定位放样　报送放样依据、放样成果表及附图。

（3）审查意见　专业监理工程师按标准规范有关要求，进行控制网布设、测点保护、仪器精度、观测规范、记录清晰等方面的检查、审核，意见栏应填写是否符合技术规范、设计等的具体要求，重点应进行必要的内业及外业复核；如不符合要求，填写“纠正差错后再报”，并应简要指出不符合之处。

【特别提示】依据材料是指施工测量方案、建设单位提供的红线桩、水准点等材料；放线成果指施工单位测量放线所放出的控制线及其施工测量放线记录表（依据材料应是已经项目监理机构确认的）。

3. 施工控制测量成果报验程序

（1）施工单位在施工控制测量成果完成后，应先进行自检，自检合格后填写《施工控制测量成果报验表》，附上控制测量依据材料及施工测量成果表，报送项目监理机构。

(2) 专业监理工程师主要审核施工单位的测量依据、测量人员资格和测量成果是否符合规范及标准要求，符合要求的，由专业监理工程师予以签认。并在其《基槽及各层放线测量及复测记录》签字盖章。

三、工程材料、构配件、设备报审表

本表适用于施工单位对工程材料、构配件、设备自检合格后，向项目监理机构报审。此表为《建设工程监理规范》中施工单位报审、报验用表 B. 0. 6。

1. 表格样式（见表 3-16）

表 3-16　工程材料、构配件、设备报审表

工程名称：　　　　　　　　　　　　　　　　　　　　　　　　　　　　　　　编号：

致：____________________（项目监理机构） 于____年____月____日进场的拟用于__________部位的__________，经我方检验合格，现将相关资料报上，请予以审查。 附件：1. 工程材料、构配件或设备清单 2. 质量证明文件 3. 自检结果 施工项目经理部(盖章) 项目经理(签字) 年　　月　　日
审查意见： 项目监理机构(盖章) 专业监理工程师(签字) 年　　月　　日

2. 填写说明

(1) 拟用于______部位的________指工程材料、构配件、设备拟用于工程的具体部位，及工程材料、构配件、设备的名称、规格等。

(2) 工程材料、构配件或设备清单　应用表格形式填报，内容包括名称、规格、单位、数量、生产厂家、出厂合格证、批号、复试/检验记录编号等内容。应每一材料品种、每一批量填报一表，不得多品种、多批量一表混报。

(3) 质量证明文件　生产单位提供的合格证、质量证明书、性能检测报告等证明资料。进口材料、构配件、设备应有商检的证明文件；新产品、新材料、新设备应有相应资质机构的鉴定文件。如无证明文件原件，需提供复印件，并应在复印件上加盖证明文件提供单位的公章。

(4) 自检结果　施工单位核对所购工程材料、构配件、设备的清单和质量证明资料后，对工程材料、构配件、设备实物及外部观感质量进行验收核实的结果。

由建设单位采购的主要设备则由建设单位、施工单位、项目监理机构进行开箱检查，并由三方在开箱检查记录上签字。

(5) 审查意见　专业监理工程师对报验单所附的材料、构配件、设备清单、质量证明文件及自检结果认真核对，在符合要求的基础上对所进场材料、构配件、设备进行实物核对及观感质量验收，查验是否与清单、质量证明文件合格证及自检结果相符、有无质量缺陷等情况，并将检查情况记录在监理日志中。根据检查结果，填写审查意见；如不符合要求，应指出不符合要求之处。

3. 工程材料、构配件、设备报审程序

（1）施工单位应对拟进场的工程材料、构配件和设备（包括建设单位采购的工程材料、构配件、设备），按有关规定对工程材料进行自检和复试，对构配件进行自检，对设备进行开箱检查，符合要求后填写《工程材料、构配件、设备报审表》，并附上清单、质量证明文件及自检结果报项目监理机构。

（2）专业监理工程师应对施工单位报送的《工程材料、构配件、设备报审表》及其质量证明文件等资料进行审核，并应对进场的工程材料、构配件和设备实物，按照有关规定和建设工程监理合同约定的比例，进行见证取样和送检（见证取样和送检情况应记录在监理日志中）。

（3）对进口材料、构配件和设备，应按照事先约定，由建设单位、施工单位、供货单位、项目监理机构及其他有关单位进行联合检查，检查情况及结果应整理成纪要，并有有关各方代表签字。

（4）经专业监理工程师审核检查合格，签认《工程材料、构配件、设备报审表》，对未经专业监理工程师验收或验收不合格的工程材料、构配件和设备，专业监理工程师应拒绝签认，并应签发《监理通知单》，书面通知施工单位限期撤出现场。

四、主要施工机械设备报审表

本表用于主要施工机械设备进场，施工单位自检合格后报项目监理机构进行复核确认。

1. 表格样式（见表3-17）

表3-17　主要施工机械设备报审表

工程名称：　　　　　　　　　　　　　　　　　　　　　　　　　　编号：

致：____________________（项目监理机构）

下列施工机械设备已按施工组织设计/（专项）施工方案要求进场，请予以核查并准予使用。

设备名称	规格型号	数量	进场日期	技术状况	备注

施工项目经理部（盖章）
项目经理（签字）
年　月　日

审查意见：

项目监理机构（盖章）
专业监理工程师（签字）
年　月　日

2. 填写说明

（1）设备名称　指选用施工机械、计量设备的名称。

（2）规格型号　指选用施工机械、计量设备的规格型号。

（3）数量　指选用施工机械、计量设备实际进场的数量。

（4）进场日期　指施工机械、计量设备的实际进场时间（需现场安装调试的施工机械指其安装调试完毕的时间）。

（5）技术状况　指施工机械、计量设备的技术性能、运行状态的完好程度。

（6）备注　对需要补充说明的事项在此说明，如对设备检测周期的起始时间等。

（7）审查意见　专业监理工程师对施工机械、计量设备及所附资料进行审查，对其是否符合批准的施工组织设计、是否能满足施工需要和保证质量要求签署意见，对性能、数量满足施工要求的设备，将其设备名称填写在“准予进场使用的设备”一栏上；对性能不符合施工要求的设备，将其设备名称填写在“需要更换后再报的设备”一栏上；对数量或性能不足的设备，将其设备名称填写在“需补充的设备”一栏上。当有性能不符合施工要求、数量或性能不足的设备时，还应对施工单位下步工作提出要求。

3. 相关规定

（1）凡直接影响工程质量的施工机械、计量设备未经项目监理机构确认不得用于工程施工。

（2）专业监理工程师对主要施工机械设备报验审查时应实地检查施工设备安装、调试情况，经审查符合要求后方可签认《主要施工机械设备报审表》。

五、______报审、报验表

本表为报审/报验的通用表式，主要用于隐蔽工程、检验批、分项工程的报验。此表为《建设工程监理规范》中施工单位报审、报验用表 B. 0. 7。

此外，也可用于关键部位或关键工序施工前的施工工艺质量控制措施和施工单位试验室、用于试验测试单位、重要材料/构配件/设备供应单位、试验报告、运行调试等其他内容的报审。报验时按实际完成的工程名称填写。

有分包单位的，分包单位的报验资料应由施工单位验收合格后向项目监理机构报验。

1. 表格样式（见表 3-18）

表 3-18　______报审、报验表

工程名称：　　　　　　　　　　　　　　　　　　　　　　　　　　　编号：

致：______(项目监理机构) 　我方已完成______工作，经自检合格，请予以审查或验收。 　附件：□隐蔽工程质量检验资料 　　　　□检验批质量检验资料 　　　　□分项工程质量检验资料 　　　　□施工试验室证明资料 　　　　□其他 施工项目经理部(盖章) 项目经理或项目技术负责人(签字) 年　月　日
审查或验收意见： 项目监理机构(盖章) 专业监理工程师(签字) 年　月　日

2. 填写说明

（1）附件

① 隐蔽工程质量检验资料　相应工序和部位的工程质量检查记录。

② 检验批质量检验资料　《检验批质量验收记录》和施工操作依据、质量检查记录。

③ 分项工程质量检验资料　《分项工程质量验收记录》和施工操作依据、质量检查记录。

④ 施工试验室证明资料　试验室的资质等级及试验范围；法定计量部门对试验设备出具的计量检定证明；试验室管理制度；试验人员资格证书。

⑤ 其他　用于试验报告、运行调试的报审应附上相应工程试验、运行调试记录等资料及规范对应条文的用表。

(2) 审查意见　专业监理工程师对所报隐蔽工程、检验批、分项工程、施工试验室证明资料认真核查，确认资料是否齐全、填报是否符合要求，并根据现场实地检查情况按表式项目签署审查意见。

3. 报审、报验程序

(1) 隐蔽工程验收

① 隐蔽工程施工完毕，施工单位自检合格，填写《隐蔽工程报审、报验表》，附《隐蔽工程验收记录》和有关分项（检验批）工程质量验收及测试资料等向项目监理机构报验。

② 施工单位应在隐蔽验收前48h以书面形式（《工作联系单》）通知监理隐蔽验收内容、验收时间和地点。

③ 专业监理工程师应准时参加隐蔽工程验收，审核其自检结果和有关资料，现场实物检查、检测，符合要求的予以签认。否则，专业监理工程师应签发《监理通知单》，指出不符合之处，要求施工单位整改。

(2) 检验批工程质量验收

① 检验批施工完毕，施工单位自检合格，填写《检验批报审、报验表》，附《检验批质量验收记录》和施工操作依据、质量检查记录等向项目监理机构报验。

② 施工单位应在检验批验收前48h以书面形式（《工作联系单》）通知监理检验批验收内容、验收时间和地点。

③ 专业监理工程师应按时组织施工单位项目专业质量检查员、专业工长等进行验收，现场实物检查、检测，审核其有关资料，主控项目和一般项目的质量经抽样检查合格；施工操作依据、质量检查记录完整、符合要求，专业监理工程师应予以签认。否则，专业监理工程师应签发《监理通知单》，指出不符合之处，要求施工单位整改。

④ 施工单位按《监理通知单》要求整改完毕，自检合格后用《监理通知回复单》报项目监理机构复核，符合要求后予以确认。

⑤ 对未经监理人员验收或验收不合格的、需旁站而未旁站或没有旁站记录、或旁站记录签字不全的隐蔽工程、检验批，监理工程师不得签认，施工单位严禁进行下一道工序的施工。

(3) 分项工程质量验收

① 分项工程所含的检验批全部通过验收，施工单位整理验收资料，在自检评定合格后填写《分项工程报审、报验表》，附《分项工程质量验收记录》报项目监理机构。

② 专业监理工程师组织施工单位项目专业技术负责人等进行验收，对施工单位所报资料和该分项工程的所有检验批质量检查记录进行审查，构成分项工程的各检验批的验收资料文件完整，并且均已验收合格，专业监理工程师予以签认。

(4) 施工试验室报审　由施工试验检测单位、施工单位填写《试验室报审、报验表》，并附上资质证书、营业执照、岗位证书等证明文件（提供复印件的应由本单位在复印件上加盖红章），按时向项目监理机构报验。

(5) 试验报告、运行调试的报审

① 施工单位在试验报告、运行调试完成并自检合格后，填报本表并附上相应工程试验、

运行调试记录等资料，报送项目监理机构。

② 施工单位应在试车前48h以书面形式通知监理试车内容、时间、地点。

③ 经试车合格，监理工程师予以签字确认。

六、分部工程报验表

本表用于项目监理机构对分部工程的验收。分部工程所包含的分项工程全部自检合格后，施工单位报送项目监理机构。此表为《建设工程监理规范》中施工单位报审、报验用表B.0.8。

1. 表格样式（见表3-19）

表3-19 分部工程报验表

工程名称： 编号：

致：＿＿＿＿＿＿（项目监理机构） 我方已完成＿＿＿＿（分部工程），经自检合格，请予以验收。 附件：分部工程质量资料 施工项目经理部（盖章） 项目技术负责人（签字） 年 月 日
验收意见： 专业监理工程师（签字） 年 月 日
验收意见： 项目监理机构（盖章） 总监理工程师（签字） 年 月 日

2. 填写说明

分部工程质量资料包括以下内容。

(1) 工程质量验收规范要求的质量资料　指相应质量验收规范中规定工程验收时应检查的文件和记录，按规定应见证取样送检的，须附见证取样送检资料。

(2) 安全及功能检验（检测）报告　指相应质量验收规范中规定工程验收时应对材料及其性能指标进行检验（检测）或复验项目的检验（检测）报告和《建筑工程施工质量验收统一标准》中要求的安全、节能、环保和主要使用功能检查项目的测试记录，按规定应见证取样送检的，须附见证取样送检资料。

(3) 分部（子分部）工程质量验收记录表。

3. 报验程序

(1) 分部（子分部）工程所含的分项工程全部通过验收，施工单位整理验收资料，在自检评定合格后填写《分部（子分部）工程报验表》，附《分部（子分部）工程质量验收记录》及工程质量验收规范要求的质量控制资料，安全、节能、环保和主要使用功能检验（检测）报告等向项目监理机构报验。

（2）施工单位应在验收前按施工合同专用条款约定的时间内（通常为48h）以书面形式（《工作联系单》）通知监理验收内容、验收时间和地点。总监理工程师按时组织施工单位项目负责人和项目技术、质量负责人等进行验收；勘察、设计单位项目负责人和施工单位技术、质量部门负责人应参加地基与基础分部工程的验收。设计单位项目负责人和施工单位技术、质量部门负责人应参加主体结构、节能分部工程的验收。

（3）分部（子分部）工程质量验收含报验资料核查和实体质量抽样检测（检查）。分部（子分部）工程所含分项工程的质量均已验收合格；质量控制资料完整；有关安全、节能、环保和主要使用功能的抽样检测结果均符合相应规定；观感质量验收符合要求。总监理工程师应予以确认，在《分部（子分部）工程质量验收记录》签署验收意见，各参加验收单位项目负责人签字。否则，总监理工程师应签发《监理通知单》，指出不符合之处，要求施工单位整改。

施工单位按《监理通知单》要求整改完毕，自检合格后用《监理通知回复单》报项目监理机构复核，符合要求后予以确认。

七、见证记录

见证取样是指项目监理机构对施工单位进行的涉及结构安全的试块、试件及工程材料现场取样、封样、送检工作的监督活动。

单位工程施工前，项目监理机构应根据施工单位报送的施工试验计划编写见证取样计划。由总监理工程师指定一名具备见证取样资格的监理人员担任见证取样工作，并书面通知施工单位、检测单位和质量监督机构。

在施工过程中，见证人员按计划对取样工作进行见证，在试样标志和封条上签字，并填写见证记录。此表为《建筑工程资料管理规程》中监理资料用表B.3.3。

1. 表格样式（见表3-20）

表3-20　见证记录

工程名称：　　　　　　　　　　　　　　　　　　　　　　编号：

样品名称		试件编号		取样数量	
取样部位/地点		取样日期			
见证取样说明					
见证取样和送检印章					
签字栏	取样人员		见证人员		

2. 填写说明

（1）取样部位/地点　取样部位写明样品计划或准备使用的楼层、轴线等。取样地点写明施工现场还是在其他取样地点。

（2）见证取样说明　主要填写原材料样品的生产厂家、样品的规格尺寸、代表样本的数量、封样情况；取样过程描述；送检时封样情况检查、试验外观检查等。以保证样品的代表性和真实性。

3. 必须实施见证取样和送检的试块、试件和材料

(1) 用于承重结构的混凝土试块。

(2) 用于承重墙体的砌筑砂浆试块。

(3) 用于承重结构的钢筋及连接接头试件。

(4) 用于承重墙的砖和混凝土小型砌块。

(5) 用于拌制混凝土和砌筑砂浆的水泥。

(6) 用于承重结构的混凝土中使用的掺加剂。

(7) 地下、屋面、厕浴间使用的防水材料。

(8) 国家规定必须实行见证取样和送检的其他试块、试件和材料。

4. 实施见证取样和送检的频率

对涉及结构安全的试块、试件和材料见证取样和送检的比例不得低于有关技术标准中规定取样数量的30%。

八、旁站记录

旁站记录是指项目监理机构对工程的关键部位或关键工序的施工质量进行的监督活动所见证的有关情况的记录。此表为《建设工程监理规范》中工程监理单位用表A.0.6。

项目监理机构应根据工程特点和施工单位报送的施工组织设计，确定旁站的关键部位、关键工序，安排监理人员进行旁站，并应及时记录旁站情况。

1. 旁站记录样式(见表3-21)

表3-21 旁站记录

工程名称： 编号：

气候：			
旁站的关键部位或关键工序		施工单位	
旁站开始时间	年 月 日 时 分	旁站结束时间	年 月 日 时 分
旁站的关键部位或关键工序施工情况：			
发现的问题及处理情况： 旁站监理人员(签字) 年 月 日			

2. 旁站记录的主要内容

(1) 施工情况　包括施工单位质检人员到岗情况、特殊工种人员持证情况以及施工机械、材料准备及关键部位、关键工序的施工是否按(专项)施工方案及工程建设强制性标准执行等情况。

(2) 发现的问题及处理情况　旁站人员发现问题的具体描述以及采取何种处理措施。如发《工作联系单》、《监理通知单》等。

【特别提示】本表为项目监理机构记录旁站工作情况的通用表式。项目监理机构可根据需要增加附表。

关键部位、关键工序未实施旁站监理或没有旁站监理记录的，专业监理工程师或总监理工程师不得在相应文件上签字。旁站记录在工程竣工验收后，由监理单位归档备查。

3. 房屋建筑工程需实施旁站监理的部位或工序

《建设工程旁站监理管理规定》中指出房屋建筑工程的关键部位、关键工序包括以下内容。

① 基础工程　桩基工程、沉井过程、水下混凝土浇筑、承载力检测、独立基础框架、基础土方回填。

② 结构工程　混凝土浇筑、施加预应力、施工缝处理、结构吊装。

③ 钢结构工程　重要部位焊接、机械连接安装。

④ 设备进场验收测试、单机无负荷试车、无负荷联动试车、试运转、设备安装验收、压力容器等。

⑤ 隐蔽工程的隐蔽过程。

⑥ 建筑材料的见证取样、送样，新技术、新材料、新工艺、新设备试验过程。

⑦ 建设工程委托监理合同规定的应旁站监理的部位。

九、平行检验记录

平行检验记录是指项目监理机构在施工单位自检的同时，按有关规定、建设工程监理合同约定对同一检验项目进行的检测试验活动所做的记录。

1. 平行检验记录样式（见表 3-22）

表 3-22　平行检验记录

工程名称：　　　　　　　　　　　　　　　　　　　　　　　　　编号：

施工单位		天气	
检验内容及工程部位			
检验手段			
施工单位自检情况			
检查的具体项目及具体数据记录：			
检查发现的问题及处理结果：			
检查结论：			
平行检验人员(签名)： 日期：			

2. 填写说明

(1) 平行检验的内容主要分为进场的工程材料和施工质量两大类。施工质量包括测量、隐蔽工程、检验批质量验收等。

(2) 检验的内容及工程部位　检验的内容填写进场的工程材料名称或施工质量检验的内容，如测量、隐蔽工程、检验批等。工程部位，进场材料填写拟使用的工程部位，施工质量检验填写具体的楼层、轴线等。

(3) 检验手段　取样试验、目测、现场检查、实测等。

（4）检查发现问题及处理结果　发监理通知。

（5）检查结论　填写经验收认定合格/不合格。

3. 相关规定及要求

项目监理机构应按有关规定、建设工程监理合同约定，对用于工程的材料进行平行检验。

项目监理机构对施工质量进行的平行检验，应符合工程特点、专业要求及行业主管部门的有关规定，并符合建设工程监理合同的约定。

十、工程质量/生产安全问题（事故）报告单

工程质量/生产安全问题（事故）报告单是施工过程中发生工程质量/生产安全问题（事故），施工单位就工程质量/生产安全问题（事故）的有关情况及初步原因分析和处理方案向项目监理机构报告时的用表。当监理工程师发现工程质量/生产安全问题（事故）要求施工单位报告时也用此表报告。

1. 表格样式（见表 3-23）

表 3-23　工程质量/生产安全问题（事故）报告单

工程名称：　　　　　　　　　　　　　　　　　　　　　　　　　　　编号：

致：____________(项目监理机构) _____年____月____日____时,在______________(部位)发生______________工程□质量/□生产安全问题(事故),现报告如下： 1. 原因(初步调查结果及现场报告情况)： 2. 性质或类型： 3. 造成损失： 4. 应急措施： 5. 初步处理意见： 施工项目经理部(盖章) 项目经理(签字) 年　月　日	
抄报：	项目监理机构签收： 项目监理机构(盖章) 总/专业监理工程师 年　月　日

2. 填写说明

（1）______年____月____日____时，在____（部位）发生______工程质量/生产安全问题（事故）　分别填写工程质量/生产安全问题（事故）发生的时间、工程部位和工程质量/安全生产问题（事故）的特征。

（2）原因、性质或类型、造成损失、应急措施及初步处理意见　指质量事故发生的原因的初步判断、一般事故还是重大事故、造成损失的初步估算、事故发生后采取的措施及事故控制的情况及初步处理方案。

十一、工程质量/生产安全问题（事故）技术处理方案报审表

工程质量/生产安全问题（事故）处理方案报审是施工单位在对工程质量事故详细调查、研究的基础上，提出处理方案后报项目监理机构审查、确认和批复。

监理人员发现施工存在重大质量隐患，可能造成工程质量/生产安全问题（事故）或已经造成工程质量/生产安全问题（事故）时，应通过总监理工程师及时下达工程暂停令，要

求施工单位停工整改。凡要求施工单位提交工程质量/生产安全问题（事故）整改方案的，施工单位均应用该表向项目监理机构报审工程质量/生产安全问题（事故）调查报告和工程质量/生产安全问题（事故）处理方案。

1. 表格样式（见表3-24）

表3-24 工程质量/生产安全问题（事故）技术处理方案报审表

工程名称： 编号：

<table>
<tr><td colspan="3">致：____________________（监理单位）
我方于____年___月___日提出的在____（部位）发生____________________工程□质量/□生产安全问题(事故)报告，经认真研究后，现提出处理方案，请予以审批。
附件：1. 工程质量/生产安全问题(事故)详细报告；
2. 工程质量/生产安全问题(事故)技术处理方案；
施工项目经理部(盖章)：
项目经理或项目技术负责人(签字)：
年 月 日</td></tr>
<tr><td>设计单位审查意见：

项目设计单位(章)
结构工程师或建筑师
年 月 日</td><td>项目监理机构审查意见：

项目监理机构(章)
总/专业监理工程师
年 月 日</td><td>有关部门意见：

有关部门(章)
代 表
年 月 日</td></tr>
</table>

2. 填写说明

（1）工程质量/生产安全问题（事故）调查报告 指施工单位在对工程质量事故详细调查、研究的基础上提出的详细报告。一般应包括下列内容：质量事故情况；质量事故发生的时间、地点、事故经过、有关现场的记录、发展变化趋势、是否已稳定等；事故性质；事故原因；事故评估；质量事故涉及的人员与主要责任者的情况等。

（2）工程质量/生产安全问题（事故）处理方案 处理方案针对质量事故的状况及原因，应本着安全可靠、不留隐患、满足建筑物的使用功能要求、技术可行、经济合理。因设计造成的质量事故，应由设计单位提出技术处理方案。

（3）设计单位意见 指建筑工程的设计单位对工程质量/生产安全问题（事故）调查报告和处理方案的审查意见。若与施工单位提出的工程质量/生产安全问题（事故）调查报告和处理方案有不同意见应注明，工程质量/生产安全问题（事故）技术处理方案必须经设计单位同意。

（4）总监理工程师批复意见 总监理工程师应组织建设、设计、施工、监理等有关人员对工程质量/生产安全问题（事故）调查报告和处理方案进行论证，以确认报告和方案的正确合理性，如有不同意见，应责令施工单位重报。必要时应邀请有关专家参加对事故调查报告和处理方案的论证。

第五节 造价控制资料

工程造价控制资料主要包括工程款支付报审表、工程款支付证书、费用索赔报审表等内容。

一、工程款支付报审表

本表适用于施工单位工程预付款、工程进度款、竣工结算款、工程变更费用、索赔费用的支付申请，项目监理机构对申请事项进行审核并签署意见，经建设单位审批后作为工程款支付的依据。此表为《建设工程监理规范》中施工单位报审、报验用表B.0.11。

1. 表格样式（见表3-25）

表3-25　工程款支付报审表

工程名称：　　　　　　　　　　　　　　　　　　　　　　　　　编号：

致：____________________(项目监理机构) 根据施工合同约定,我方已完成____________________工作,建设单位应在______年____月____日前支付该项工程款共计(大写)______________(小写：___________),请予以审核。 附件： □已完成工程量报表 □工程竣工结算证明材料 □相应支持性证明文件 施工项目经理部(盖章) 项目经理(签字) 年　月　日
审查意见： 1. 施工单位应得款为： 2. 本期应扣款为： 3. 本期应付款为： 附件:相应支持性材料 专业监理工程师(签字) 年　月　日
审核意见： 项目监理机构(盖章) 总监理工程师(签字、加盖执业印章) 年　月　日
审批意见： 建设单位(盖章) 建设单位代表(签字) 年　月　日

2. 填写说明

(1)“我方已完成______工作”填写经专业监理工程师验收合格的工程；定期支付进度款的填写本支付期内经专业监理工程师验收合格工程的工作量。

(2) 申请支付工程款金额包括合同内工程款、工程变更增减费用、批准的索赔费用，扣除应扣预付款、保留金及施工合同中约定的其他费用。

(3) 已完工程量报表　指本次付款申请中的经专业监理工程师验收合格工程的工程量清单统计报表。

(4) 工程款申请中如有其他和付款有关的证明文件和资料时，应附有相关证明资料。

3. 相关规定

(1) 项目监理机构应按下列程序进行工程计量和付款签证

① 专业监理工程师对施工单位在工程款支付报审表中提交的工程量和支付金额进行复核，确定实际完成的工程量，提出到期应支付给施工单位的金额，并提出相应的支持

性材料。

② 总监理工程师对专业监理工程师的审查意见进行审核，签认后报建设单位审批。

③ 总监理工程师根据建设单位的审批意见，向施工单位签发工程款支付证书。

(2) 项目监理机构应按下列程序进行竣工结算款审核

① 专业监理工程师审查施工单位提交的竣工结算款支付申请，提出审查意见。

② 总监理工程师对专业监理工程师的审查意见进行审核，签认后报建设单位审批，同时抄送施工单位，并就工程竣工结算事宜与建设单位、施工单位协商；达成一致意见的，根据建设单位审批意见向施工单位签发竣工结算款支付证书；不能达成一致意见的，应按施工合同约定处理。

二、工程款支付证书

工程款支付证书是项目监理机构收到经建设单位签署审批意见的《工程款支付报审表》后，根据建设单位的审批意见，签发本表作为工程款支付的证明文件。本表为《建设工程监理规范》中工程监理单位用表 A. 0. 8。

1. 表格样式（见表 3-26）

表 3-26 工程款支付证书

工程名称： 编号：

致：________________（施工单位） 根据施工合同的规定，经审核编号为______工程款支付报审表，扣除有关款项后，同意支付工程款共计(大写)__________（小写：________）。 其中： 1. 施工单位申报款为： 2. 经审核施工单位应得款为： 3. 本期应扣款为： 4. 本期应付款为： 附件：工程款支付报审表及附件 项目监理机构(盖章) 总监理工程师(签字、加盖执业印章) 年 月 日

2. 填写说明

(1) 编号为______工程款支付报审表 填写施工单位的《工程款支付报审表》编号。

(2) 其中：

施工单位申报款：指施工单位向项目监理机构填报的《工程款支付报审表》中申报的工程款额。

经审核施工单位应得款：指经专业监理工程师对施工单位向项目监理机构填报《工程款支付报审表》审核后，核定的工程款额。包括合同内工程款、工程变更增减费用、经批准的索赔费用等。

本期应扣款：指施工合同约定本期应扣除的预付款、保留金及其他应扣除的工程款的总和。

本期应付款：指经审核施工单位应得款额减本期应扣款额的余额。

(3) 施工单位的工程款支付报审表及附件 指施工单位向项目监理机构申报的《工程款支付报审表》及其附件。

【特别提示】项目监理机构将《工程支付证书》签发给施工单位时，应同时抄送建设单位。

三、费用索赔报审表

费用索赔报审表是施工单位向建设单位提出费用索赔，报项目监理机构审查、确认和批复。此表为《建设工程监理规范》中施工单位报审、报验用表B.0.13。

1. 表格样式（见表3-27）

表3-27 费用索赔报审表

工程名称：　　　　　　　　　　　　　　　　　　　　　　　　编号：

费用索赔报审表
致：________________（项目监理机构） 根据施工合同_____条款，由于______________的原因，我方申请索赔金额（大写）______________，请予批准。 索赔理由：____________________ 附件：□索赔金额计算 □证明材料 施工经理部（盖章） 项目经理（签字） 年　月　日
审核意见： □ 不同意此项索赔。 □ 同意此项索赔，索赔金额为（大写）________________。 同意/不同意索赔的理由：________________ 附件：□索赔审查报告 项目监理机构（盖章） 总监理工程师（签字、加盖执业印章） 年　月　日
审批意见： 建设单位（盖章） 建设单位代表（签字） 年　月　日

2. 填写说明

（1）“根据施工合同_____条款”　填写提出费用索赔所依据的施工合同条目。

（2）“由于__________的原因”　填写导致费用索赔的事件。

（3）索赔理由　指索赔事件造成施工单位直接经济损失，索赔事件是由于非施工单位的责任发生的等情况的详细理由及事件经过。

（4）索赔金额计算　指索赔金额计算书，索赔的费用内容一般包括：人工费、设备费、材料费、管理费等。

（5）证明材料　是指索赔意向书及索赔事项的相关证明材料。索赔事项的相关证明材料，包括法律法规，勘察设计文件、工程建设标准，涉及工程费用索赔的有关施工和监理文件资料（施工合同、采购合同、工程变更单、施工组织设计、专项施工方案、施工进度计划、建设单位和施工单位的有关文件、会议纪要、监理记录、工作联系单、监理通知单、监理月报及相关监理文件资料）。

（6）审核意见　专业监理工程师应首先审核索赔事件发生后，施工单位是否在施工合同规定的期限内（28天），向专业监理工程师递交过索赔意向通知，如超过此期限，专业监理工程师和建设单位有权拒绝索赔要求；其次，审核施工单位的索赔条件是否成立；再次，应审核施工单位报送的《费用索赔报审表》，包括索赔的详细理由及经过，索赔金额的计算及证明材料；如不满足索赔条件，专业监理工程师应在“不同意此项索赔”前“□”内打“√”；如符合条件，专业监理工程师就初定的索赔金额向总监理工程师报告、由总监理工程师分别与施工单位及建设单位进行协商，达成一致或监理工程师公正地自主决定后，在“同意此项索赔”前“□”内打“√”，并把确定金额写明，如施工人对监理工程师的决定不同意，则可按合同中的仲裁条款提交仲裁机构仲裁。

(7) 同意/不同意索赔的理由　同意索赔的理由应简要列明；对不同意索赔，或虽同意索赔但其中的不合理部分，如有下列情况应简要说明：

① 索赔事项不属于建设单位或监理工程师的责任，而是其他第三方的责任；

② 建设单位和施工单位共同负有责任，施工单位必须划分和证明双方责任大小；

③ 事实依据不足；

④ 施工合同依据不足；

⑤ 施工单位未遵守意向通知要求；

⑥ 施工合同中的开脱责任条款已经免除了建设单位的补偿责任；

⑦ 施工单位已经放弃索赔要求；

⑧ 施工单位没有采取适当措施避免或减少损失；

⑨ 施工单位必须提供进一步证据；

⑩ 损失计算夸大等。

3. 施工单位向建设单位索赔的原因

(1) 合同文件内容出错引起的索赔。

(2) 由于图纸延迟交出造成索赔。

(3) 由于不利的实物障碍和不利的自然条件引起索赔。

(4) 由于建设单位提供的水准点、基线等测量资料不准确造成的失误与索赔。

(5) 施工单位依据专业监理工程师意见，进行额外钻孔及勘探工作引起索赔。

(6) 由建设单位风险所造成的损害的补救和修复所引起的索赔。

(7) 因施工中施工单位开挖到化石、文物、矿产等珍贵物品，要停工处理引起的索赔。

(8) 由于需要加强道路与桥梁结构以承受“特殊超重荷载”而索赔。

(9) 由于建设单位雇佣其他施工单位的影响，并为其他施工单位提供服务提出索赔。

(10) 由于额外样品与试验而引起索赔。

(11) 由于对隐蔽工程的揭露或开孔检查引起的索赔。

(12) 由于工程中断引起的索赔。

(13) 由于建设单位延迟移交土地引起的索赔。

(14) 由于非施工单位原因造成了工程缺陷需要修复而引起的索赔。

(15) 由于要求施工单位调查和检查缺陷而引起的索赔。

(16) 由于工程变更引起的索赔。

(17) 由于变更合同总价格超过有效合同价的15%而引起索赔。

(18) 由于特殊风险引起的工程被破坏和其他款项支出而提出的索赔。

(19) 因特殊风险使合同终止后的索赔。

(20) 因合同解除后的索赔。

(21) 建设单位违约引起工程终止等的索赔。

(22) 由于物价变动引起的工程成本增减的索赔。

(23) 由于后续法规的变化引起的索赔。

(24) 由于货币及汇率变化引起的索赔。

4. 费用索赔的报审程序

(1) 施工单位在索赔事件发生后28天内，向项目监理机构提交索赔意向通知书。

(2) 总监理工程师指定专业监理工程师收集与索赔有关资料。

(3) 施工单位在发出索赔意向通知书后28天内，向项目监理机构提交费用索赔报审表及有关资料。

(4) 总监理工程师根据施工单位报送的费用索赔报审表及相关资料，安排专业监理工程师进行审查，若同时满足以下三个条件则予以受理：①施工单位在施工合同约定的期限内提出费用索赔；②索赔事件是因非施工单位的原因造成的，且符合施工合同约定；③索赔事件造成了施工单位直接经济损失。

5. 专业监理工程师在审查确定索赔批准额时，要审查以下三个方面

(1) 索赔事件发生的合同责任。

(2) 由于索赔事件的发生，施工成本及其他费用的变化和分析。

(3) 索赔事件发生后，施工单位是否采取了减少损失的措施。施工单位报送的索赔额中，是否包含了让索赔事件任意发展而造成的损失额。

6. 索赔审查报告

索赔审查报告的内容主要包括受理索赔的日期，索赔要求，索赔过程，确认的索赔理由及合同依据，批准的索赔额及其计算方法等。

第六节　合同管理资料

合同管理资料主要包括工程临时/最终延期报审表、索赔意向通知书、工程变更单、分包单位资格报审表、合同争议处理意见、合同变更资料等内容。

一、工程临时/最终延期报审表

工程临时/最终延期报审表是依据施工合同规定，非施工单位原因造成的工程延期，导致施工单位要求补偿时采用的申请用表。此表为《建设工程监理规范》中施工单位报审、报验用表B.0.14。

1. 表格样式（见表3-28）

2. 填写说明

(1) 根据施工合同________（条款） 填写提出工期索赔所依据的施工合同条目。

(2) 由于__________原因 填写导致工程延期的事件。

(3) 工程延期依据及工期计算 依据指索赔所依据的施工合同条款、导致工程延期事件的事实；工期计算指工程延期的计算方式及过程。

(4) 证明材料 指本期申请延长的工期所有能证明非施工单位原因导致工程延期的证明材料（包括施工日记与监理一致的内容）。

(5) 审核意见 专业监理工程师针对施工单位提出的《工程临时/最终延期报审表》，首先，审核在延期事件发生后，施工单位在合同规定的有效期内是否以书面形式向项目监理机构提出临时延期申请；其次，审查施工单位在合同规定有效期内向项目监理机构提交延期依据及延长工期的计算；再次，专业监理工程师对提交的延期报告应及时进行调查核实，与监

表 3-28 工程临时/最终延期报审表

工程名称： 编号：

致：______________（项目监理机构）

根据施工合同______________（条款），由于______________原因，我方申请工程临时/最终延期______（日历天），请予批准。

附件：1. 工程延期依据及工期计算

2. 证明材料

施工项目经理部（盖章）

项目经理（签字）

年 月 日

审核意见：

□同意工程临时/最终延期______（日历天）。工程竣工日期从施工合同约定的______年____月____日延迟到____年____月____日。

□不同意延期，请按约定竣工日期组织施工。

项目监理机构（盖章）

总监理工程师（签字、加盖执业印章）

年 月 日

审批意见：

建设单位（盖章）

建设单位代表（签字）

年 月 日

理同期记录进行核对、计算。同意临时/最终延期时在“□”内划“√”，延期天数按核实天数。否则，在不同意延期前“□”内划“√”，并将审查情况报告总监理工程师。

3. 可能导致工程延期的原因

(1) 建设单位未能按专用条款的约定提供图纸及开工条件。

(2) 建设单位未能按约定日期支付工程预付款、进度款，致使施工不能正常进行。

(3) 监理工程师未按合同约定提供所需指令、批准等，致使施工不能正常进行。

(4) 设计变更和工程量增加。

(5) 一周内非施工单位原因停水、停电、停气造成停工累计超过 8h。

(6) 不可抗力。

(7) 施工合同专用条款中约定或监理工程师同意工期顺延的其他情况。

4. 工程临时/最终延期报审程序

(1) 施工单位在工程延期的情况发生后，应在施工合同规定的期限内填报工程临时延期报审表，向项目监理机构申请工程临时延期。

(2) 收到施工单位报送的工程临时延期报审表后，总监理工程师指定专业监理工程师收集与延期有关的资料。

(3) 专业监理工程师按标准规范及合同文件有关章节要求，对本表及其证明材料进行核查并提出意见，签认《工程临时/最终延期报审表》，并由总监理工程师审核后报建设单位审批。工程延期事件结束，施工单位向项目监理机构最终申请确定工程延期的日历天数及延迟后的竣工日期；项目监理机构在按程序审核评估后，由总监理工程师签认《工程临时/最终延期报审表》，不同意延期的应说明理由。

5. 项目监理机构批准工程延期应同时满足下列条件

（1）施工单位在施工合同约定的期限内提出工程延期。

（2）因非施工单位原因造成施工进度滞后。

（3）施工进度滞后影响到施工合同约定的工期。

【特别提示】项目监理机构在批准工程临时延期、工程最终延期前，均应与建设单位和施工单位协商。

二、索赔意向通知书

本表适用于工程中可能引起索赔的事件后，受影响的单位依据法律法规和合同要求，向相关单位声明/告知拟进行相关索赔的意向。此表为《建设工程监理规范》中通用表中的C.0.3。

1. 表格样式（见表3-29）

表3-29　索赔意向通知书

工程名称：　　　　　　　　　　　　　　　　编号：

致：________ 根据施工合同________（条款）约定，由于发生了__________事件，且该事件的发生非我方原因所致。为此，我方向________（单位）提出索赔要求。 附件：索赔事件资料   提出单位（盖章） 负 责 人（签字） 年　　月　　日

2. 填写说明

（1）致：________　填写索赔的对象。

（2）根据施工合同________（条款）约定　填写依据施工合同的具体条款。

（3）由于发生了________事件　填写引起索赔的具体事件。

（4）索赔事件资料　主要包括事件发生的时间和情况的简单描述；合同依据的条款和理由；有关后续资料的提供，包括及时记录和提供事件发展的动态；对工程成本和工期产生的不利影响及其严重程度的初步评估；声明/告知拟进行相关索赔的意向。

本表应发给拟进行相关索赔的对象，并同时抄送给项目监理机构。索赔意向通知书应在索赔事件发生后28天内，提交给索赔对象。同时索赔意向通知书应有接收单位的签收证明。

三、工程变更单

本表仅适用于依据合同和实际情况对工程进行变更时，在变更单位提出要求后，由建设单位、设计单位、监理单位和施工单位共同签认意见。此表为《建设工程监理规范》中通用表C.0.2。

1. 表格样式（见表3-30）

2. 填写说明

（1）由于________原因　指引发工程变更的原因。

（2）提出________工程变更　填写要求工程变更的部位和变更题目。

（3）工程量增/减　填写因工程变更引起工程量变化的工程项目名称及具体数量。

表 3-30 工程变更单

工程名称： 编号：

致：____________

由于____________________原因，兹提出____________________

________工程变更，请予以审批。

附件：

☐变更内容

☐变更设计图

☐相关会议纪要

☐其他

变更提出单位

负责人

年 月 日

工程量增/减	
费用增/减	
工期变化	

施工项目经理部(盖章) 项目经理(签字)	设计单位(盖章) 设计负责人(签字)
项目监理机构(盖章) 总监理工程师(签字)	建设单位(盖章) 负责人(签字)

(4) 费用增/减 填写因工程变更引起费用变化的工程项目名称及具体数量。

(5) 工期变化 填写因工程变更引起工期变化的具体数量。

(6) 提出单位 指提出工程变更的单位。

(7) 负责人 指提出单位的项目负责人。

(8) 建设单位 指建设单位派驻施工现场履行合同的代表。

(9) 设计单位 指设计单位派驻施工现场的设计代表或与工程变更内容有关专业的原设计人员或负责人。

(10) 项目监理机构 指项目总监理工程师。

(11) 施工单位代表签字仅表示对有关工期、费用处理结果的签认和工程变更的收到。

3. 施工单位提出的工程变更处理程序

(1) 总监理工程师组织专业监理工程师审查施工单位提出的工程变更申请，提出审查意见。对涉及工程设计文件修改的工程变更，应由建设单位转交原设计单位修改工程设计文件。必要时，项目监理机构应建议建设单位组织设计、施工等单位召开论证工程设计文件的修改方案的专题会议。

(2) 总监理工程师组织专业监理工程师对工程变更费用及工期影响作出评估。

(3) 总监理工程师组织建设单位、施工单位等共同协商确定工程变更费用及工期变化，会签工程变更单。

(4) 项目监理机构根据批准的工程变更文件监督施工单位实施工程变更。

4. 我国施工合同范本规定的建设单位提出工程变更处理程序

(1) 施工中建设单位需对原工程设计变更，应提前 14 天以书面形式向施工单位发出变更通知。变更超过原设计标准或批准的建设规模时，建设单位应报规划管理部门和其他有关部门重新审查批准，并由原设计单位提供变更的相应图纸和说明。

(2) 施工单位在工程变更确定后 14 天内，提出变更工程价款的报告，经监理工程师确认后调整合同价款。

(3) 施工单位在双方确定变更后 14 天内不向监理工程师提出变更工程价款报告时，视为该项变更不涉及合同价款的变更。

(4) 监理工程师应在收到变更工程价款报告之日起 14 天内予以确认，监理工程师无正当理由不确认时，自变更工程价款报告送达之日起 14 天后视为变更工程价款报告已被确认。

发生工程变更，应经过建设单位、设计单位、施工单位和工程监理单位的签认，并通过总监理工程师下达变更指令后，施工单位方可进行施工。

工程变更需要修改工程设计文件，涉及消防、人防、环保、节能、结构等内容的，应按规定经有关部门重新审查。

5. 工程变更价款确定的原则

(1) 合同中已有适用于变更工程的价格，按合同已有的价格计算、变更合同价款。

(2) 合同中有类似于变更工程的价格，可参照类似价格变更合同价款。

(3) 合同中没有适用或类似于变更工程的价格，总监理工程师应与建设单位、施工单位就工程变更价款进行充分协商达成一致；如双方达不成一致，由总监理工程师按照成本加利润的原则确定工程变更的合理单价或价款，如有异议，按施工合同约定的争议程序处理。

监理工程师确认增加的工程变更价款作为追加合同价款，与工程款同期支付。

因施工单位自身原因导致的工程变更，施工单位无权要求追加合同价款。

四、分包单位资格报审表

分包单位资格报审是施工总承包单位实施分包（包括专业分包和劳务分包）时，提请项目监理机构对其分包单位资质审查确认的批复。施工合同中已明确或经过招标确认的分包单位（即建设单位书面确认的分包单位)，施工总承包单位可不再对分包单位资格进行报审。

未经总监理工程师确认，分包单位不得进场施工，总监理工程师对分包单位资格的确认不解除施工总承包单位应负的责任。

1. 表格样式（见表 3-31）

2. 填写说明

(1) 分包单位　按所报分包单位《企业法人营业执照》全称填写。

(2) 分包单位资质材料　指按建设部第 87 号令颁布的《建筑业企业资质管理规定》，经建设行政主管部门进行资质审查核发的，具有相应专业施工企业资质等级和建筑业劳务分包企业资质的《建筑业企业资质证书》和《企业法人营业执照》副本。

(3) 分包单位业绩材料　指分包单位近三年完成的与分包工程工作内容类似的工程及质量情况。

(4) 分包工程名称（部位）　指拟分包给所报分包单位的工程项目名称（部位）。

(5) 分包工程量　指分包工程项目的工程量。

(6) 分包工程合同额　指在拟签订的分包合同中签订的金额。

(7) 审查意见　专业监理工程师应对施工单位所报材料逐一进行审核，主要审查内容包括：对取得施工总承包企业资质等级证书的分包单位，审查其核准的营业范围与拟承担的分

表 3-31　分包单位资格报审表

工程名称：　　　　　　　　　　　　　　　　　　　　　　　　　　　　　　　　编号：

致：________________(项目监理单位)

经考察,我方认为拟选择的________________(分包单位)具有承担下列工程的施工或安装资质和施工能力,可以保证本工程按施工合同______条款的约定进行施工或安装。请予以审查。

分包工程名称(部位)	分包工程量	分包工程合同额
合　　计		

附件:1. 分包单位资质材料
2. 分包单位业绩材料
3. 分包单位专职管理人员和特种作业人员的资格证书
4. 施工单位对分包单位的管理制度

施工项目经理部(盖章)
项目经理(签字)
年　月　日

审查意见:

专业监理工程师(签字)
年　月　日

审核意见:

项目监理机构(盖章)
总监理工程师(签字)
年　月　日

包工程是否相符；对取得专业承包企业资质证书的分包单位，审查其核准的等级和范围与拟承担分包工程是否相符；对取得建筑业劳务分包企业资质的，审查其核准的资质与拟承担的分包工程是否相符。在此基础上，项目监理机构和建设单位认为必要时，会同施工单位对分包单位进行考查，主要核实施工单位的申报材料与实际情况是否属实。

专业监理工程师在审查施工单位报送分包单位有关资料、考查核实的（必要时）基础上，提出审查意见、考察报告（必要时）附报审表后，根据审查情况，如认定该分包单位具备分包条件，则批复“该分包单位具备分包条件，拟同意分包，请总监理工程师审核”，如认为不具备分包条件，应简要指出不符合条件之处，并签署“拟不同意分包，请总监理工程师审查”的意见。

（8）审核意见　总监理工程师对专业监理工程师的审查意见、考察报告进行审核，如同意专业监理工程师意见，签署“同意（不同意）分包”；如不同意专业监理工程师意见，应简要指明与专业监理工程师的审查意见的不同之处，并签认是否同意分包的意见。

3. 分包单位资格报审内容

（1）施工单位对部分分项、分部工程（主体结构工程除外）实行分包必须符合施工合同的规定。

（2）分包单位的营业执照、企业资质等级证书、特种行业施工许可证、国外（境外）企业在国内施工工程许可证。

（3）安全生产许可证。

（4）类似工程业绩。

（5）专职管理人员和特种作业人员的资格。

五、合同争议处理意见

工程实施过程中出现合同争议时，项目监理机构为调解合同争议所达成（提出）的处理意见。

1. 填写说明

（1）项目监理机构接到合同争议的调解要求后应进行的工作

① 了解合同争议情况，包括进行调查和取证。

② 及时与合同争议双方进行磋商。

③ 在项目监理机构提出调解方案后，由总监理工程师进行协调。

④ 当双方未能达成一致时，总监理工程师应在施工合同规定的期限内提出处理该合同争议的意见。

⑤ 项目监理机构在合同争议处理过程中，对未达到施工合同约定的暂停履行合同条件的，应要求施工合同双方继续履行合同。

（2）在总监理工程师签发合同争议处理意见后，建设单位或施工单位在施工合同规定的期限内未对合同争议处理决定提出异议，在符合施工合同的前提下，此意见应成为最后的决定，双方必须执行。

（3）在施工合同争议的仲裁或诉讼过程中，项目监理机构应按仲裁机关或法院要求提供与争议有关的证据。

（4）合同争议处理意见由总监理工程师签字盖章，并在施工合同约定的时间内送达建设单位和施工单位双方。

2. 封面形式

________工程合同争议处理意见 总监理工程师： 监理单位(章)： 日期：______年____月____日

六、合同变更资料

合同变更资料包括施工过程中建设单位与施工单位的合同补充协议和合同解除有关资料。

施工合同解除必须符合法律程序，合同解除时项目监理机构应依据《建设工程监理规范》（GB 50319—2013）6.7 款处理善后工作，并记录处理的过程和有关事项等。

第七节　竣工验收资料

竣工验收资料主要包括单位工程竣工验收报审表、工程质量评估报告等资料。

一、单位工程竣工验收报审表

本表用于单位（子单位）工程完成后，施工单位自检符合竣工验收条件后，向项目监理机构申请竣工验收。此表为《建设工程监理规范》中施工单位报审、报验用表 B. 0. 10。

1. 表格样式（见表 3-32）

表 3-32 单位工程竣工验收报审表

工程名称： 编号：

<table>
<tr><td>致：__________（项目监理机构）
我方已按合同要求完成__________工程，经自检合格，现将有关资料报上，请予以验收。
附件：1. 工程质量验收报告
2. 工程功能检验资料

施工单位(盖章)
项目经理(签字)
年 月 日</td></tr>
<tr><td>预验收意见：
经预验收，该工程合格/不合格，可以/不可以组织正式验收。

项目监理机构(盖章)
总监理工程师(签字、加盖执业印章)
年 月 日</td></tr>
</table>

2. 填写说明

（1）________工程 指施工合同签订的达到竣工要求的工程名称。

（2）附件 工程质量验收报告是指施工单位自检合格后填写的工程质量验收报告。

（3）审查意见 总监理工程师组织专业监理工程师按现行的单位（子单位）工程竣工验收的有关规定逐项进行核查，并对工程质量进行预验收，根据核查和预验收结果，按表式项目签署审查意见。如“不符合”，则应向施工单位列出不符合项目的清单和要求。

3. 单位（子单位）工程竣工应符合的条件

（1）按施工合同已完成了设计文件的全部内容，且单位（子单位）工程所含分部（子分部）工程的质量均已验收合格。

（2）质量控制材料完整。

（3）单位（子单位）工程所含分部工程有关安全、节能、环境保护和主要使用功能的检验资料完整。

（4）主要使用功能项目的抽查结果符合相关专业质量验收规范的规定。

（5）观感质量验收符合要求。

4. 工程竣工预验报验程序

（1）单位（子单位）工程完成后，施工单位要依据质量标准、设计图纸等组织有关人员自检，并对检测结果进行评定，符合要求后填写《单位工程竣工验收报审表》并附工程质量验收报告和工程功能检验资料报送项目监理机构，申请竣工预验收。

（2）总监理工程师组织各专业监理工程师对竣工资料进行核查：构成单位工程的各分部

工程均已验收，且质量验收合格；按《建筑工程施工质量验收统一标准》（GB/T 50300—2013）附录H（表H.0.1-2）和相关专业质量验收规范的规定，相关资料文件完整。

（3）涉及安全和使用功能的分部工程有关安全和功能检验资料，按《建筑工程施工质量验收统一标准》（GB/T 50300—2013）附录H（表H.0.1-3）逐项复查。不仅要全面检查其完整性（不得有漏检缺项）。而且对分部工程验收时补充进行的见证抽样检验报告也要复查。

（4）总监理工程师应组织各专业监理工程师会同施工单位对各专业的工程质量进行全面检查、检测，按《建筑工程施工质量验收统一标准》（GB/T 50300—2013）附录H（表H.0.1-4）进行观感质量检查，对发现影响竣工验收的问题，签发《监理通知单》，要求施工单位整改，施工单位整改完成，填报《监理通知回复单》，由专业监理工程师进行复查，直至符合要求。

（5）对需要进行功能试验的工程（包括单机试车和无负荷试车），专业监理工程师应督促施工单位及时进行试验，并对重要项目进行现场监督、检查，必要时请建设单位和设计单位参加。专业监理工程师应认真审查试验报告单。

（6）专业监理工程师应督促施工单位做好成品保护和现场清理。

（7）经项目监理机构对竣工资料及实物全面检查，验收合格后由总监理工程师签署《单位工程竣工验收报审表》和竣工报告。

（8）竣工报告经总监理工程师、监理单位法定代表人签字并加盖监理单位公章后，由施工单位向建设单位申请竣工。

（9）总监理工程师组织专业监理工程师编写工程质量评估报告。总监理工程师和工程监理单位技术负责人审核签字并加盖工程监理单位公章后报建设单位。

二、工程质量评估报告

工程质量评估报告为在由项目监理机构审查施工单位报送的竣工资料、组织有关单位对工程质量进行预验收、并在施工单位对预验收发现问题整改合格、总监理工程师签署工程竣工报验单的基础上提出的工程质量评估报告。

（1）工程质量评估报告是项目监理机构对被监理工程的单位（子单位）工程施工质量进行总体评价的技术性文件。

（2）工程质量评估报告由总监理工程师组织专业监理工程师编写，须经总监理工程师和工程监理单位技术负责人签字，并加盖工程监理单位公章。

（3）工程质量评估报告应包括下列主要内容：

① 工程概况。

② 工程各参建单位。

③ 工程质量验收情况：单位（子单位）工程所包含的分部（子分部）、分项工程，并逐项说明其工程质量验收情况；质量控制资料验收情况；工程所含分部工程有关安全和功能的检测验收情况及检测资料的完整性核查情况；观感质量验收情况。

④ 工程质量事故及处理情况。

⑤ 竣工资料审查情况。

⑥ 工程质量评估结论。

本章小结

本章知识结构如下所示：

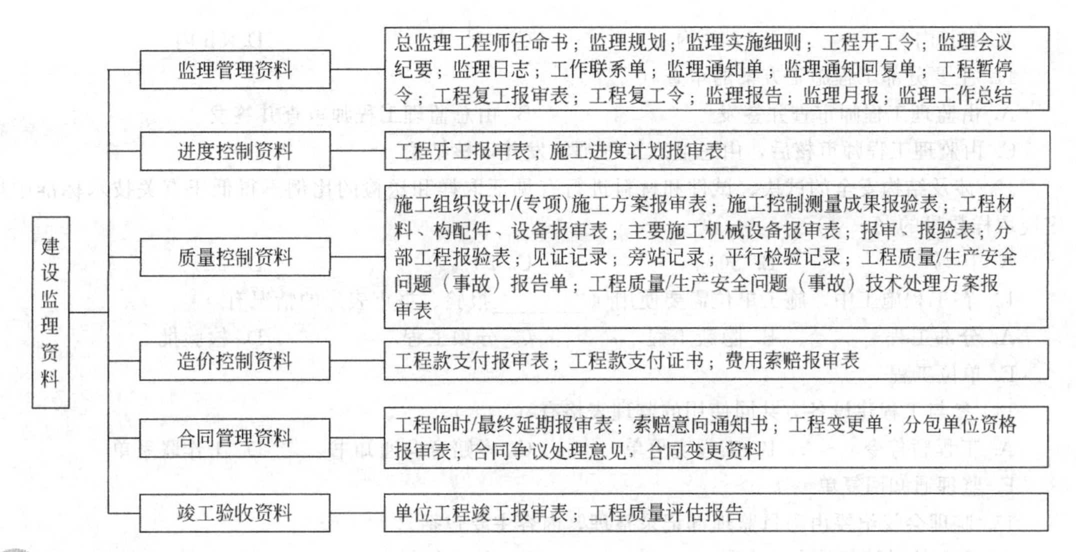

自测练习

一、选择题

1. 下列监理单位用表中，可由专业监理工程师签发的是（　）。

A. 工程临时延期审批表　　B. 工程最终延期审批表

C. 监理工作联系单　　D. 工程变更单

2.《建设工程监理规范》规定，《监理规划》应在签订委托监理合同及收到设计文件后开始编制，完成后必须经（　）审核批准。

A. 总监理工程师　　B. 监理工程师授权的专业监理工程师

C. 监理单位技术负责人　　D. 建设单位负责人

3.《建设工程监理规范》规定，施工过程中，总监理工程师应定期主持召开工地例会。会议纪要应由（　）负责起草，并经与会各方代表会签。

A. 总监理工程师　B. 项目监理机构　C. 建设单位　D. 施工单位

4. 在现场施工准备的质量控制中，项目监理机构对工程施工测量放线的复核控制工作应由（　）负责。

A. 监理单位技术负责人　　B. 现场监理员

C. 测量专业监理工程师　　D. 总监理工程师

5. 施工单位在接到《监理通知单》之后，根据通知中提到的问题，认真分析，制定措施，及时整改，并把整改结果填写（　）经项目经理签字，项目部盖章后，报项目监理部复查。

A. 整改单　B. 复查单　C. 联系函　D. 监理通知回复单

6. 工程竣工预验收合格后，由（　）向建设单位提交《工程质量评估报告》。

A. 总监代表　B. 监理工程师　C. 项目总监理工程师　D. 监理单位法人代表

7. 对于隐蔽工程、检验批、分项、分部（子分部）工程等验收，施工单位应在规定时间前填写（　）通知项目监理机构验收内容、验收时间和验收地点。

A. 便条形式　B. 口头形式　C. 监理通知回复单　D. 工作联系单

8. 主要用于混凝土工程浇捣施工、混凝土工程主体结构拆模的用表是（　）。

A. 监理通知单　B. 报验、报审表　C. 监理通知回复单　D. 工作联系单

9.《建设工程监理规程》中规定，第一次工地会议的会议记录要由哪方整理编印（　）。

A. 建设单位　B. 项目监理机构　C. 施工单位　D. 代建中心

10. 承包单位应根据监理单位制定的旁站监理方案，在需要实施旁站监理的关键部位、关键工序进行施工前多少时间内以书面形式通知项目监理部（　）。

A. 12h 内　　B. 24h 内　　C. 48h 内　　D. 8h 内

11. 主要分部工程施工方案的审查（　　）。

A. 由监理工程师审查并签发　　B. 由总监理工程师审查并签发

C. 由监理工程师审核后，由总监理工程师签发并审核结论

12. 涉及结构安全的试块、试件和材料进行有见证取样和送检的比例不得低于有关技术标准中规定应取样数量的（　　）。

A. 10%　　B. 30%　　C. 25%　　D. 20%

13. 在工程施工中，施工单位需要使用《________报验、报审表》的情况有（　　）。

A. 分部工程　　B. 隐蔽工程　　C. 分项工程　　D. 检验批

E. 单位工程

14. 参与工程建设各方共同使用的监理表格有（　　）。

A. 工程暂停令　　B. 工程变更单　　C. 索赔意向通知书　　D. 工作联系单

E. 监理通知回复单

15. 监理会议纪要由项目监理部记录整理，内容主要包括（　　）。

A. 例会的时间与地点、人员　　B. 会议内容

C. 会议决议　　D. 当月的监理小结

二、学习思考

1. 监理规划编制的内容要求有哪些？

2. 如何编制监理细则？

3. 监理日记应记录哪些内容？

4. 旁站监理记录如何填写？

5. 监理月报包括哪些内容？

三、案例分析训练

〖案例一〗

某监理公司通过投标的方式承担了某项一般房屋工程施工阶段的全方位监理工作，已办理了中标手续，并签订了委托监理合同，任命了总监理工程师，并按以下监理实施程序开展了工作。

（一）建立项目监理机构

1. 确定了本工程的质量、进度、投资控制目标为监理机构工作的目标。

2. 确定监理工作范围和内容：包括设计阶段和施工阶段。

3. 进行项目监理机构的组织结构设计。

4. 由总监代表组织专业监理工程师编制了建设工程监理规划。

（二）制定各专业监理实施细则

1. 各专业监理工程师仅以监理规划为依据编制了监理实施细则。

2. 总监代表批准了各专业的监理实施细则。

3. 各监理实施细则的内容是监理工作的流程、监理工作的方法及措施。

（三）规范化地开展监理工作

（四）参与验收、签署建设工程监理意见

（五）向建设单位提交建设工程档案资料

（六）进行监理工作总结

【问题】

1. 请指出在建立项目监理机构的过程中“确定工作范围和内容、编制监理规划”2 项工作中的不妥做法，并写出正确的做法。

2. 请指出在制定各专业监理实施细则的 3 项工作中的不妥之处，并写出正确的做法。

3. 试述监理工作总结的主要内容。

分析思考：本题主要考核学生对监理规划、监理实施细则及监理工作总结等相关知识的掌握程度。

〖案例二〗

某工程施工中，施工单位对将要施工的某分部工程提出疑问，认为原设计选用图集有问题，设计图不够详细，无法进行下一步施工。监理单位组织召开了技术方案讨论会（专题会议），会议由总监理工程师主持，建设、设计、施工单位参加。

【问题】

1. 会议纪要由谁整理?
2. 会议纪要主要内容有什么?
3. 会议上出现不同意见时，纪要中应该如何处理?
4. 纪要写完后如何处理?
5. 归档时该会议纪要是否应该列入监理文件? 保存期是哪类?

分析思考：本题主要考核学生对监理会议纪要相关知识的掌握程度。

第四章　施工资料

知识目标

- 了解：施工资料的管理流程。
- 理解：各种施工资料的作用。
- 掌握：施工资料的组成、各种资料的表式、要求及填表方法。

能力目标

- 能熟练填写各种施工资料表格，并正确运用施工资料表格开展工作。
- 能够熟练地对各种施工资料进行组卷。

施工资料是施工单位在工程施工过程中收集、形成的各种资料，主要包括施工管理资料、施工技术资料、进度造价资料、施工物资资料、施工记录、施工试验记录、施工质量验收记录、竣工验收资料八大类，是建筑工程资料的最重要组成部分。

第一节　施工资料管理流程

一、施工资料管理总流程

见图 4-1。

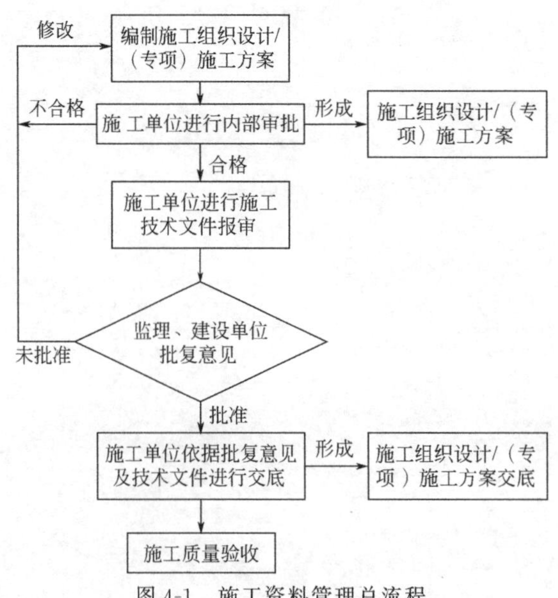

图 4-1　施工资料管理总流程

二、施工物资资料管理流程

见图 4-2。

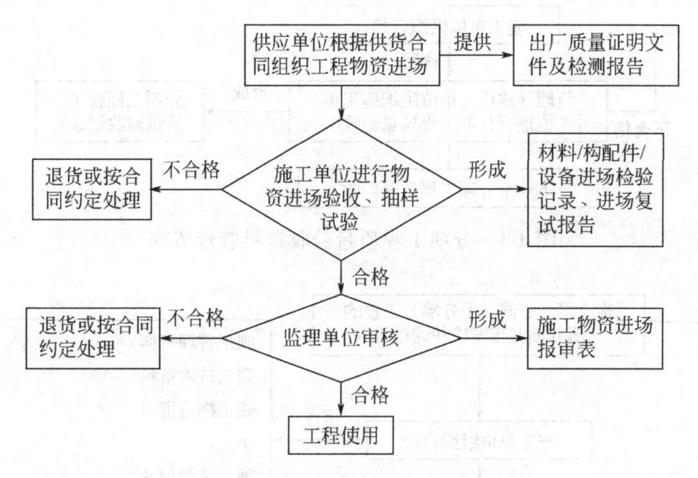

图 4-2 施工物资资料管理流程

三、检验批质量验收资料管理流程

见图 4-3。

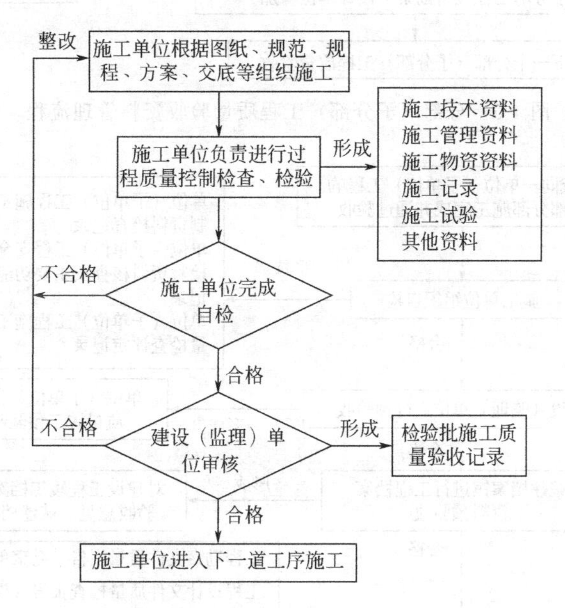

图 4-3 检验批质量验收资料管理流程

四、分项工程质量验收资料管理流程

见图 4-4。

五、分部（子分部）工程质量验收资料管理流程

见图 4-5。

六、单位（子单位）工程质量验收资料管理流程

见图 4-6。

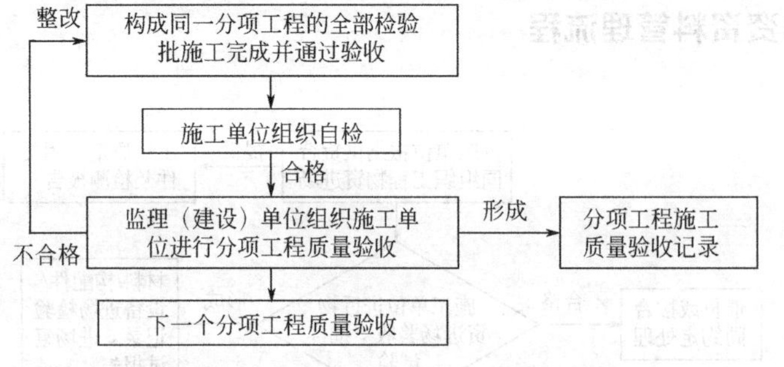

图 4-4　分项工程质量验收资料管理流程

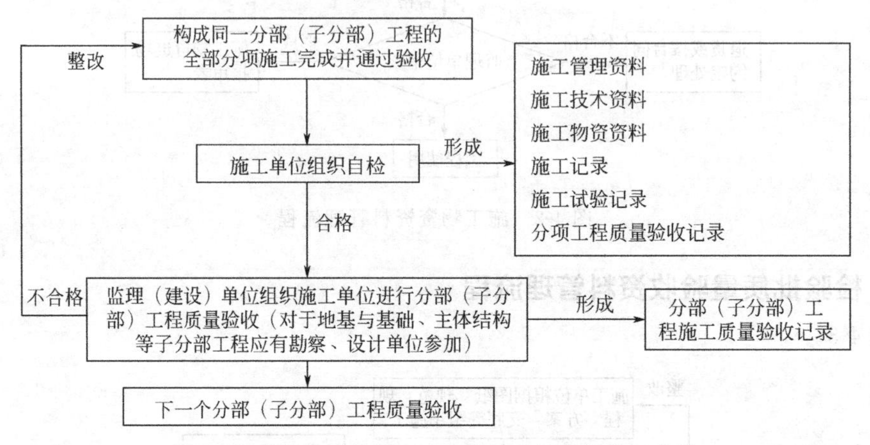

图 4-5　分部（子分部）工程质量验收资料管理流程

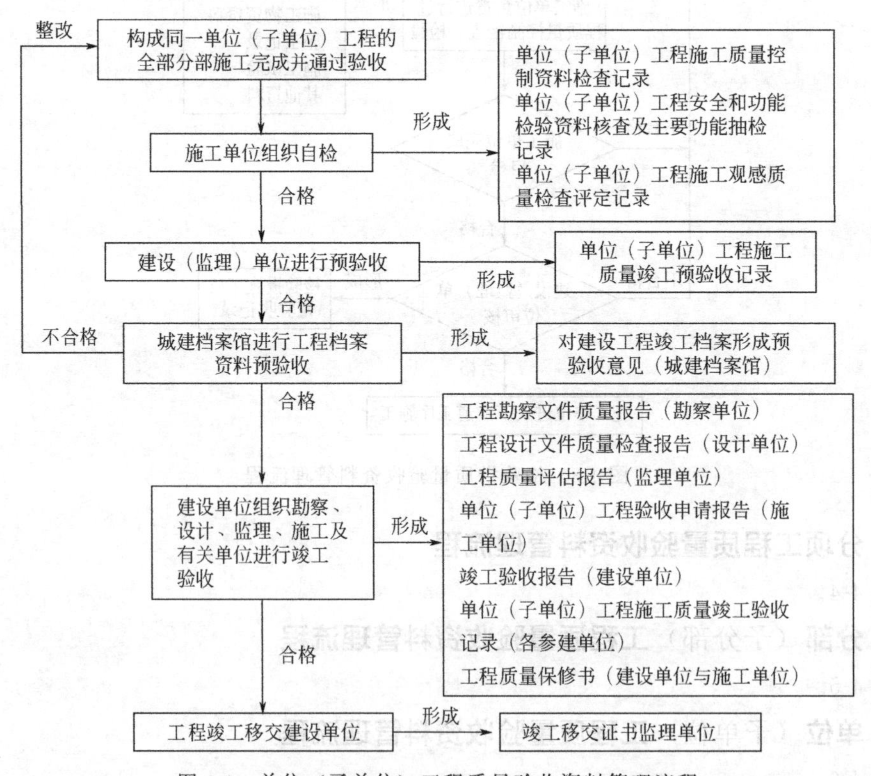

图 4-6　单位（子单位）工程质量验收资料管理流程

第二节　施工管理资料

施工管理资料是施工单位制定的管理制度，控制质量、安全、工期措施，对人员、物资组织管理等的资料。

施工管理资料主要包括开工报告、施工现场质量管理检查记录、企业资质证书及相关专业人员岗位证书、工程质量事故报告及工程质量事故处理记录、施工检测（试验）计划、施工日志等。

一、开工报告

开工报告是建设单位与施工单位共同履行基本建设程序的证明文件，是施工单位承建单位工程施工工期的证明文件。

1. 资料表格样式（见表 4-1）

表 4-1　开工报告

施工许可证号：　　　　　　　　　　　　　　　　　　　　　　　　　　编号：

<table>
<tr><td>工程名称</td><td colspan="3"></td><td colspan="2">结构类型</td><td></td><td>建设单位</td><td></td></tr>
<tr><td>工程地点</td><td></td><td colspan="2">建筑面积</td><td colspan="2">层数</td><td></td><td>施工单位</td><td></td></tr>
<tr><td>工程批准文号</td><td colspan="2"></td><td rowspan="7">开工条件说明</td><td colspan="3">施工图样会审情况</td><td colspan="2"></td></tr>
<tr><td>预算造价</td><td colspan="2"></td><td colspan="3">材料设备准备情况</td><td colspan="2"></td></tr>
<tr><td>计划开工日期</td><td colspan="2"></td><td colspan="3">施工现场质量管理检查情况</td><td colspan="2"></td></tr>
<tr><td>计划竣工日期</td><td colspan="2"></td><td colspan="3">三通一平情况</td><td colspan="2"></td></tr>
<tr><td>实际开工日期</td><td colspan="2"></td><td colspan="3">工程预算编审情况</td><td colspan="2"></td></tr>
<tr><td>合同工期</td><td colspan="2"></td><td colspan="3">施工队伍进场情况</td><td colspan="2"></td></tr>
<tr><td>合同编号</td><td colspan="2"></td><td colspan="3">施工机械进场情况</td><td colspan="2"></td></tr>
<tr><td rowspan="2">审核意见</td><td colspan="3">建设单位</td><td colspan="3">监理单位</td><td colspan="2">施工单位</td></tr>
<tr><td colspan="3">项目负责人：(公章)
年　月　日</td><td colspan="3">总监理工程师：(公章)
年　月　日</td><td colspan="2">单位负责人：(公章)
年　月　日</td></tr>
</table>

2. 相关规定及要求

开工报告一般由施工总承包单位填写，分包单位只填写工程开工报审表，并报项目监理机构审批。当工程直接从建设单位分包时，分包单位也要填写开工报告。

在具备了开工条件后，由施工单位生产部门填写开工报告，经施工单位（法人单位）的工程管理部门审核通过，法人代表或其委托人签字加盖法人单位公章，报请项目监理机构、建设单位审批，由项目监理机构总监理工程师、建设单位项目法人签字加盖公章，即可开工。

3. 表格填写说明

（1）工程名称　应填写全称，与施工合同上的单位工程名称一致。

（2）结构类型　以施工图中结构设计总说明为准。

（3）建筑面积　按实际施工的建筑面积填写。

（4）工程批准文号、预算造价、计划开工日期、计划竣工日期、合同编号　分别按建筑工程施工合同中的内容填写。

（5）实际开工日期　按工程正式破土动工的日期，即从开槽（坑）或破土进行打桩等地基处理开始。地基处理分包的，施工单位按其交接日期填写，应在开工报告审批后，按实际开工日期补填。

（6）合同工期　指甲乙双方在施工合同中明确的合同工期日历天数。

（7）开工条件说明　应根据建设单位、监理单位、施工单位所做的开工准备工作情况来填写。如：提供施工图样能否满足施工要求，是否经过自审和会审；材料准备能否满足施工需要和质量标准；施工现场质量管理检查是否合格；施工现场是否具备“三通一平”条件；工程预算造价是否编制完成；施工队伍和施工机械是否进场，是否满足施工需要等。

（8）审核意见　建设单位项目负责人、项目监理机构总监理工程师、施工单位负责人均需签字，注明日期并加盖单位公章。

4. 开工前应具备如下条件

（1）建设单位应使施工现场具备“三通一平”条件，场地平整，道路畅通，水源、电源接引至工地；与施工单位签订建设工程施工合同；并已向工程所在地建设行政主管部门领取施工许可证。

（2）总监理工程师对施工单位的资质、劳务资质、质量保证体系、现场项目负责人资质，技术负责人、质量员等管理人员进行了资质审查。对项目部质量管理体系、现场质量责任制、主要专业工种操作岗位证书、分包单位管理制度、图纸会审记录、地质勘察资料、施工技术标准、施工组织设计编制及审批、物资采购管理制度、施工设施和机械设备管理制度、计量设备配备、检测试验管理制度、工程质量检查验收制度等，进行了认真核查，并填写《施工现场质量管理检查记录》的验收结论且签字认可。

（3）施工单位应完成施工图样预审和参与会审；编制施工组织设计/(专项）施工方案，履行审批手续；编制工程预算；按施工材料需用量计划，准备钢材、水泥等主要材料和设备；按施工机具需用量计划，备好机械及工具；按劳动力需用量计划，组织施工队伍进场，并进行入场教育。

二、施工现场质量管理检查记录

施工现场质量管理检查记录是健全的质量管理体系的具体体现，是施工单位在工程开工后提请项目监理机构对有关制度、技术组织与管理、质量管理体系等进行检查与确认。

1. 资料表格样式（如表 4-2）

2. 相关规定及要求

（1）可直接将有关资料的名称写上，资料较多时，也可将有关资料进行编号，将编号填写上，注明份数。

（2）本表由施工单位的现场负责人在工程开工前填写，填写之后，将有关文件的原件或复印件附在后边，请总监理工程师（建设单位项目负责人）验收核查。检查验收不合格，施工单位必须限期改正。验收核查后返还施工单位，并签字认可。

（3）通常情况下一个工程的一个标段或一个单位工程只检查一次，如分段施工、人员更换，或管理工作不到位时，可再次检查。

3. 表头部分填写说明

（1）参与工程建设各方责任主体的概况，由施工单位的现场负责人填写。

表 4-2　施工现场质量管理检查记录

开工日期：　　　　　　　　　　　　　　　　　　　　　　　　　　　　　编号：

工程名称			施工许可证号		
建设单位			项目负责人		
设计单位			项目负责人		
监理单位			总监理工程师		
施工单位		项目负责人		项目技术负责人	

序号	项　目	主　要　内　容
1	项目部质量管理体系	
2	现场质量责任制	
3	主要专业工种操作岗位证书	
4	分包单位管理制度	
5	图纸会审记录	
6	地质勘察资料	
7	施工技术标准	
8	施工组织设计、施工方案编制及审批	
9	物资采购管理制度	
10	施工设施和机械设备管理制度	
11	计量设备配备	
12	检测试验管理制度	
13	工程质量检查验收制度	

自检结果： 施工单位项目负责人：　　年　月　日	检查结论： 总监理工程师：　　年　月　日

(2)“工程名称”栏要填写工程的全称，有多个单位工程的小区或群体工程要填到单位工程。

(3)“施工许可证号”栏填写当地建设行政主管部门批准发给的施工许可证（开工证）的编号。

(4)“建设单位”栏填写合同文件的甲方，单位名称写全称，与合同签章上的单位名称相一致。建设单位“项目负责人”栏应填合同书上签字人或签字人以文字形式委托的代表，即工程的项目负责人。工程完工后竣工验收备案表中的单位项目负责人应与此一致。

(5)“设计单位”栏填写设计合同中签章单位的名称，其全称应与印章上的名称一致。设计单位“项目负责人”栏，应是设计合同书签字人或签字人以文字形式委托的该项目负责人，工程完工后竣工验收备案表中的单位项目负责人应与此一致。

(6)“监理单位”栏填写单位全称，应与合同或协议书中的名称一致。“总监理工程师”栏应是合同或协议书中明确的项目监理负责人。

(7)“施工单位”栏　填写施工合同中签章单位的全称，与签章上的名称一致。“项目负责人”栏、“项目技术负责人”栏与合同中明确的项目负责人、项目技术负责人一致。

表头部分可统一填写，不需具体人员签名，只是明确了相关人员的地位。

4. 检查项目部分填写说明

填写各项检查项目文件的名称或编号，并将文件（复印件或原件）附在表的后面供检查，检查后应将文件归还。

（1）项目部质量管理体系

①核查现场质量管理制度内容是否健全、有针对性、时效性等。

②质量管理体系是否建立，是否持续有效。

③各级专职质量检查人员的配备。

如填写：质量例会制度、月评比及奖罚制度、三检及交接检制度、质量与经济挂钩制度，有健全的生产控制和合格控制的质量管理体系。

（2）现场质量责任制　质量责任制是否具体及落实到位。

如填写：岗位责任制，设计交底会制度，技术交底制度，挂牌制度，责任明确，手续齐全。

（3）主要专业工种操作岗位证书　核查主要专业工长操作上岗证书是否齐全和符合要求。

如填写：测量工、钢筋工、木工、混凝土工、电工、焊工、起重工、架子工等主要专业工种操作上岗证书齐全。

（4）分包单位管理制度　审查分包方资质是否符合要求；分包单位的管理制度是否健全。

如填写：有分包管理制度，具体要求清晰，管理责任明确。

（5）图纸会审记录　审查设计交底、图纸会审工作是否已完成。

如填写：审查设计交底、图纸会审工作已完成，资料齐全，已四方确认。

（6）地质勘察资料　地质勘查资料是否齐全。

（7）施工技术标准　施工技术标准是否满足本工程的使用。

（8）施工组织设计、施工方案编制及审批　施工组织设计、施工方案编制及审批的管理制度必须完备，编制、审核、批准各环节责任到岗，并必须符合有关规范的规定。

（9）物资采购管理制度　制度应合理可行，物资供应方应符合工程对物资质量、供货能力的要求。

（10）施工设施和机械设备管理制度　应对施工设施的设计、建造、验收、使用、拆除和机械设备的使用、运输、维修、保养建立严格的管理制度，并应全面落实。

（11）计量设备配备　对现场搅拌设备（含计量设备）和商品混凝土生产厂家的计量设备进行检查，设备是否先进可靠，计量是否准确。

（12）检测试验管理制度　工程质量检测试验制度应符合相关标准规定，并应按工程实际编制检测试验计划，监理审核批准后，按计划实施。

（13）工程质量检查验收制度　施工现场必须建立工程质量检查验收制度，制度必须符合法规、标准的规定，并应严格贯彻落实，以确保工程质量符合设计要求和标准规定。

（14）自检结果　由施工单位项目负责人建立和落实施工现场各项质量管理制度，自检达到开工要求后，向总监理工程师申报。

（15）检查结论　由总监理工程师填写。总监理工程师对施工单位报送的各项资料进行验收核查，验收核查合格后，签署认可意见。“检查结论”要明确，是符合要求还是不符合要求。如总监理工程师或建设单位项目负责人验收核查不合格，施工单位必须限期改正，否则不准许开工。

三、企业资质证书及相关专业人员岗位证书

1. 企业资质文件应包括资质证书、企业法人营业执照

（1）核查企业资质证书是否在有效期内，不允许归档保存过期、未经年检（复验）的资

质证明文件。

（2）企业资质文件反映的单位名称应与合同文件中的名称相吻合。

（3）外地施工企业应具有当地建设行政管理部门核发的施工许可证手续。

（4）企业资质文件复印件应加盖存放单位红章。

2. 岗位证书核查注意事项

（1）专业工种操作工人、现场专职管理人员均应具有岗位证书。

（2）专业工种包括：焊工、防水工、测量工等；现场专职管理人员包括：工长、质量员、资料员、测量员、安全员、材料员、试验员、技术员（无需岗位证书）。

（3）核查岗位证书是否在有效期内，不允许归档保存过期的，未经年审（复验）的岗位证书。

（4）核查岗位证书的核发机构，应为建设行政主管部门或由政府认可的考核管理部门。

（5）岗位证书的复印件应加盖存放单位红章。

四、工程质量事故报告及工程质量事故处理记录

工程质量事故是指在工程建设中或在交付使用后，因勘察、设计、施工等过失造成工程质量不符合有关技术标准、设计文件以及施工合同规定的要求，必须加固、返工、报废及造成人身伤亡或者重大经济损失的事故。对其发生情况及处理的记录形成工程质量事故报告和工程质量事故处理记录。

1. 资料表格形式（见表 4-3、表 4-4）

表 4-3　工程质量事故报告

编号：

工程名称		施工单位	（公章）		
建设单位		设计单位			
结构类型		建筑面积、工程造价	m^2，　万元		
事故部位		报告日期			
事故发生日期		事故等级			
事故责任单位		事故性质			
直接责任者		职务		预计损失	
事故经过和原因分析：					
事故初步处理意见：					
单位技术负责人：		专业技术负责人：		项目负责人：	

表 4-4　工程质量事故处理记录

年　月　日　　　　　　　　　　　　　　　　　　　　　　　　　编号：

工程名称		事故部位	
事故简况			
预计损失	建筑：　材料设备：　人工费：　伤亡：　其他：		
事故处理经过：			
事故处理结果：			

验收意见栏	建设单位	监理单位	设计单位	施工单位
	项目负责人： （公章） 年　月　日	总监理工程师： （公章） 年　月　日	项目负责人： （公章） 年　月　日	项目负责人： （公章） 年　月　日

2. 相关规定及要求

（1）工程质量事故按其严重程度，分为重大质量事故和一般质量事故。参见建设部（工程建设重大事故报告和调查程序规定）和有关问题的说明。

（2）发生质量事故后，工程负责人应组织填写质量事故报告和工程质量事故处理记录。

重大质量事故应在事故发生 24h 内写出书面报告，逐级上报；一般质量事故可按各单位的规定每月汇总上报。

（3）工程质量事故报告、工程质量事故处理记录填写要求

① 工程质量事故报告日期填写填表日期，事故发生部位、直接责任人按实际情况填写。

②“事故性质”　按技术问题（事故）还是责任问题（事故）分类填写，“事故等级”按重大事故或一般事故分类填写。

③ 事故经过和原因分析　要填事故发生经过及事故发生的主要原因。事故原因包括设计原因（计算错误、构造不合理等），施工原因（施工粗制滥造，材料、构配件质量低劣等），设计与施工的共同问题，不可抗力等。

④ 预计损失　是指因质量事故导致的材料、设备、建筑和人员伤亡等预计损失费用。

⑤ 事故初步处理意见　填写事故发生后采取的紧急防护措施以及需制定的事故处理方案，对责任单位、责任人的处理意见。

⑥ 事故处理结果　填写质量事故经处理后，工程实体质量是否符合事故处理方案的要求，是否满足工程原来对结构安全和使用功能的要求。

⑦ 事故处理后由监理（建设）、设计、施工单位技术负责人共同对事故处理结果进行验收，填写验收意见并签字盖章。

⑧ 工程质量事故报告　应由施工单位技术负责人、施工项目负责人、专业技术负责人共同签字，并加盖施工单位公章。

⑨ 工程质量事故处理记录应由施工项目负责人、专业技术负责人、质检员、施工工长签字。

五、施工检测（试验）计划

单位工程施工前，施工单位项目技术负责人应组织有关人员编制施工检测（试验）计划，并报送项目监理机构。施工检测（试验）计划的编制应科学、合理，保证取样的连续性和均匀性。计划的实施和落实应由项目技术负责人负责。

(1) 施工检测（试验）计划一般应包括的内容

① 工程概况。

② 编制依据。

③ 施工试验准备。

④ 施工检测（试验）方案　检测试验项目名称；检测试验参数；试验规格；代表批量；施工部位；计划检测试验时间。

(2) 施工检测计划编制应依据国家有关标准的规定和施工质量控制的需要，并应符合以下规定：

① 材料和设备的检验试验应依据预算量、进场计划及相关标准规定的抽检率确定抽检频次；

② 施工过程质量检测试验应依据施工流水段划分、工程量、施工环境及质量控制的需要确定抽检频次；

③ 工程实体质量与使用功能检测应按照相关标准的要求确定检测频次；

④ 计划检测试验时间应根据工程施工进度确定。

(3) 发生下列情况之一并影响施工检测计划实施时，应及时调整检测计划：

① 设计变更；

② 施工工艺改变；

③ 施工进度调整；

④ 材料和设备的规格、型号或数量变化；

⑤ 调整后的检测试验计划应重新进行审查。

六、施工日志

施工日记也叫施工日志，是在建筑工程整个施工阶段的施工组织管理、施工技术等有关施工活动和现场情况变化的真实的综合性记录，也是处理施工问题的备忘录和总结施工管理经验的基本素材，是工程交（竣）工验收资料的重要组成部分。

1. 资料表格样式（见表 4-5）

2. 相关规定及要求

(1) 施工日志应以单位工程为记载对象，从工程开工起至工程竣工止逐日记录。如工程施工期间有间断，应在日志中加以说明，可以在停工最后一天或复工第一天日志中描述。

(2) 按不同专业（建筑与结构、给排水、电气、通风与空调、智能）指定专业工长负责记录，保证内容真实、连续和完整。

(3) 停水、停电一定要记录清楚起止时间，停水、停电时正在进行什么工作，是否造成损失。

3. 施工日志内容

(1) 出勤人数、操作负责人　出勤人数一定要分工种记录，并记录工人的总人数。

(2) 气温　可记为××～××℃。

表 4-5 施工日志

编号：

<table>
<tr><td>工程名称</td><td colspan="2"></td><td>日期</td><td></td></tr>
<tr><td>分部(分项)工程</td><td colspan="2"></td><td>施工班组</td><td></td></tr>
<tr><td colspan="2">出勤人数</td><td>全天气候</td><td colspan="2">气温</td></tr>
<tr><td>工种及人数</td><td colspan="2">工种及人数</td><td>白天</td><td>夜间</td></tr>
<tr><td></td><td colspan="2"></td><td></td><td></td></tr>
<tr><td>当日施工内容</td><td colspan="2">质量检查情况</td><td>操作负责人</td><td>质检员</td></tr>
<tr><td></td><td colspan="2"></td><td></td><td></td></tr>
<tr><td></td><td colspan="2"></td><td></td><td></td></tr>
<tr><td></td><td colspan="2"></td><td></td><td></td></tr>
<tr><td colspan="5">存在问题及处理办法：</td></tr>
<tr><td>设计变更、技术交底</td><td colspan="4"></td></tr>
<tr><td>隐蔽工程验收情况</td><td colspan="4"></td></tr>
<tr><td>材料、设备进场情况</td><td colspan="4"></td></tr>
<tr><td>材料检验、试块留置</td><td colspan="4"></td></tr>
<tr><td>材料、机械使用情况</td><td colspan="4"></td></tr>
<tr><td>安全</td><td colspan="4"></td></tr>
<tr><td>工序交接检查情况</td><td colspan="4"></td></tr>
<tr><td>其他</td><td colspan="4"></td></tr>
<tr><td>施工单位</td><td colspan="2"></td><td>记录人</td><td></td></tr>
</table>

(3) 施工部位应写清楚分部（分项）工程名称和轴线、楼层等。

(4) 质量检查情况　当日混凝土浇筑及成型、钢筋安装及焊接、砖砌体、模板安拆、抹灰、屋面工程、楼地面工程、装饰工程等的质量检查和处理记录；混凝土养护记录，砂浆、混凝土外加剂掺用量；质量事故原因及处理方法，质量事故处理后的效果验证。

(5) 设计变更、技术交底　设计变更、技术核定通知及执行情况；施工任务交底、技术交底及执行情况。

(6) 隐蔽工程验收情况　应写明隐蔽的内容、部位、验收人员、验收结论等。

(7) 材料进场、送检情况　应写明批号、数量、生产厂家以及进场材料的验收情况，以后补上送检后的检验结果。

(8) 试块制作情况　应写明试块名称、楼层、轴线、试块组数。

(9) 安全　记录安全检查情况及安全隐患处理（纠正）情况。

(10) 机械使用情况　记录施工机械故障及处理情况。

(11) 有关领导、主管部门或各种检查组对工程施工技术、质量、安全方面的检查意见和决定。

第三节 施工技术资料

施工技术资料是施工单位用以指导、规范和科学化施工的资料。施工技术资料主要包括施工组织设计及施工方案、危险性较大分部分项工程施工方案专家论证表、技术交底记录、图样会审记录、设计变更通知单、工程洽商记录六个方面资料。

一、施工组织设计及施工方案

施工组织设计是指承包单位开工前为工程所做的施工组织、施工工艺、施工计划等方面的设计，是指导拟建工程施工过程中各项活动的技术、经济和组织的综合性文件。

1. 相关规定及要求

(1) 施工组织设计内容要齐全，步骤清楚，层次分明，反映工程特点，有保证工程质量的技术措施。

(2) 施工组织设计、施工方案一般由项目技术负责人组织相关人员编写，经项目负责人审核后，交公司技术负责人批准，最后报送项目总监理工程师审批。

(3) 对一些精、尖特殊工程项目施工组织设计、施工方案，项目经理部难以或无力单独完成的，则可由项目上一级主管部门组织完成。

(4) 专业分包工程施工组织设计、施工方案的编制工作，应由专业分包单位自行负责完成。

2. 施工组织设计的内容

(1) 工程概况　包括工程特点、建设地点、环境特征、施工条件、项目管理特点等内容。

(2) 施工部署　包括项目的质量、进度、成本及安全目标，拟投入的最高人数和平均人数，分包计划，劳动力使用计划，材料供应计划，机械设备供应计划，施工程序，项目管理总体安排。

(3) 施工方案　单位工程应按照《建筑工程施工质量验收统一标准》GB 50300—2013中分部、分项工程的划分原则，对主要分部、分项工程制定施工方案；对脚手架工程、起重吊装工程、临时用水用电工程、季节性施工等专项工程所采用的施工方案应进行必要的验算和说明，包括施工阶段划分、施工顺序、施工工艺、方法和施工机械的选择、安全施工、环境保护的内容。

(4) 施工进度计划　包括施工总进度计划、单位工程施工进度计划。施工进度计划可采用网络计划或横道图表示，并附必要说明；对于工程规模较复杂的工程，采用网络计划表示。

(5) 资源需求计划　包括劳动力需求计划，主要材料和周转材料需求计划，机械设备需求计划，预制品订货和需求计划，大型工具、器具需求计划。

(6) 施工准备工作计划　包括施工准备工作组织及时间安排，技术准备及质量计划，施工现场准备，管理人员和作业队伍的准备，物资、资金的准备。

(7) 施工现场平面布置　包括施工平面布置图及说明。施工现场平面布置图应包括：工程施工场地状况；拟建建（构）筑物的位置、轮廓尺寸、层数等；工程施工现场的加工设施、存储设施、办公和生活用房等的位置和面积；布置在工程施工现场的垂直运输设施、供电设施、供水供热设施、排水排污设施和临时施工道路等；施工现场必备的安全、消防、保卫和环境保护等设施；相邻的地上和地下既有建（构）筑物及相关环境。

（8）施工技术组织措施：包括保证进度目标的措施，保证质量目标的措施，保证安全目标的措施，保证成本目标的措施，保证季节施工的措施，保护环境、文明施工的措施。

（9）项目风险管理计划：包括风险因素识别，风险可能出现的概率及损失值估计，风险管理重点，风险防范对策，风险管理责任。

（10）项目信息计划：包括与项目组织相适应的信息流通系统的建立，以及项目管理软件的应用。

（11）职业健康安全与环境管理计划。

（12）技术经济指标：包括指标水平高低的分析和评价，以及实施难点和对策。

二、危险性较大分部分项工程施工方案专家论证表

危险性较大的分部分项工程是指建筑工程在施工过程中存在的、可能导致作业人员群死群伤或造成重大不良社会影响的分部分项工程。

危险性较大的分部分项工程安全专项施工方案（以下简称“专项方案”），是指施工单位在编制施工组织（总）设计的基础上，针对危险性较大的分部分项工程单独编制的安全技术措施文件。

超过一定规模的危险性较大的分部分项工程专项方案应当由施工单位组织召开专家论证会。危险性较大分部分项工程施工方案专家论证表样式见表 4-6。

表 4-6　危险性较大分部分项工程施工方案专家论证表

<table>
<tr><td colspan="2">工程名称</td><td colspan="2"></td><td colspan="2">编　号</td><td></td></tr>
<tr><td colspan="2">施工总承包单位</td><td colspan="2"></td><td colspan="2">项目负责人</td><td></td></tr>
<tr><td colspan="2">专业承包单位</td><td colspan="2"></td><td colspan="2">项目负责人</td><td></td></tr>
<tr><td colspan="2">分项工程名称</td><td colspan="5"></td></tr>
<tr><td colspan="7">专家一览表</td></tr>
<tr><td>姓名</td><td>性别</td><td>工作单位</td><td>职务</td><td>职称</td><td>专业</td><td>联系电话</td></tr>
<tr><td></td><td></td><td></td><td></td><td></td><td></td><td></td></tr>
<tr><td></td><td></td><td></td><td></td><td></td><td></td><td></td></tr>
<tr><td></td><td></td><td></td><td></td><td></td><td></td><td></td></tr>
<tr><td></td><td></td><td></td><td></td><td></td><td></td><td></td></tr>
<tr><td></td><td></td><td></td><td></td><td></td><td></td><td></td></tr>
<tr><td colspan="7">专家论证意见：

年　月　日</td></tr>
<tr><td colspan="2">签字栏</td><td colspan="5">组长：
专家：</td></tr>
</table>

1. 相关规定及要求

建筑工程实行施工总承包的，专项方案应当由施工总承包单位组织编制，并由施工总承

包单位组织召开专家论证会。其中，起重机械安装拆卸工程、深基坑工程、附着式升降脚手架等专业工程实行分包的，其专项方案可由专业承包单位组织编制。

2. 专项方案编制应当包括的内容

(1) 工程概况 危险性较大的分部分项工程概况、施工平面布置（包括因工程施工可能影响的周边建筑物情况）、施工要求和技术保证条件。

(2) 编制依据 相关法律、法规、规范性文件、标准、规范及施工图纸（包括国标图集）、施工组织设计等。

(3) 施工计划 包括施工进度计划、材料与设备计划。

(4) 施工工艺技术 技术参数、工艺流程、施工方法、检查验收等。

(5) 施工质量、安全保证措施 组织保障、技术措施、应急预案、监测监控等。

(6) 文明施工措施 描述现场安全文明施工、环境保护措施。

(7) 劳动力计划 专职质量与安全生产管理人员、特种作业人员等。

(8) 计算书及相关图纸。

3. 编审程序

专项方案应当由施工单位技术部门组织本单位施工技术、安全、质量等部门的专业技术人员进行审核。经审核合格的，由施工单位技术负责人签字。实行施工总承包的，专项方案应当由总承包单位技术负责人及相关专业承包单位技术负责人签字。

不需专家论证的专项方案，经施工单位审核合格后报监理单位，由项目总监理工程师审核签字。

4. 参加专家论证会的人员

(1) 专家组成员。

(2) 建设单位项目负责人或技术负责人。

(3) 监理单位项目总监理工程师及相关人员。

(4) 施工单位分管安全的负责人、技术负责人、项目负责人、项目技术负责人、专项方案编制人员、项目专职安全生产管理人员。

(5) 勘察、设计单位项目技术负责人及相关人员。

5. 专家论证的主要内容

(1) 专项方案内容是否完整、可行。

(2) 专项方案计算书和验算依据是否符合有关标准规范。

(3) 安全施工的基本条件是否满足现场实际情况。

专项方案经论证后，专家组应当提交论证报告，对论证的内容提出明确的意见，并在论证报告上签字。该报告作为专项方案修改完善的指导意见。

【链接】超过一定规模的危险性较大的分部分项工程范围

1. 深基坑工程

(1) 开挖深度超过 5m（含 5m）的基坑（槽）的土方开挖、支护、降水工程。

(2) 开挖深度虽未超过 5m，但地质条件、周围环境和地下管线复杂，或影响毗邻建筑（构筑）物安全的基坑（槽）的土方开挖、支护、降水工程。

2. 模板工程及支撑体系

(1) 工具式模板工程 包括滑模、爬模、飞模工程。

(2) 混凝土模板支撑工程 搭设高度 8m 及以上；搭设跨度 18m 及以上；施工总荷载 15kN/m^2 及以上；集中线荷载 20kN/m 及以上。

(3) 承重支撑体系 用于钢结构安装等满堂支撑体系，承受单点集中荷载 700kg 以上。

3. 起重吊装及安装拆卸工程

(1) 采用非常规起重设备、方法，且单件起吊重量在100kN及以上的起重吊装工程。

(2) 起重量300kN及以上的起重设备安装工程；高度200m及以上内爬起重设备的拆除工程。

4. 脚手架工程

(1) 搭设高度50m及以上落地式钢管脚手架工程。

(2) 提升高度150m及以上附着式整体和分片提升脚手架工程。

(3) 架体高度20m及以上悬挑式脚手架工程。

5. 拆除、爆破工程

(1) 采用爆破拆除的工程。

(2) 码头、桥梁、高架、烟囱、水塔或拆除中容易引起有毒有害气（液）体或粉尘扩散、易燃易爆事故发生的特殊建、构筑物的拆除工程。

(3) 可能影响行人、交通、电力设施、通信设施或其他建、构筑物安全的拆除工程。

(4) 文物保护建筑、优秀历史建筑或历史文化风貌区控制范围的拆除工程。

6. 其他

(1) 施工高度50m及以上的建筑幕墙安装工程。

(2) 跨度大于36m及以上的钢结构安装工程；跨度大于60m及以上的网架和索膜结构安装工程。

(3) 开挖深度超过16m的人工挖孔桩工程。

(4) 地下暗挖工程、顶管工程、水下作业工程。

(5) 采用新技术、新工艺、新材料、新设备及尚无相关技术标准的危险性较大的分部分项工程。

三、技术交底记录

技术、安全交底是施工企业管理的一项重要环节和制度，是把设计要求、施工措施、安全技术措施贯彻到基层实际操作人员的一项技术管理方法。

1. 资料表格样式（如表4-7）

表4-7 技术、安全交底记录

编号：

工程名称		交底日期	年 月 日		
施工单位		交底项目	共 页，第 页		
交底内容：					
审核人		交底人		接受交底人	

2. 相关规定及要求

(1) 有关技术人员应认真审阅、熟悉施工图纸，全面明确设计意图，严格执行施工验收规范及安全措施要求，制定符合施工组织设计和施工方案要求的交底。

(2) 技术、安全交底是解决在图纸会审中存在的问题，制定的安全技术措施进行技术交底。交底应根据工程性质、类别和技术复杂程度分级进行。如：从企业到部门及项目经理部，到专业工长，再到班组长分级进行分部、分项工程交底。

(3) 交底内容应清楚，责任制明确，在施工过程中应反复检查技术交底落实情况，加强施工监督。交底人和接受交底人签字应齐全。

3. 交底的过程和方法

(1) 施工单位从进场开始交底，包括临建现场布置，水电临时线路敷设及各分项、分部工程。

(2) 交底时应注意关键项目、重点部位，新技术、新材料项目，要结合操作要求、技术规定及注意事项，细致、反复交代清楚，以真正达到设计、施工意图。

(3) 交底的方法可采用书面交底，也可采用会议交底、样板交底和挂牌交底。要交任务、交操作规程、交施工方法、交质量、交安全、交定额，定质、定量、定责任，做到任务明确到人。

4. 交底的具体内容

(1) 图样交底的主要内容

① 包括工程的设计要求，地基基础、主要结构和建筑的特点、构造做法与要求，抗震处理，图样的轴线、标高、尺寸，预留孔洞、预埋件等具体细节，以及砂浆、混凝土、砖等材料和强度要求、使用功能等。做到掌握设计关键，认真按图施工。

② 暖、卫安装分项工程技术交底内容　包括施工前的准备、施工工艺要求、质量验收标准、成品保护要求，注意可能出现的问题。

③ 电气安装分项工程技术交底内容　包括施工前的准备、操作工艺要求、质量标准、成品保护、应注意的质量问题。

④ 通风空调分项工程技术交底内容　包括施工前的准备、系统的技术要求、图样关键部位尺寸、位置、标高、质量要求、施工方法、工种之间交叉配合、设备安装注意事项、成品保护及可能出现的问题。

(2) 施工组织设计交底的内容　应由项目技术负责人主持，将施工组织设计的全部内容向施工管理人员进行交底。主要包括：明确工程特点、整体施工部署、任务划分、施工进度要求；阐述主要施工方法，明确主要工种搭接关系；确定质量目标及技术要求；明确施工准备工作，对劳动力、机具、材料、现场环境提出明确要求；明确安全文明施工的措施及各项管理制度。

(3) 设计变更和洽商交底的内容　应由项目技术部门根据变更要求，并结合具体施工步骤、措施及注意事项等对专业负责人进行交底，便于在施工中正确执行。

(4) 分项工程技术交底的内容　应由专业工长对专业施工班组（或专业分包）、操作人员进行交底。主要包括明确施工部位、使用材料品种、质量标准及技术安全措施；明确施工工序及施工作业条件、施工机具；明确质量预控措施；明确本工种及相关工种间的成品保护措施；明确施工工艺具体操作要求，使操作人员依据交底可以完成分项工程。

(5) 安全交底的内容　包括工程项目的施工特点和危险点及针对危险点的具体预防措施，应注意的安全事项，相应的安全操作规程和标准，发生事故后及时采取的避难和应急措施等。必须实行逐级安全技术交底，纵向延伸到班组全体作业人员。

四、图样会审记录

图样会审记录是对已正式签署的设计文件进行交底、审查和会审，对提出的问题予以记录的技术文件。

图样会审的目的是领会设计意图、明确技术要求，发现设计图样中的差错与问题，提出修改与洽商意见，使之改正在施工开始之前。

1. 资料表格样式（如表 4-8）

表 4-8　图样会审记录

编号：

<table>
<tr><td colspan="2">工程名称</td><td></td><td>专业名称</td><td colspan="2"></td></tr>
<tr><td colspan="2">建设单位</td><td></td><td>会审日期</td><td colspan="2"></td></tr>
<tr><td colspan="2">主持人</td><td></td><td>会审地点</td><td colspan="2"></td></tr>
<tr><td rowspan="6">参加人员</td><td>姓　名</td><td>工作单位</td><td>职　务</td><td colspan="2">联系电话</td></tr>
<tr><td></td><td></td><td></td><td colspan="2"></td></tr>
<tr><td></td><td></td><td></td><td colspan="2"></td></tr>
<tr><td></td><td></td><td></td><td colspan="2"></td></tr>
<tr><td></td><td></td><td></td><td colspan="2"></td></tr>
<tr><td></td><td></td><td></td><td colspan="2"></td></tr>
<tr><td colspan="2">记 录 内 容</td><td colspan="4">记录人：</td></tr>
<tr><td colspan="2">建设单位
（签章）
代表：</td><td>设计单位
（签章）
代表：</td><td colspan="2">项目监理机构
（签章）
代表：</td><td>施工单位项目部
（签章）
代表：</td></tr>
</table>

2. 相关规定及要求

（1）图样会审会议一般由建设单位组织设计、监理、施工单位的项目相关负责人参加，设计单位对各专业问题进行口头或书面交底，施工单位负责将设计交底内容按专业汇总、整理，形成图样会审记录。不得将不同专业的图样问题办理在同一份图样会审记录中。

（2）图样会审记录应逐条注明修改图样的图号，必要时应附施工图。图样问题涉及若干张图样的，应逐一注明图号，不得遗漏。

（3）图样会审记录应由建设、设计、监理和施工单位的项目相关负责人签认，设计单位应由专业负责人签字。其他单位应由项目技术负责人或相关专业负责人签字。

（4）图样会审属于正式设计文件，不得擅自在会审记录上涂改或变更内容。

3. 会审过程

各单位各专业先进行内部预审，提出问题，会审时逐一解决；会审时一般问题经设计单位同意的，可在会审记录中注释进行修改，并办理手续，较大的问题必须由建设或监理、设计和施工单位洽商，由设计单位修改，经监理单位同意后向施工单位签发设计变更图或设计变更通知单方为有效，如果设计变更影响了建设规模和投资方向，要报请批准初步设计的单位同意后方准修改。

4. 会审的主要内容

（1）图纸的合法性　是否无证设计、越级设计、是否正式签章等。

（2）图纸资料是否齐全　包括地质勘察资料、各专业图纸都要齐全，剖面、详图、设计说明是否足以说明问题等。

（3）设计图纸的正确性　各专业图纸本身是否正确，是否有遗漏，各施工构造、尺寸、标高位置是否正确，钢筋图中表示方法是否清楚等。

（4）各类专业图纸之间是否吻合　如建筑图与结构图尺寸是否一致，总平面图与各施工图是否尺寸、标高、位置一致；工业管道、电气线路、设备装置、运输道路与建筑物之间是否有矛盾等。

（5）施工的可行性　如地基处理的方法是否可行，所采用的材料有无保证，能否代换，图中要求的条件能否满足；新材料、新技术应用有无问题等。

（6）消防、环保、安全的可靠性　主要审查是否满足现行有关标准的规定。

五、设计变更通知单

设计变更是指在施工过程中由于设计图样本身差错，设计图样与实际情况不符，施工条件变化，原材料的规格、品种、质量不符合设计要求等原因，需要对设计图样部分内容进行修改而办理的变更设计文件。设计变更等同于施工图，是工程施工和结算的依据。

1. 资料表格样式（见表 4-9）

表 4-9　设计变更通知单

年　　月　　日　　　　　　　　　　　　　　　　编号：

<table>
<tr><td colspan="2">工程名称</td><td colspan="2"></td><td>专业名称</td><td></td></tr>
<tr><td>序号</td><td>图号</td><td colspan="4">变更内容</td></tr>
<tr><td></td><td></td><td colspan="4"></td></tr>
<tr><td rowspan="2">变更单位意见</td><td colspan="2">设计单位</td><td>建设单位</td><td>项目监理机构</td><td>施工单位</td></tr>
<tr><td colspan="2">（公章）
项目负责人：
年　月　日</td><td>（公章）
项目负责人：
年　月　日</td><td>（公章）
总监理工程师：
年　月　日</td><td>（公章）
项目技术负责人：
年　月　日</td></tr>
</table>

2. 相关规定及要求

（1）设计变更是施工图的补充和修改的记载，应及时办理，内容要求明确具体，必要时附图，不得任意涂改和后补。按签订日期先后顺序编号。要求责任制明确，签章齐全。

（2）若在后期施工中，出现对前期某变更或其中条款重新修正的情况，应在前期变更或被修正条款上注明“作废”字样。

（3）设计变更单应分专业办理，不可将不同专业的设计变更办理在同一份上。“专业名称”栏应填写建筑、结构、给排水、电气、通风与空调、智能建筑等专业名称。

（4）设计变更要在第一时间下发至项目相关部门与分承包方，并协助预算部门做好变更工程量的计算工作。如设计变更对现场或备料已造成影响，应及时请业主、监理人员确认，以便为今后的索赔提供依据。

（5）设计变更记录应由项目技术部门统一管理，原件应及时归档保存。相同工程如需用同一洽商时，可使用复印件。

（6）工程设计变更由设计单位提出，如设计计算错误、做法改变、尺寸矛盾、结构变更等问题，必须由设计单位提出变更设计联系单或设计变更图样，由施工单位根据施工准备和工程进展情况，做出能否变更的决定。

（7）工程设计变更由施工单位提出，如钢筋代换、细部尺寸修改等施工单位提出的重大技术问题，必须取得设计单位和建设、监理单位的同意。

（8）遇到下列情况之一时，必须由设计单位签发设计变更通知单（施工变更图样）：

① 当决定对图样进行较大修改时；

② 施工前及施工过程中发现图样有差错，做法或尺寸有矛盾、结构变更或与实际情况不符时；

③ 由建设单位提出，对建筑构造、细部做法、使用功能等方面提出的修改意见，必须经过设计单位同意，并提出设计通知书或设计变更图样。

由设计单位或建设单位提出的设计图样修改，应由设计部门提出设计变更联系单；由施工单位提出的属于设计错误时，应由设计部门提供设计变更联系单；由施工单位的技术、材料等原因造成的设计变更，由施工单位提出洽商，请求设计变更，并经设计部门同意，以洽商记录作为变更设计的依据。

六、工程洽商记录

工程洽商是施工过程中一种协调业主与施工方、施工方与设计方的记录。工程洽商分为技术洽商和经济洽商两种，通常情况下由施工单位提出。它是工程施工、验收及改建、扩建和维修的重要资料，也是绘制竣工图的重要依据。

技术洽商是对原设计图样中与施工过程中发生矛盾处的变更，也可以说是在满足设计的前提下，为方便施工对原设计做的变更。技术洽商一旦被建设单位、施工单位、设计单位和监理单位签字认可，即可作为工程施工和结算的依据，保存在施工资料里。

经济洽商是施工单位与建设单位在工程建设过程中纯粹的经济协商条款，仅需建设单位、施工单位签字即可。

1. 资料表格样式（见表 4-10）

表 4-10 工程（技术）洽商记录

编号：

<table>
<tr><td>工程名称</td><td colspan="2"></td><td>专业名称</td><td colspan="2"></td></tr>
<tr><td>提出单位</td><td colspan="2"></td><td>日　期</td><td colspan="2"></td></tr>
<tr><td colspan="6">洽商内容：</td></tr>
<tr><td colspan="2">建设单位
项目负责人：

年　月　日</td><td colspan="2">设计单位
项目负责人：

年　月　日</td><td>施工单位
项目负责人：

年　月　日</td><td>监理单位
总监理工程师：

年　月　日</td></tr>
</table>

2. 相关规定及要点

(1) 项目在组织施工过程中，如发现图样存在问题，或因施工条件发生变化不能满足设计要求，或材料需要代换时，应向设计单位提出书面工程（技术）洽商。内容应翔实，并逐条注明应修改图样的图号，必要时应附施工图。不允许先施工后办理洽商。

(2) 工程（技术）洽商记录应分专业及时办理，不可将不同专业的设计变更办理在同一份上。“专业名称”栏应填写建筑、结构、给排水、电气、通风与空调、智能建筑等专业名称。

(3) 工程（技术）洽商记录应由设计专业负责人以及建设、监理和施工单位的相关负责人签认后生效。设计单位如委托建设（监理）单位办理签认，应办理委托手续。

(4) 若在后期施工中，出现对前期某变更或其中条款重新修正的情况，应在前期变更或被修正条款上注明“作废”字样。

(5) 凡保存图样的部门和人员，无论图样是否使用，均应将设计变更、工程（技术）洽商的内容及时修改到相应的图样上，并注明变更的工程（技术）洽商号，对于变化较大无法在原图上修改注明的还需绘制小图。

(6) 工程（技术）洽商要在第一时间下发至项目相关部门与分承包方，并协助预算部门做好变更工程量的计算工作。如设计变更对现场或备料已造成影响，应及时请业主、监理人员确认，以便为今后的索赔提供依据。

(7) 工程（技术）洽商应由项目技术部门统一管理，原件应及时归档保存。相同工程如需用同一洽商时，可使用复印件。

第四节　施工物资资料

施工物资资料是反映工程所用物资质量和性能指标的各种证明文件和相关配套文件的统称。包括建筑材料、成品、半成品、构配件、器具、设备及附件等的出厂证明文件，材料、构配件进场检验记录，试验委托单及试验报告等。

一、原材料出厂合格证、检（试）验报告汇总表，原材料、构配件、设备进场验收记录

原材料出厂合格证、试验报告汇总表是指核查用于工程的各种材料的品种、规格、数量，通过汇总达到便于核查的目的。

建筑与结构工程所用的主要材料进场应有产品质量证明文件。材料进场后，应对所使用的材料进行检查验收，填写原材料、构配件、设备进场验收记录。

1. 资料表格样式（见表 4-11 和表 4-12）

表 4-11　原材料出厂合格证、检（试）验报告汇总表

编号：

工程名称			施工单位		
序号	类别名称 （规格品种、型号、等级）	进场数量	出厂合格证、 质量证明文件编号	抽样、复验报告编号	备注
填表人			共　页，第　页		

表 4-12　原材料、构配件、设备进场验收记录

编号：

工程名称				检验日期		
序号	名称规格品种	进场数量	使用部位	检查验收内容	检验结果	备注
检验结论：						

签字栏	监理(建设)单位	施工单位		
		专业质检员	专业工长	检验员

本表用于现场材料合格证及抽样、复验的汇总，每种材料应单独进行汇总，如钢筋合格证、试验报告汇总表；水泥出厂合格证、试验报告汇总表；砖、陶粒砌块出厂合格证、试验报告汇总表；粗（细）骨料试验报告汇总表；外加剂（掺加剂）合格证及试验报告汇总表等。个别材料如装饰、装修材料较少时可以在一起汇总。

2. 相关规定及要求

产品的出厂合格证是由其生产厂家质量检验部门提供给使用单位，用以证明其产品质量已达到的各项规定指标的质量证明文件。原材料、构配件、设备进场后，应由建设（监理）单位汇同施工单位共同对物资进行检查验收。检验工作以施工单位为主，监理单位确认。

(1) 主要检验内容

① 物资出厂质量证明文件及检验（测）报告是否齐全。

② 实际进场物资数量、规格和型号等是否满足设计和施工计划要求。

③ 物资外观质量是否满足设计要求或规范规定。

④ 按规定需进行抽验的材料、构配件、设备等是否及时抽查，检验结果和结论是否齐全。

(2) 按规定应进场复试的工程物资，必须在进场验收合格后取样复试。

(3) 需进行抽检的材料按规定比例进行抽检，并进行记录。对涉及结构安全的有关材料应按规定进行见证取样检测。

(4) 进场验收记录应按不同品种分别填报。每种材料归档时进场验收记录应按进场先后顺序分类填写。

3. 表格填写要点

(1)“工程名称”栏与施工图样图签栏内名称相一致。

(2)“使用部位”栏填写该物资实际使用部位名称。

(3)“检查验收内容”栏应包括物资的质量证明文件、外观质量、数量、规格型号等。

(4)“检验结果”栏填写该物资的检验情况，并对该物资是否符合要求作出判断。

4. 出厂合格证及质量证明文件收集原则

(1) 资料员应及时收集、整理、核验出厂质量合格证和试验报告单。其质量合格证和试验报告单应字迹清楚，项目齐全、准确、真实，不得漏填或填错，且无未了事项，并不得涂改、伪造、损毁或随意抽撤。

(2) 材料、构配件、设备合格证和试验报告应按不同厂家、不同规格和型号，按施工文件归档和合同需求的份数收集。

（3）出厂合格证和试验报告应与所提供的材料、配件、设备型号和规格相对应。

（4）质量证明文件的抄件（复印件）应与原件内容一致，加盖原件存放单位公章，注明原件存放处，并有经办人签字。

（5）材料进场后，应及时进行外观检查，核对进场数量，由项目材料员在质量证明书上注明进场日期、进场数量和使用部位，同时填报进场外观检查记录。

5. 注意事项

（1）水泥质量证明文件应在水泥出厂7天内提供，检验项目包括除28天强度以外的各项试验结果。28天强度结果单应在水泥发出日起32天内补报。产品合格证应以28天抗压、抗折强度为准。用于钢筋混凝土结构、预应力钢筋混凝土结构中的水泥，检测报告应有有害物质（氯化物、碱含量）检测报告。

（2）按规定应预防碱-集料反应的工程或结构部位所使用的砂、石，供应单位应提供砂、石的碱活性检验报告。应用于Ⅱ、Ⅲ类混凝土结构工程的集料每年应进行碱活性检验。

（3）混凝土外加剂的检验报告应为当年度的，出具报告时间应在外加剂出厂日期之前（以出厂质量证明文件时间为依据），并由法定质量监督检验（带有“CAL”或“CMA”授权标志）的机构提供。混凝土外加剂产品名称、规格、日期等应与混凝土配合比通知单中的内容相符。

（4）砌体结构用砌块的产品龄期要求不应小于28天。

（5）防水层所选择的基层处理剂、胶黏剂、密封材料等配套材料，应与铺贴的卷材相容。

6. 预制混凝土构件出厂合格证、钢构件出厂合格证样表（见表4-13、表4-14）

表4-13　预制混凝土构件出厂合格证

编号：

<table>
<tr><td>工程名称及使用部位</td><td colspan="3"></td><td>合格证编号</td><td colspan="2"></td></tr>
<tr><td>构件名称</td><td colspan="2"></td><td>型号规格</td><td></td><td>供应数量</td><td></td></tr>
<tr><td>制造厂家</td><td colspan="3"></td><td>企业等级证</td><td colspan="2"></td></tr>
<tr><td>标准图号或
设计图纸号</td><td colspan="3"></td><td>混凝土设计
强度等级</td><td colspan="2"></td></tr>
<tr><td>混凝土浇筑日期</td><td colspan="3">至</td><td>构件出厂日期</td><td colspan="2"></td></tr>
<tr><td rowspan="9">性能检验评定结果</td><td colspan="2">混凝土抗压强度</td><td colspan="4">主　筋</td></tr>
<tr><td colspan="2">达到设计强度/%</td><td colspan="2">试验编号</td><td>力学性能</td><td>结构性能</td></tr>
<tr><td colspan="2"></td><td colspan="2"></td><td></td><td></td></tr>
<tr><td colspan="6">外　观</td></tr>
<tr><td colspan="4">质量状况</td><td colspan="2">规格尺寸</td></tr>
<tr><td colspan="4"></td><td colspan="2"></td></tr>
<tr><td colspan="6">结构性能</td></tr>
<tr><td colspan="2">承载力</td><td colspan="2">挠　度</td><td>抗裂检验</td><td>裂缝宽度</td></tr>
<tr><td colspan="2"></td><td colspan="2"></td><td></td><td></td></tr>
<tr><td colspan="6">备注：</td><td>结论：</td></tr>
<tr><td colspan="3">供应单位技术负责人</td><td colspan="3">填表人</td><td rowspan="3">供应单位名称
（盖章）</td></tr>
<tr><td colspan="3"></td><td colspan="3"></td></tr>
<tr><td colspan="6">填表日期：</td></tr>
</table>

表 4-14　钢构件出厂合格证

编号：

工程名称			合格证编号			
委托单位			焊药型号			
钢材材质		防腐状况		焊条或焊丝型号		
供应总量/t		加工日期		出厂日期		
序号	构件名称及编号	构件数量	构件单重/kg	原材报告编号	复试报告编号	使用部位
备注：						
供应单位技术负责人		填表人			供应单位名称（盖章）	
填表日期：						

预制构件合格证中的以下各项应填写齐全，不得有错填和漏填，如工程名称使用部位，构件名称、型号、数量及生产日期，合格证编号，混凝土设计强度等级，出厂日期，主筋的力学性能、结构性能等。

如果预制构件的合格证是抄件（如复印件），则应注明原件的编号、存放单位、抄件的时间，并有抄件人、抄件单位的签字和盖章（红章）。

7. 预拌混凝土出厂合格证

（1）资料表格样式（如表 4-15）

（2）相关规定及要求

① 预拌混凝土出厂合格证应由混凝土供应单位负责提供（出厂后 32 天内提供）。

② 浇筑部位　应与施工单位提出的混凝土浇灌申请的施工部位相一致。

③ 抗渗等级　采用抗渗混凝土的，应按照设计要求反映抗渗等级，不允许空缺不填。

④ 原材料名称、品种规格、试验编号　预拌混凝土所使用的各种原材料应与配合比通知单反映的内容一致。

⑤ 预拌混凝土出厂合格证应由施工单位材料员负责收集，内容核查无误后移交项目资料员整理。

表 4-15　预拌混凝土出厂合格证

编号：

使用单位				合格证编号	
工程名称与浇筑部位					
强度等级		抗渗等级		供应数量/m^3	
供应日期			至		
配合比编号					

续表

<table>
<tr><td colspan="2">原材料名称</td><td>水泥</td><td>砂</td><td>石</td><td colspan="2">掺合料</td><td colspan="2">外加剂</td></tr>
<tr><td colspan="2">品种及规格</td><td></td><td></td><td></td><td></td><td></td><td></td><td></td></tr>
<tr><td colspan="2">试验编号</td><td></td><td></td><td></td><td></td><td></td><td></td><td></td></tr>
<tr><td rowspan="6">每组抗压强度值/MPa</td><td>试验编号</td><td>强度值</td><td>试验编号</td><td>强度值</td><td colspan="4" rowspan="9">备注：</td></tr>
<tr><td></td><td></td><td></td><td></td></tr>
<tr><td></td><td></td><td></td><td></td></tr>
<tr><td></td><td></td><td></td><td></td></tr>
<tr><td></td><td></td><td></td><td></td></tr>
<tr><td></td><td></td><td></td><td></td></tr>
<tr><td rowspan="3">抗渗试验</td><td>试验编号</td><td>指标</td><td>试验编号</td><td>指标</td></tr>
<tr><td></td><td></td><td></td><td></td></tr>
<tr><td></td><td></td><td></td><td></td></tr>
<tr><td colspan="5">抗压强度统计结果</td><td colspan="4" rowspan="3">结论：</td></tr>
<tr><td colspan="2">组数 n</td><td colspan="2">平均值</td><td>最小值</td></tr>
<tr><td colspan="2"></td><td colspan="2"></td><td></td></tr>
<tr><td colspan="3">供应单位技术负责人</td><td colspan="2">填表人</td><td colspan="4" rowspan="3">加工单位

（盖章）</td></tr>
<tr><td colspan="3"></td><td colspan="2"></td></tr>
<tr><td colspan="5">填表日期：</td></tr>
</table>

二、原材料复试试验报告（样表）

1. 钢材试验报告

（1）资料表格样式（如表 4-16）

（2）相关规定及要求

① 出厂质量证明文件与钢材进场外观检查合格后，项目试验员方可按照有关规定对钢筋及重要钢材取样做力学性能复试，复试合格后方可在工程中使用。做到先复试后使用，严禁先施工后复试。

② 钢筋进场复试验收批组成　同一厂别、同一炉罐号、同一规格、同一交货状态的钢筋，热轧带肋、光圆钢筋、热轧盘条、冷轧带肋钢筋：每 60t 为一验收批，不足 60t 也按一批计。

③ 强屈比、屈标比控制　对有抗震设防要求的框架结构，其纵向受力钢筋的强度应满足设计要求；当设计无具体要求时，对一、二、三级抗震等级设计的框架和斜撑构件（含梯级）中的纵向受力钢筋应采用 HRB335E、HRB400E、HRB500E、HRBF335E、HRBF400E 或 HRBF500E 钢筋，其强度和最大力下总伸长率的实测值应符合下列规定：a. 钢筋的抗拉强度实测值与屈服强度实测值的比值不应小于 1.25；b. 钢筋的屈服强度实测值与强度标准值的比值不应大于 1.3；c. 钢筋的最大力下总伸长率不应小于 9%。

④ 实行见证取样和送检的试验报告单应加盖“有见证试验”专用章。

⑤ 不合格判定及处理程序　钢材试验第一次出现不合格时，从同一批中任取双倍数量的试样进行不合格项的复试。如果复试结果合格，该批钢材判定为合格，两次复验报告均归入工程资料档案；如果复试结果不合格（包括该项试验所要求的任一指标仍不合格），则该批钢材判定为不合格。不合格钢材应作退货处理，不合格钢材的试验报告不得归入工程资料档案。

表 4-16　钢材试验报告

编号：

试验编号			委托编号	
工程名称			试件编号	
委托单位			试件委托人	
钢材种类		规格或牌号	生产厂	
公称直径/mm		公称面积/mm^2	出厂批号	
代表数量		来样时间	试验日期	
见证单位			见证人	

力学性能							重量偏差	弯曲性能			
编号	屈服点/MPa	抗拉强度/MPa	伸长率/%	$\sigma_{b实}/\sigma_{s实}$	$\sigma_{s实}/\sigma_{b标}$	单项判定		编号	弯心直径/mm	角度/(°)	单项判定

化学成分							其他：
编号	C	Si	Mn	P	S	C_{eq}	

结论：

批　准		审　核		试　验	
试验单位				报告日期	

⑥ 试件编号　应按照单位工程和取样时间的先后顺序连续编号。通常情况下，试件编号为连续。如复验结果不合格钢筋退场情况下，试件编号可能会不连续。

⑦ 委托单位　应填写施工单位名称，并与施工合同中的施工单位名称相一致，不得填写“×××项目经理部”。

⑧ 代表数量　应填写本次复验的实际钢筋数量，不得笼统填写验收批的最大批量。

⑨ 试验结果　拉伸试验（屈服点或屈服强度、抗拉强度、伸长率）、冷弯试验等各项性能结果应齐全。

⑩ 结论　应明确检验执行依据和结果判定。

⑪ 钢筋进场复验报告应由施工单位的项目试验员负责收集，项目资料员汇总整理。

2. 水泥试验报告

(1) 资料表格样式（如表 4-17）

(2) 相关规定及要求

① 水泥复试的必试项目　胶砂强度、安定性、凝结时间。

② 水泥复验进场验收批的规定　散装水泥：对同一水泥厂生产的同期出厂的同品种、同强度等级的水泥以一次进场的同一出厂编号的水泥为一批。但一批的重量不得超过 500t。袋装水泥：对同一水泥厂生产的同期出厂的同品种、同强度等级的水泥，以一次进场的同一出厂编号的水泥为一批。但一批的重量不得超过 200t。存放超过三个月的水泥，使用前必

表 4-17　水泥试验报告

编号：

试验编号				委托编号	
工程名称				试件编号	
委托单位				试件委托人	
品种及强度等级		出厂编号及日期		厂别牌号	
代表数量		来样时间		试验日期	

试验结果								
	一、细度		1. 80μm方孔筛余量		%			
			2. 比表面积		m^2/kg			
	二、标准稠度用水量		%					
	三、凝结时间		初凝	h　min	终凝	h　min		
	四、安定性		雷氏法	mm	饼法			
	五、其他							
	六、强度/MPa							
	抗折强度				抗压强度			
	3天		28天		3天		28天	
	单块值	平均值	单块值	平均值	单块值	平均值	单块值	平均值

检验结论：

批　准		审　核		试　验	
试验单位				报告日期	

须按批量重新取样进行复验，并按复验结果使用；建筑施工企业可按单位工程取样，但同一工程的不同单体共用水泥库时可以实施联合取样。

③ 试验结果判定　当试验结果符合：a. 化学指标（不溶物、烧失量、三氧化硫、氧化镁、氯离子），b. 物理指标（凝结时间、安定性、强度）的规定时为合格品。其中的任何一项技术要求不符合时为不合格品。水泥包装标志中水泥品种、强度等级、生产者名称和出厂编号不全的也属于不合格品。

④ 不合格判定及处理程序　经试验被判定为不合格品的水泥，应作退货处理。

⑤ 试件编号、委托单位、代表数量、见证取样和送检　同钢材检验报告的相关规定（对此要求相同者不再赘述）。

⑥ 水泥进场28天复验报告应由施工单位的项目试验员负责收集，项目资料员汇总整理。水泥快测报告和水泥3天复验报告只在施工期间暂时留存，无须作竣工归档。

3. 建筑用砂、石子试验报告

(1) 资料表格样式（如表4-18、表4-19）

表 4-18　建筑用砂试验报告

编号：

<table>
<tr><td>试验编号</td><td colspan="3"></td><td>委托编号</td><td colspan="2"></td></tr>
<tr><td>工程名称</td><td colspan="3"></td><td>试样编号</td><td colspan="2"></td></tr>
<tr><td>委托单位</td><td colspan="3"></td><td>试验委托人</td><td colspan="2"></td></tr>
<tr><td>种　类</td><td colspan="3"></td><td>产　地</td><td colspan="2"></td></tr>
<tr><td>代表数量</td><td colspan="2"></td><td>来样日期</td><td></td><td>试验日期</td><td></td></tr>
<tr><td rowspan="8">试验结果</td><td rowspan="2">一、筛分析</td><td>1. 细度模数(μ_f)</td><td colspan="4"></td></tr>
<tr><td>2. 级配区域</td><td colspan="4">区</td></tr>
<tr><td>二、含泥量</td><td colspan="5">%</td></tr>
<tr><td>三、泥块含量</td><td colspan="5">%</td></tr>
<tr><td>四、表观密度</td><td colspan="5">kg/m^3</td></tr>
<tr><td>五、堆积密度</td><td colspan="5">kg/m^3</td></tr>
<tr><td>六、碱活性指标</td><td colspan="5"></td></tr>
<tr><td>七、其他</td><td colspan="5"></td></tr>
<tr><td colspan="7">结论：</td></tr>
<tr><td>批　准</td><td></td><td>审　核</td><td></td><td>试　验</td><td colspan="2"></td></tr>
<tr><td>试验单位</td><td colspan="3"></td><td>报告日期</td><td colspan="2"></td></tr>
</table>

表 4-19　建筑用碎卵石试验报告

编号：

<table>
<tr><td>试验编号</td><td colspan="3"></td><td>委托编号</td><td colspan="2"></td></tr>
<tr><td>工程名称</td><td colspan="3"></td><td>试样编号</td><td colspan="2"></td></tr>
<tr><td>委托单位</td><td colspan="3"></td><td>试验委托人</td><td colspan="2"></td></tr>
<tr><td>种类、产地</td><td colspan="3"></td><td>公称粒径</td><td colspan="2">mm</td></tr>
<tr><td>代表数量</td><td></td><td>来样日期</td><td></td><td>试验日期</td><td colspan="2"></td></tr>
<tr><td rowspan="11">试验结果</td><td rowspan="3">一、筛分析</td><td>级配情况</td><td colspan="4">□连续粒级　□单粒级</td></tr>
<tr><td>级配结果</td><td colspan="4"></td></tr>
<tr><td>最大粒径</td><td colspan="4">mm</td></tr>
<tr><td>二、含泥量</td><td colspan="5">%</td></tr>
<tr><td>三、泥块含量</td><td colspan="5">%</td></tr>
<tr><td>四、针、片状颗粒含量</td><td colspan="5">%</td></tr>
<tr><td>五、压碎指标值</td><td colspan="5">%</td></tr>
<tr><td>六、表观密度</td><td colspan="5">kg/m^3</td></tr>
<tr><td>七、堆积密度</td><td colspan="5">kg/m^3</td></tr>
<tr><td>八、碱活性指标</td><td colspan="5"></td></tr>
<tr><td>九、其他</td><td colspan="5"></td></tr>
<tr><td colspan="7">结论：</td></tr>
<tr><td>批　准</td><td></td><td>审　核</td><td></td><td>试　验</td><td colspan="2"></td></tr>
<tr><td>试验单位</td><td colspan="3"></td><td>报告日期</td><td colspan="2"></td></tr>
</table>

（2）相关规定及要求

① 用于混凝土、砌体结构工程的砂、石，以同一产地、同一规格每 $400m^3$ 或 600t 为一验收批，不足 $400m^3$ 或 600t 也按一批计，进行送检复验；复验合格后方可在工程中使用。

② 按规定应预防碱-集料反应的工程或结构部位所使用的砂、石应进行碱性指标检验。

③ 试验结果判定及不合格品处理程序　符合技术指标要求者为合格。如其试验结果不符合供货合同规定的技术要求，且无法改作其他用途，应对已进场的砂、石退货处理。

④ 砂、石复验报告应由项目试验员负责收集，资料内容核对准确无误后移交项目资料员汇总整理。

4. 外加剂试验报告

（1）资料表格样式（见表 4-20）

表 4-20　混凝土外加剂试验报告

编号：

试验编号				委托编号	
工程名称				试样编号	
委托单位				试验委托人	
产品名称		生产厂		生产日期	
代表数量		来样日期		试验日期	
试验项目					
试验结果	试验项目			试验结果	

结论：

批　准		审　核		试　验	
试验单位				报告日期	

（2）相关规定及要求

① 进场质量证明文件与进场外观检查合格后，用于混凝土、砌体结构工程用的外加剂必须按照有关规定的批量送检复验，进行钢筋的锈蚀试验和抗压强度试验。

② 项目相关管理部门或项目总工程师接收《混凝土外加剂试验报告》后，应审查试验结论与外加剂种类的符合性，审查试验结果与试验结论的一致性，特别要注意结论中评定的等级是否与材质证明一致，是否符合规范规定。

③ 试验结果判定　若检验不合格，应重新取样，对不合格项进行加倍复验。若仍有一项试验不能满足标准要求，应判定为不合格品。

④ 不合格处理程序　外加剂的钢筋阻锈和安定性试验为否决项目，凡其中一项不合格的外加剂禁用；否则对钢筋阻锈不合格的外加剂应拟定阻锈方案，且应征得设计单位同意。

5. 砖（砌块）试验报告

（1）资料表格样式（见表 4-21）

表 4-21　砖（砌块）试验报告

编号：

试验编号				委托编号	
工程名称				试样编号	
委托单位				试验委托人	
种　类				生产厂	
强度等级		密度等级		代表数量	
试件处理日期		来样日期		试验日期	

试验结果

烧结普通砖

抗压强度平均值 f /MPa	变异系数 $\delta \leq 0.21$	变异系数 $\delta > 0.21$
	强度标准值 f_k /MPa	单块最小强度值 f_k /MPa

轻集料混凝土小型空心砌块

砌块抗压强度/MPa		砌块干燥表观密度/(kg/m³)
平均值	最小值	

其他种类

抗压强度/MPa						抗折强度/MPa	
平均值	最小值	大面		条面		平均值	最小值
		平均值	最小值	平均值	最小值		

结论：

批　准		审　核		试　验	
试验单位				报告日期	

（2）相关规定及要求

① 出厂质量证明文件与砖（砌块）进场外观检查合格后，方可按照有关规定取样做力学性能复试，复试合格后方可在工程中使用。

② 复验进场验收批　烧结普通砖每 15 万块为一验收批，不足 15 万块也按一批计；烧结多孔砖、非烧结普通黏土砖每 5 万块为一验收批，不足 5 万块也按一批计；粉煤灰砖、蒸压灰砂砖 1 万块为一验收批，不足 1 万块也按一批计；烧结空心砖和空心砌块 3 万块为一验收批，不足 3 万块也按一批计；粉煤灰砌块 200m³ 为一验收批，不足 200m³ 也按一批计；普通混凝土小型空心砌块和轻集料混凝土小型砌块每 1 万块为一验收批，不足 1 万块也按一批计。

③ 试验结果判定及处理程序　对照试验报告和砌墙砖的等级指标，判定已进场的砌墙砖是否符合要求。如果不符合要求，应对已进场的砌墙砖作退货或降级使用。

6. 防水材料试验报告

（1）资料表格样式（见表 4-22）

表 4-22　防水材料试验报告

编号：

<table>
<tr><td colspan="2">试验编号</td><td colspan="2"></td><td>委托编号</td><td colspan="2"></td></tr>
<tr><td colspan="2">工程名称及部位</td><td colspan="2"></td><td>试件编号</td><td colspan="2"></td></tr>
<tr><td colspan="2">委托单位</td><td colspan="2"></td><td>试验委托人</td><td colspan="2"></td></tr>
<tr><td colspan="2">种类、等级、牌号</td><td colspan="2"></td><td>生产厂</td><td colspan="2"></td></tr>
<tr><td colspan="2">代表数量</td><td></td><td>来样日期</td><td></td><td>试验日期</td><td></td></tr>
<tr><td rowspan="7">试验结果</td><td rowspan="2">一、拉力试验</td><td>1. 拉力</td><td>纵</td><td>N</td><td>横</td><td>N</td></tr>
<tr><td>2. 拉伸强度</td><td>纵</td><td>MPa</td><td>横</td><td>MPa</td></tr>
<tr><td colspan="2">二、断裂伸长率(延伸率)</td><td>纵</td><td>%</td><td>横</td><td>%</td></tr>
<tr><td>三、耐热度</td><td>温度/℃</td><td colspan="2"></td><td>评定</td><td></td></tr>
<tr><td>四、不透水性</td><td colspan="5"></td></tr>
<tr><td>五、柔韧性(低温柔性、低温弯折性)</td><td>温度/℃</td><td colspan="2"></td><td>评定</td><td></td></tr>
<tr><td>六、其他</td><td colspan="5"></td></tr>
</table>

结论：

批　准		审　核		试　验	
试验单位				报告日期	

(2) 相关规定及要求

① 高聚物改性沥青防水卷材、合成高分子防水卷材大于 1000 卷抽 5 卷，每 500～999 卷抽 4 卷，100～499 卷抽 3 卷，100 卷以下抽 2 卷，进行规格尺寸和外观质量检验。在外观检验合格的卷材中，任取一卷做物理性能检验。

② 膨润土防水材料按每 100 卷为一批，不足 100 卷按一批抽样；100 卷以下抽 5 卷，进行规格尺寸和外观质量检验。在外观检验合格的卷材中，任取一卷做物理性能检验。

③ 有机防水涂料、遇水膨胀止水胶，每 5t 为一批，不足 5t 按一批抽样；无机防水涂料、聚合物水泥防水砂浆，每 10t 为一批，不足 10t 按一批抽样。

④ 不合格判定及处理程序　a. 防水材料的外观检验，全部指标达到标准规定时即为合格，其中一项指标达不到要求，在受检产品中加倍取样复验，全部达到标准即为合格。b. 防水材料复验，凡规定项目中有一项不合格者为不合格产品，则应在受检产品中重复加倍复验，全部项目达到要求为合格，若仍有未达到要求的，应由原生产单位进行退货或调换，然后再按上述步骤复验。

7. 轻集料试验报告

(1) 资料表格样式（见表 4-23）

(2) 相关规定及要求

① 轻集料按类别、名称、密度等级分批检验与验收，每 $400m^3$ 为一批，不足 $400m^3$ 按一批计。

表 4-23　轻集料试验报告

编号：

试验编号				委托编号	
工程名称				试样编号	
委托单位				试验委托人	
种　类		密度等级		产　地	
代表数量		来样日期		试验日期	
试验结果	一、筛分析	1. 细度模数(细骨料)			
		2. 最大粒径(粗骨料)	mm		
		3. 级配情况	□连续粒级　□单粒级		
	二、表观密度	kg/m^3			
	三、堆积密度	kg/m^3			
	四、筒压强度	MPa			
	五、吸水率(1h)	%			
	六、粒型系数				
	七、其他				

结论：

批　准		审　核		试　验	
试验单位				报告日期	

② 若试验结果中有一项性能不符合标准规定，允许从同一批轻集料中加倍取样，不合格项进行复验。复验后，若该项试验结果符合标准规定，则判该批产品合格；否则，判该批产品为不合格。

第五节　施工试验记录

施工试验记录是为了保证建筑工程质量进行有关指标测试，由试验单位出具试验证明文件。施工试验报告单应由建设单位、施工单位留存。

常见的施工试验记录有：施工试验报告汇总表、地基承载力检测报告、桩基检测报告、土工击实试验报告、回填土干密度试验报告、砂浆配合比通知单、砂浆（试块）抗压强度试验报告、混凝土配合比通知单、混凝土（试块）抗压强度试验报告、混凝土抗渗试验报告、商品混凝土出厂合格证（复试报告）、钢筋接头（焊接）试验报告等。

一、施工试验报告汇总表

施工试验报告汇总表是指按不同类型的施工试验对试件编号、报告单编号、施工部位、代表数量、试验日期、试验结果等进行汇总，用于核查各类施工试验是否按有关规定的数量进行了相关试验、试验结果是否合格、是否涵盖整个工程等，通过汇总达到便于检查的目的。

1. 资料表格形式（见表 4-24）

表 4-24　施工试验报告汇总表

编号：

工程名称				施工单位			
序号	试件编号	报告单编号	施工部位	代表数量	试验日期	试验结果	备注
填表人					共　页，第　页		

2. 相关规定及要求

（1）表名　按不同类型的施工试验分别单独填写，如钢筋焊接试验报告汇总表、混凝土抗压试验报告汇总表等。

（2）施工试验报告汇总表可以按照试验日期的先后顺序进行分类汇总填写。

（3）施工部位应填写试验报告单上的具体部位。

（4）备注　如钢筋焊接可以填写型式检验、工艺检验、见证试验等。

二、施工试验记录样表

1. 地基承载力检验报告

（1）地基承载力常用原位检测方法

① 平板荷载试验　适用于各类土、软质岩和风化岩体。

② 标准贯入试验　适用于一般黏性土、粉土及砂类土。

③ 动力触探　适用于黏性土、砂类土和碎石类土。

④ 静力触探　适用于软土、黏性土、粉土、砂类土及含少量碎石的土层。

（2）地基承载力检测检测频率的确定　对灰土地基、砂和砂石地基、土工合成材料地基、粉煤灰地基、强夯地基、注浆地基、预压地基等，承载力检验数量为，每单位工程不应少于 3 点，$1000m^2$ 以上工程，每 $100m^2$ 至少应有 1 点，$3000m^2$ 以上工程，每 $300m^2$ 至少应有 1 点。每一独立基础下至少应有 1 点，基槽每 20 延米应有 1 点。

对水泥土搅拌桩复合地基、高压喷射注浆桩复合地基、砂桩地基、振冲桩复合地基、土和灰土挤密桩复合地基、水泥粉煤灰碎石桩复合地基及夯实水泥土桩复合地基等，其承载力检验，数量为总数的 0.5%～1%，但不应小于 3 处。有单桩强度检验要求时，数量为总数的 0.5%～1%，但不应少于 3 根。

（3）地基承载力检测应委托有资质的检测单位进行检测，并出具地基承载力检测报告。

2. 桩基检测报告

（1）桩基检测的主要方法有静载试验、钻芯法、低应变法、高应变法、声波透射法等几种。

（2）工程桩应进行承载力检验。对于地基基础设计等级为甲级或地质条件复杂，成桩质量可靠性低的灌注桩，应采用静载荷试验的方法进行检验，检验桩数不应少于总数的 1%，且不应少于 2 根，当总桩数少于 50 根时，不应少于 2 根。

（3）桩身质量应进行检验。对设计等级为甲级或地质条件复杂，成检质量可靠性低的灌注桩，抽检数量不应少于总数的 30%，且不应少于 20 根；其他桩基工程的抽检数量不应少于总数的 20%，且不应少于 10 根；对混凝土预制桩及地下水位以上且终孔后经过核验的灌注桩，检验数量不应少于总桩数的10%，且不得少于10根。每个柱子承台下不得少于1根。

（4）桩基检测应委托有资质的检测单位进行检测，并出具桩基检测报告。

3. 土工击实试验报告

（1）资料表格样式（见表4-25）

表4-25　土工击实试验报告

编号：

试验编号		委托编号	
工程名称及部位		试样编号	
委托单位		试验委托人	
结构类型		填土部位	
要求压实系数(λ_c)		填土种类	
来样日期		试验日期	
试验结果	最优含水率＝　　　　%		
	最大干密度＝　　　　g/cm^3		
	控制指标(控制干密度) 最大干密度×要求压实系数＝　　　　g/cm^3		
结论：			
批　准		审　核	试　验
试验单位		报告日期	

（2）相关规定及要求

① 做标准击实试验的土样取样数量应满足　素土或灰土不少于25kg，砂或级配砂石不少于45kg。

② 要求压实系数　应由设计提出或按现行规范规定执行。

③ 填土部位　填写基坑、基槽、房心、管沟、独立基础、地基或场地平整。

④ 填土种类　砂土、粉质黏土、粉土、灰土、黏性土、碎石土、砾石、卵石、级配砂石、炉渣、中砂、粗砂、土夹石。

⑤ 由项目试验员负责委托，达到试验周期并在回填施工前领取试验报告，检查内容齐全无误后提交项目资料员。

4. 回填土干密度试验报告

（1）资料表格样式（见表4-26）

（2）相关规定及要求

① 回填施工过程中，项目试验员应按照施工方案、施工技术交底要求，及时进行回填料的取样和试验委托，测定压实系数或干密度。

② 回填料取点示意图　应明确回填点位平面布置；不同回填部位（宽度范围）及回填深度（包括步数）；主要回填剖面示意图、指北针等。

③ 要求压实系数　应与土壤击实试验、设计要求或现行规范规定一致。

④ 点号　应与取点示意图的点位布置一致，一个点号对应一个固定的回填区域。

⑤ 步数　对于同一点号，步数应从1开始连续。总步数应与取点平面示意图的步数一致（例如回填深度为3m，每步200mm，则总步数为15步）。

表 4-26 回填土干密度试验报告

编号：

试验编号		委托编号	
工程名称及施工部位			
委托单位		试验委托人	
要求压实系数(λ_c)		回填土种类	
控制干密度(ρ_d)	g/cm^3	试验日期	

点号 / 项目 / 步数									
点号									
实测干密度/(g/cm^3)									
实测压实系数									

取样位置简图(附图)：

结论：

批　准		审　核		试　验	
试验单位				报告日期	

⑥ 回填料试验应由项目试验员负责委托，达到试验周期后领取试验报告，检查内容齐全无误后提交项目资料员。

(3) 回填料的现场取样原则

① 基坑、室内回填每 50～100m^2 不少于 1 个检验点。

② 基槽、管沟每 10～20m 不少于 1 个检验点。

③ 每一独立基础至少有 1 个检验点。

④ 对灰土、砂和砂石地基、土工合成材料、粉煤灰地基、强夯地基，每单位工程不少于 3 点，对 1000m^2 以上工程，每 100m^2 至少应有 1 点；对 3000m^2 以上工程，每 300m^2 至少应有 1 点。场地平整，每 100～400m^2 取 1 点，但不应少于 10 点；长度、宽度和边坡按每 20m 取 1 点，每边不应少于 1 点。

5. 钢筋连接试验报告

本报告是指为保证建筑工程质量，对用于工程的不同形式钢筋连接进行有关指标的测试，并由试验单位出具检验证明文件。

(1) 资料表格样式（见表 4-27）

表 4-27　钢筋连接试验报告

编号：

试验编号				委托编号	
工程名称及部位				试件编号	
委托单位				试验委托人	
接头类型				检验形式	
设计要求 接头性能等级				代表数量	
连接钢筋种类 及牌号		公称直径	mm	原材试验编号	
操作人		来样日期		试验日期	

接头试件			母材试件		弯曲试件			备注
公称面积 /mm²	抗拉强度 /MPa	断裂特征 及位置	实测面积 /mm²	抗拉强度 /MPa	弯心 直径	角度	结果	

结论：

批　准		审　核		试　验	
试验单位				报告日期	

（2）钢筋连接试验报告核查要点

① 工程名称及使用部位　应填写具体，与施工图、施工方案一致，施工部位应明确层、轴线、梁、柱等。

② 接头类型　应明确，如电渣压力焊、滚轧直螺纹连接。

③ 试件编号　同一单位工程应按取样试件先后连续编号。

④ 检验形式　应注明工艺检验、可焊性检验或现场检验。

⑤ 代表数量　按照实际的数量填写，不得超过规范验收批的最大批量。

⑥ 操作人　应与焊工合格证书的名称对应。

⑦ 核对使用日期和试验日期，不允许先使用后试验。

⑧ 试验结果不合格处理　对初试不合格允许加倍复验的接头，试验员应及时按规定加倍取样复试；若加倍复试仍不合格或经初试判定一次性不合格的，应对现场接头进行处理。

6. 砂浆配合比申请单、通知单

（1）资料表格样式（见表 4-28）

（2）相关规定及要求

① 砌筑砂浆配合比委托应由项目试验员提前 10 天办理，根据试验单位下达的配合比计量施工。

② 当砌筑砂浆的组成材料有变化时，其配合比应重新确定。施工中当采用水泥砂浆代替水泥混合砂浆时，应重新确定砂浆强度等级。

表 4-28　砂浆配合比申请单、通知单

编号：

砂浆配合比申请单					
工程名称				委托编号	
委托单位				试验委托人	
砂浆种类				强度等级	
水泥品种				厂　别	
水泥进场日期				试验编号	
砂产地		粗细级别		试验编号	
掺合料种类				外加剂种类	
申请日期	年　月　日			要求使用日期	年　月　日
砂浆配合比通知单					
配合比编号				试配编号	
强度等级		试验日期		年　月　日	
配 合 比					
砂浆种类	水泥	砂	石灰膏	掺合料	外加剂
每立方米用量/m^3					
比　例					
注：砂浆稠度为 70～100mm，白灰膏稠度为 120mm±5mm。					
批　准		审　核		试　验	
试验单位				报告日期	

7. 砂浆抗压强度试验报告

（1）资料表格样式（见表 4-29）

（2）相关规定及要求

① 每一楼层或 250m^3 砌体的各种类型及强度等级的砌筑砂浆，每台搅拌机应至少抽检一次，每次至少应制作一组试块。如砂浆等级或配合比变更时，还应制作试块。

表 4-29　砂浆抗压强度试验报告

编号：

试验编号				委托编号	
工程名称及部位				试件编号	
委托单位				试验委托人	
砂浆种类		强度等级		稠　度	
水泥品种及强度等级				试验编号	
砂产地及种类				试验编号	
掺合料种类				外加剂种类	
配合比编号					
试件成型日期		要求龄期	天	要求试验日期	
养护方法		试件收到日期		试件制作人	

续表

	试压日期	实际龄期/天	试件边长/mm	受压面积/mm^2	荷载/kN		抗压强度/MPa	达设计强度等级/%
					单块	平均		
试验结果								

结论：

批　准		审　核		试　验	
试验单位				报告日期	

② 根据砂浆试块的龄期，项目试验员向检测单位查询其结果是否符合要求；领取试验报告时，应认真查验报告内容，如发现与委托内容不符或存在其他笔误，视不同情况按检测单位的相应规定予以解决。

8. 砂浆试块强度统计、评定记录

（1）资料表格样式（见表 4-30）

表 4-30　砂浆试块强度统计、评定记录

编号：

工程名称			强度等级	
施工单位			养护方法	
统计期	年　月　日至　年　月　日		结构部位	
试块组数 n	强度标准值 f_2/MPa	平均值 $f_{2,m}$/MPa	最小值 $f_{2,min}$/MPa	0.85 f_2

每组强度值(MPa)										
判定式	$f_{2,m} \geqslant 1.1 f_2$					$f_{2,min} \geqslant 0.85 f_2$				
结果										

结论：

年　月　日

批　准		审　核		统　计	

（2）相关规定及要求

① 砌筑砂浆试块强度一般不进行单组评定，而是组成验收批，按批进行非统计评定。同一工程、同一类型、同一强度等级的砂浆试块组成一验收批。

② 砌筑砂浆试块强度验收时，同一验收批的砌筑砂浆试块强度合格评定必须符合以下规定：

a. 同一验收批砂浆试块强度平均值应大于或等于设计强度等级值的 1.10 倍。

b. 同一验收批砂浆试块抗压强度的最小一组平均值应大于或等于设计强度等级值的 85%。

c. 砌筑砂浆的验收批，同一类型、强度等级的砂浆试块应不少于 3 组。当同一验收批只有 1 组（含 2 组）试块时，每组试块抗压强度平均值应大于或等于设计强度等级值的 1.10 倍。

d. 砂浆强度应以标准养护，龄期为 28 天的试块抗压试验结果为准。但只要有一组砂浆试块的强度小于设计强度标准值的 85%时，则该批砂浆评定为不合格。

③ 砌筑砂浆的强度统计工作应由项目质量员负责，项目技术负责人审核，发现不合格应及时采取措施。

9. 混凝土配合比申请单、通知单

(1) 资料表格样式（见表 4-31）

表 4-31　混凝土配合比申请单、通知单

编号：

<table>
<tr><td>工程名称及部位</td><td colspan="4"></td><td colspan="2">委托编号</td><td></td></tr>
<tr><td>委托单位</td><td colspan="4"></td><td colspan="2">试验委托人</td><td></td></tr>
<tr><td>设计强度等级</td><td colspan="4"></td><td colspan="2">要求坍落度</td><td></td></tr>
<tr><td>其他技术要求</td><td colspan="7"></td></tr>
<tr><td>搅拌方法</td><td colspan="4"></td><td colspan="2">浇捣方法</td><td></td></tr>
<tr><td>水泥品种及强度等级</td><td colspan="2"></td><td>厂别牌号</td><td></td><td colspan="2">试验编号</td><td></td></tr>
<tr><td>砂产地及种类</td><td colspan="7"></td></tr>
<tr><td>石子产地及种类</td><td colspan="2"></td><td>最大粒径</td><td>mm</td><td colspan="2">试验编号</td><td></td></tr>
<tr><td>外加剂名称</td><td colspan="4"></td><td colspan="2">试验编号</td><td></td></tr>
<tr><td>掺合料名称</td><td colspan="4"></td><td colspan="2">试验编号</td><td></td></tr>
<tr><td>申请日期</td><td colspan="2"></td><td>使用日期</td><td></td><td colspan="2">联系电话</td><td></td></tr>
<tr><td colspan="8">混凝土配合比通知单</td></tr>
<tr><td>配合比编号</td><td colspan="4"></td><td colspan="2">试配编号</td><td></td></tr>
<tr><td>强度等级</td><td></td><td>水胶比</td><td></td><td>水灰比</td><td></td><td>砂率</td><td></td></tr>
<tr><td>材料名称
项目</td><td>水泥</td><td>水</td><td>砂</td><td>石</td><td>外加剂</td><td>掺合料</td><td>其他</td></tr>
<tr><td>每立方米用量/(kg/m³)</td><td></td><td></td><td></td><td></td><td></td><td></td><td></td></tr>
<tr><td>每盘用量(kg)</td><td></td><td></td><td></td><td></td><td></td><td></td><td></td></tr>
<tr><td>混凝土碱含量/(kg/m³)</td><td colspan="7">
注:此栏只有遇Ⅱ类工程时填写</td></tr>
<tr><td colspan="8">说明:本配合比所使用的材料均为干材料,使用单位应根据材料含水率情况随时调整。</td></tr>
<tr><td>批　准</td><td></td><td>审　核</td><td></td><td>试　验</td><td colspan="3"></td></tr>
<tr><td>试验单位</td><td colspan="3"></td><td>报告日期</td><td colspan="3"></td></tr>
</table>

（2）相关规定及要求

① 混凝土配合比应由项目试验员委托，原材料应符合《混凝土质量控制标准》（GB 50164—2011）的规定。

② 应重新申请试配的条件　对混凝土性能指标有特殊要求时，水泥、外加剂或矿物掺合料品种、质量有显著变化时；混凝土配合比使用过程中，发现原材料质量有较大波动时。

10. 混凝土抗压强度试验报告单

混凝土抗压强度试验报告是为了保证工程质量，由试验单位对工程中留置的混凝土试块强度指标进行测试后出具的质量证明文件。

（1）资料表格样式（见表 4-32）

表 4-32　混凝土抗压强度试验报告单

编号：

<table>
<tr><td colspan="2">试验编号</td><td colspan="5"></td><td>委托编号</td><td></td></tr>
<tr><td colspan="2">工程名称及部位名称</td><td colspan="5"></td><td>试件编号</td><td></td></tr>
<tr><td colspan="2">委托单位</td><td colspan="5"></td><td>试验委托人</td><td></td></tr>
<tr><td colspan="2">设计强度等级</td><td colspan="5"></td><td>实测坍落度</td><td></td></tr>
<tr><td colspan="2">水泥品种及强度等级</td><td colspan="5"></td><td>试验编号</td><td></td></tr>
<tr><td colspan="2">砂产地及种类</td><td colspan="5"></td><td>试验编号</td><td></td></tr>
<tr><td colspan="2">石种类、公称直径</td><td colspan="5"></td><td>试验编号</td><td></td></tr>
<tr><td colspan="2">外加剂名称</td><td colspan="5"></td><td>试验编号</td><td></td></tr>
<tr><td colspan="2">掺合料种类</td><td colspan="5"></td><td>外加剂种类</td><td></td></tr>
<tr><td colspan="2">配合比编号</td><td colspan="7"></td></tr>
<tr><td colspan="2">试件成型日期</td><td colspan="2"></td><td>要求龄期</td><td colspan="2">天</td><td>要求试验日期</td><td></td></tr>
<tr><td colspan="2">养护方法</td><td colspan="2"></td><td>试件收到日期</td><td colspan="2"></td><td>试件制作人</td><td></td></tr>
<tr><td rowspan="5">试验结果</td><td rowspan="2">试压日期</td><td rowspan="2">实际龄期/天</td><td rowspan="2">试件边长/mm</td><td rowspan="2">受压面积/mm²</td><td colspan="2">荷载/kN</td><td rowspan="2">抗压强度/MPa</td><td rowspan="2">达设计强度等级/%</td></tr>
<tr><td>单块</td><td>代表值</td></tr>
<tr><td rowspan="3"></td><td rowspan="3"></td><td rowspan="3"></td><td rowspan="3"></td><td></td><td rowspan="3"></td><td rowspan="3"></td><td rowspan="3"></td></tr>
<tr><td></td></tr>
<tr><td></td></tr>
<tr><td colspan="9">结论：</td></tr>
<tr><td colspan="2">批　准</td><td colspan="2"></td><td>审　核</td><td colspan="2"></td><td>试　验</td><td></td></tr>
<tr><td colspan="2">试验单位</td><td colspan="5"></td><td>报告日期</td><td></td></tr>
</table>

（2）相关规定及要求

① 混凝土试块应在混凝土的浇筑地点由项目试验员随机抽取制作，并执行有关见证取样送检的规定。

② 试验报告中的混凝土强度等级、成型日期、强度值应与施工图、配合比、混凝土运输单、混凝土浇灌申请、检验批质量验收记录的相关内容相符。

③ 标准养护试件、同条件试件抗压强度结果应符合设计要求、规范规定，如结果不合格或异常（超强），试验员应及时上报项目技术、质量部门处理。

④ 混凝土试验报告的分类整理要求　标养强度报告应按照桩基础、地基基础、主体结构强度报告分类整理；同条件强度报告应按照拆模、张拉、结构实体检验、受冻临界强度、吊装等分类整理。

(3) 取样与试件留置应符合的规定

① 每拌制100盘且不超过100m^3的同配合比的混凝土，取样不得少于1次。

② 每工作班拌制的同一配合比混凝土不足100盘时，取样不得少于1次。

③ 当一次连续浇筑超过1000m^3时，同一配合比的混凝土每200m^3取样不得少于1次。

④ 每一楼层、同一配合比的混凝土，取样不得少于1次。

⑤ 每次取样应至少留置1组标准养护试件。

⑥ 同条件养护试件的留置组数应根据实际需要确定，供结构构件拆模、出池、吊装及施工期间的临时负荷确定混凝土强度用。

⑦ 留置适量的结构实体检验用同条件养护试件。

11. 混凝土试块强度统计、评定记录

(1) 资料表格样式（见表4-33）

表4-33　混凝土试块强度统计、评定记录

编号：

<table>
<tr><td colspan="2">工程名称</td><td colspan="5"></td><td colspan="2">强度等级</td><td colspan="2"></td></tr>
<tr><td colspan="2">施工单位</td><td colspan="5"></td><td colspan="2">养护方法</td><td colspan="2"></td></tr>
<tr><td colspan="2">统计期</td><td colspan="5">年　月　日至　年　月　日</td><td colspan="2">结构部位</td><td colspan="2"></td></tr>
<tr><td colspan="2" rowspan="2">试块组 n</td><td colspan="2" rowspan="2">强度标准值 $f_{cu,k}$/MPa</td><td colspan="2" rowspan="2">平均值 m_{fcu}/MPa</td><td colspan="2" rowspan="2">标准差 S_{fcu} /MPa</td><td rowspan="2">最小值 $f_{cu,min}$/MPa</td><td colspan="2">合格判定系数</td></tr>
<tr><td>λ_1</td><td>λ_2</td></tr>
<tr><td colspan="2"></td><td colspan="2"></td><td colspan="2"></td><td colspan="2"></td><td></td><td></td><td></td></tr>
<tr><td rowspan="4">每组强度值/MPa</td><td></td><td></td><td></td><td></td><td></td><td></td><td></td><td></td><td></td><td></td></tr>
<tr><td></td><td></td><td></td><td></td><td></td><td></td><td></td><td></td><td></td><td></td></tr>
<tr><td></td><td></td><td></td><td></td><td></td><td></td><td></td><td></td><td></td><td></td></tr>
<tr><td></td><td></td><td></td><td></td><td></td><td></td><td></td><td></td><td></td><td></td></tr>
<tr><td rowspan="3">评定界限</td><td colspan="5">□ 统计方法(二)</td><td colspan="5">□ 非统计方法</td></tr>
<tr><td colspan="3">$f_{cu,k}$</td><td colspan="2">$\lambda_2 f_{cu,k}$</td><td colspan="3">$\lambda_3 f_{cu,k}$</td><td colspan="2">$\lambda_4 f_{cu,k}$</td></tr>
<tr><td colspan="3"></td><td colspan="2"></td><td colspan="3"></td><td colspan="2"></td></tr>
<tr><td>判定式</td><td colspan="3">$m_{fcu}-\lambda_1 S_{fcu}\geqslant f_{cu,k}$</td><td colspan="2">$f_{cu,min}\geqslant\lambda_2 f_{cu,k}$</td><td colspan="3">$m_{fcu}\geqslant\lambda_3 f_{cu,k}$</td><td colspan="2">$f_{cu,min}\geqslant\lambda_4 f_{cu,k}$</td></tr>
<tr><td>结果</td><td colspan="3"></td><td colspan="2"></td><td colspan="3"></td><td colspan="2"></td></tr>
<tr><td colspan="11">结论：

年　月　日</td></tr>
<tr><td colspan="2">批　准</td><td colspan="2"></td><td>审　核</td><td colspan="2"></td><td colspan="2">统　计</td><td colspan="2"></td></tr>
</table>

注：当试件组数为10～14时，λ_1为1.15、λ_2为0.90；当试件组数为15～19时，λ_1为1.05、λ_2为0.85；当试件组数大于等于20组时，λ_1为0.95、λ_2为0.85。当混凝土强度等级小于60MPa时，λ_3为1.15，当混凝土强度等级大于等于60MPa时，λ_3为1.10；λ_4为0.95。

（2）相关规定及要求

① 强度等级相同、龄期相同、配合比基本相同（是指施工配制强度相同，并能在原材料有变化时，及时调整配合比使其施工配制强度目标值不变）、生产工艺条件基本相同的混凝土为一验收批。

② 对于混凝土结构尚应按同一验收工程的不同验收阶段（如桩基础、地基基础、主体结构、砌体结构）划分验收批，进行强度评定。

③ 对同一验收批的混凝土强度，应以同一验收批内标准试件的全部强度代表值。

④ 掺粉煤灰的地面、地下和大体积混凝土龄期可采用60天、90天或180天；结构实体检验混凝土采用等效养护龄期。

⑤ 混凝土强度统计工作应由项目质量员负责，如评定结果不合格应及时上报有关部门（技术负责人、监理单位）采取措施。

12. 混凝土抗渗试验报告单

（1）资料表格样式（见表4-34）

表4-34　混凝土抗渗试验报告单

编号：

试验编号				委托编号	
工程名称及部位				试件编号	
委托单位				委托试验人	
抗渗等级				配合比编号	
强度等级		养护条件		收样时间	
成型日期		龄期		试验日期	
试验情况：					
结论：					
批　准		审　核		试　验	
试验单位				报告日期	

（2）相关规定及要求

① 抗渗混凝土试件留置的组批原则　按《地下防水混凝土工程质量验收规范》（GB 50208—2011）要求，连续浇筑500m³留置一组抗渗试件，且每项工程不得少于两组，采取预拌混凝土的抗渗试件，留置组数应视结构的规模和要求而定。

② 对于单位工程抗渗混凝土试件留置部位和组数，应由项目技术部门在相关的防水工程施工方案中予以明确。

③ 试块的委托　混凝土试块的制作和试验由项目试验员负责，在达到抗渗混凝土试样的试验周期后，凭试验委托合同到检测单位领取完整的混凝土抗渗试验报告。领取试验报告时，应认真查验报告内容，如发现与委托内容不符或存在其他笔误，视不同情况按检测单位的相应规定予以解决。

④ 抗渗混凝土的抗渗试件试验结果不合格时，应由设计单位拿出解决方案。

⑤ 项目试验员应确认报告内容完整无误后，把试验报告移交给项目资料员。

13. 混凝土碱总量计算书

（1）资料表格样式（见表4-35）

表 4-35　混凝土碱含量计算书

编号：

试验编号					委托号		
工程名称					工程部位		
委托单位					委托人		
混凝土强度等级					配合比编号		
原材料	水泥	水	砂	石	外加剂 1	掺合料 1	掺合料 2
配合比/(kg/m^3)							
碱含量/kg							
品种及规格							
厂家							
结论：							
检测单位						试验日期	
负责人			审核			计算	

（2）相关规定及要求

① 混凝土碱含量＝水泥带入碱量（等当量 Na_2O 百分含量×单方水泥用量）＋外加剂带入碱量＋掺合料中有效碱含量。

② 应用于Ⅱ、Ⅲ类混凝土结构工程的集料（砂、石）每年应进行碱活性检验，其他材料（水泥、外加剂、掺合料）均应按批进行碱含量检测。

③ 混凝土碱含量计算书应按照单位工程实际使用的配合比提供，一种混凝土配合比对应一份碱含量计算书。

④ 对于预拌混凝土，混凝土碱含量计算书应由预拌混凝土供应单位提供，对于现场搅拌混凝土，应由混凝土试配单位提供。施工单位技术部门应审核计算结果是否满足设计提出的要求或规范规定。

14. 外墙饰面砖黏结强度试验报告

（1）资料表格样式（见表 4-36）

（2）相关要求

① 现场粘贴的外墙饰面砖工程完工后，应对饰面砖黏结强度进行检验。

② 现场粘贴饰面砖黏结强度检验应以每 $1000m^2$ 同类墙体饰面砖为一个检验批，不足 $1000m^2$ 应按 $1000m^2$ 计，每批应取一组 3 个试样，每相邻的三个楼层应至少取一组试样，试样应随机抽取，取样间距不得小于 500mm。

③ 采用水泥基胶黏剂粘贴外墙饰面砖时，可按胶黏剂使用说明书的规定时间或在粘贴外墙饰面砖 14 天及以后进行饰面砖黏结强度检验。粘贴后 28 天以内达不到标准或有争议时，应以 28～60 天内约定时间检验的黏结强度为准。

④ 现场粘贴的同类饰面砖，当一组试样均符合下列两项指标要求时，其黏结强度应定为合格；当一组试样均不符合下列两项指标要求时，其黏结强度应定为不合格；当一组试样只符合下列两项指标的一项要求时，应在该组试样原取样区域内重新抽取两组试样检验，若检验结果仍有一项不符合下列指标要求时，则该组饰面砖黏结强度应定为不合格。

表 4-36　外墙饰面砖黏结强度试验报告

工程名称：　　　　　　　　　　　　　　　　　　　　　　　　　　　　编号：

检测单位						试件编号	
委托单位						委托编号	
施工单位						粘贴高度	
检测仪器及精度						粘贴面积/mm²	
饰面砖规格牌号			黏结材料			黏结剂	
抽样部位			龄期/天			施工日期	
抽样数量			环境温度/℃			试验日期	
序号	试件尺寸/mm		受力面积/mm²	拉力/kN	黏结强度/MPa	破坏状态（序号）	平均强度/MPa
	长	宽					
检测依据							
检测结果							
检测单位							
批准			审核		检测		

a. 每组试样平均黏结强度不应小于 0.4MPa。

b. 每组可有一个试样的黏结强度小于 0.4MPa，但不应小于 0.3MPa。

⑤ 带饰面砖的预制墙板，当一组试样均符合下列两项指标要求时，其黏结强度应定为合格；当一组试样均不符合下列两项指标要求时，其黏结强度应定为不合格；当一组试样只符合下列两项指标的一项要求时，应在该组试样原取样区域内重新抽取两组试样检验，若检验结果仍有一项不符合下列指标要求时，则该组饰面砖黏结强度应定为不合格。

a. 每组试样平均黏结强度不应小于 0.6MPa。

b. 每组可有一个试样的黏结强度小于 0.6MPa，但不应小于 0.4MPa。

15. 后置埋件试验检验报告

（1）资料表格样式（见表 4-37）

表 4-37　后置埋件试验检验报告

报告编号		委托编号		第　页/共　页	
工程名称				委托日期	
委托单位				检测日期	
施工单位				报告日期	
见证单位				见证人	
使用部位		样品来源		代表批量	
样品状态		检验性质		设计抗拔力	
检验设备		抽检数量		后置埋件规格	
检验原因				检验环境温度	

续表

序号	检验项目	检测部位	计量单位	标准要求	实测结果

检测结论：

检测单位					
批准		审核		检测	

（2）相关要求

① 锚固抗拔承载力现场非破坏性检验可采用随机抽样办法取样。

② 同规格，同型号，基本相同部位的锚栓组成一个检验批。抽取数量按每批锚栓总数的1‰计算，且不少于3根。

16. 幕墙及门窗检验报告

（1）资料表格样式（见表4-38）

表4-38 幕墙及门窗检验报告

产品名称			规格型号	
工程名称			商　标	
工程部位			报告编号	
委托单位			委托日期	
见证单位			见证人	
生产单位			送样人	
样品数量			委托项目	
代表数量				
试件面积			检验类别	
开启缝长			受力杆测点间距	
玻璃品种			玻璃最大尺寸	
挡水高度			开启密封条材料	
五金配件			镶嵌材料	
样品状态			镶嵌方法	
检验依据				
检验结论				
批　准		审　核		试　验
试验单位			报告日期	

（2）相关要求

① 委托有资质的相关主管部门授权的第三方检测机构，进行有见证送检。

② 外窗三性　同一工程项目外墙窗户面积大于5000m² 的，抽取不同类型（推拉、平开）主规格窗各一组；同一工程项目外墙窗户面积小于5000m² 的，抽取用量最大的主规格窗。由不同厂家生产的，须分别抽检。同一规格3樘为一组。

③ 幕墙三性（或四性）　单位工程中幕墙面积大于3000m² 或建筑外墙面积50%时需做三（四）性试验，并且应对单位工程中面积超过1000m² 的每一种幕墙均抽取一个试件进行试验。根据三（四）性检测方案，现场抽取材料和配件，在试验室安装制作试件，试件包括典型单元、典型拼缝、典型可开启部分。一般试件高度方向最少须与主体有两个锚固结点，试件宽度最少有三根立挺（立柱）。

17. 墙体节能工程保温板材与基层黏结强度现场拉拔试验

（1）要求保温板材与基层的黏结强度应做现场拉拔试验，并且要求每个检验批不少于3处。

（2）采用相同材料、工艺和施工做法的墙面每500～1000m² 面积划分为一个检验批，不足500 m² 也为一个检验批。黏结强度试验至少在施工后7天进行。

18. 外墙保温浆料同条件养护试验报告

（1）当外墙采用保温浆料做保温层时，应在施工中制作同条件试件，检测其热导率、干密度和压缩强度。保温浆料的同条件试件应实行见证取样送检。

（2）采用相同材料、工艺和施工做法的墙面每500～1000m² 面积划分为一个检验批，不足500m² 也为一个检验批。

（3）每个检验批应抽样制作同条件试块不少于3组。

19. 结构实体混凝土强度验收记录

（1）资料表格样式（见表4-39）

表4-39　结构实体混凝土强度验收记录

编号：

工程名称						
施工单位					项目负责人	
留置组数					设计强度等级	
取样部位	留置日期	放置位置	累计温度值	等效养护龄期	混凝土强度值	混凝土强度值×1.1
强度评定结果						
施工单位检查结果： 项目专业技术负责人： 年　月　日			项目监理机构验收结论： 监理工程师： （建设单位项目专业技术负责人） 年　月　日			

（2）相关规定及要求　根据国家现行标准《建筑工程施工质量验收统一标准》（GB 50300—2013）规定的原则，在混凝土结构子分部工程验收前应进行结构实体检验。结构实体检验的范围仅限于涉及安全的柱、墙、梁、板等结构构件的重要部位。施工单位应编制结

构实体检验方案，采用由各方参与的见证抽样形式，以保证检验结果的公正性。

对结构实体进行检验，并不是在子分部工程验收前的重新检验，而是对重要项目进行的验证性检查，其目的是为了加强混凝土结构的施工质量验收，真实地反映混凝土强度及受力钢筋位置等质量指标，确保结构安全。

(3) 填写要点

① 留置组数　应注明在混凝土子分部中符合结构实体检验而编制检测方案的规定中具体留置几组。

同一强度等级的同条件养护试件其留置的数量，应根据混凝土工程量和重要性确定，不宜少于 10 组，且不应少于 3 组。

② 取样部位　应注明某个检验批。

同条件养护试件所对应的结构构件或结构部位应由监理（建设）施工等各方共同选定。

③ 留置日期　混凝土试块成型日期。

④ 放置位置　试块同条件养护放置检验批的具体楼层、轴线位置。

⑤ 累计温度值　依据混凝土规范按日平均温度逐日累计达到 600℃时的实际温度。

⑥ 等效养护龄期　依据混凝土规范按日平均温度逐日累计达到 600℃ 时的龄期（不包括 0℃以下的龄期）。

⑦ 混凝土强度值　按混凝土抗压强度试验报告中的抗压强度值注明。

20. 结构实体钢筋保护层厚度验收记录

(1) 资料表格形式（见表 4-40）

表 4-40　结构实体钢筋保护层厚度验收记录

编号：

工程名称				施工单位						
检验方法				钢筋保护层设计值						
结构部位		位置	构件代表数量	钢筋数量	钢筋保护层厚度实测值/mm					
梁										
板										
梁合格点率					评定结果					
板合格点率					评定结果					
施工单位检查结果： 项目专业负责人： 年　月　日					监理(建设)单位验收结论： 监理工程师(建设单位项目专业负责人) 年　月　日					

(2) 填写要点

① 检验方法　应注明非破损方法、局部破损方法或非破损方法与局部破损方法相结合。

② 钢筋保护层设计值　应按设计要求。

③ 结构部位　施工单位、监理（建设）单位共同选取检验批和楼层。

④ 位置　具体梁、板轴线位置。

⑤ 构件代表数量　所检验构件楼层的代表数量。

对梁类、板类构件应各抽取构件数量的2%，且不少于5个构件进行检验，当有悬挑构件时，抽取的构件中悬挑梁类、板类构件所占比例均不宜小于50%。

⑥ 钢筋数量　抽检梁的全部纵向受力钢筋、板钢筋的根数。

对选定的梁类构件，应对全部纵向受力钢筋的保护层厚度进行检验，对选定的板类构件应抽取不少于6根纵向受力钢筋的保护层厚度进行检验，对每根钢筋应在有代表性的部位测量1点。

（3）允许偏差值　钢筋保护层厚度检验时，纵向受力钢筋保护层厚度的允许偏差对梁类构件为+10mm−7mm，对板类构件为+8mm−5mm。

（4）合格判定

① 当全部钢筋保护层厚度检验的合格点率为90%及以上时，钢筋保护层厚度的检验结果应判为合格。

② 当全部钢筋保护层厚度检验的合格点率小于90%，但不小于80%，可再抽取相同数量的构件进行检验；当按两次抽样总和计算的合格点率为90%及以上时，钢筋保护层厚度的检验结果仍应判为合格。

③ 每次抽样检验结果中不合格点的最大偏差均不应大于规定允许偏差的1.5倍。

21. 围护结构现场实体检验

建筑围护结构施工完成后，应对围护结构的外墙节能构造和严寒、寒冷、夏热冬冷地区的外窗气密性进行现场实体检测。外墙节能构造的现场实体检验目的：验证墙体保温材料的种类是否符合设计要求；验证保温层厚度是否符合设计要求；检查保温层构造做法是否符合设计和施工方案要求。

（1）检验报告样式（见表4-41）

（2）取样部位和数量的规定

① 取样部位应由监理（建设）与施工双方共同确定，不得在外墙施工前预先确定。

② 取样位置应选取节能做法有代表性的外墙上相对隐蔽的部位，并宜兼顾不同朝向和楼层；取样位置必须确保安全，且应方便操作。

③ 外墙取样数量为一个单位工程每种节能保温做法至少取3个芯样。取样部位宜均匀分布，不宜在同一个房间外墙上取2个或2个以上芯样。

（3）合格判定及处理

在垂直于芯样表面（外墙面）的方向上实测芯样保温层厚度，当实测芯样厚度的平均值达到设计厚度95%及以上且最小值不低于设计厚度的90%时，应判定保温层厚度符合设计要求；否则，应判定保温层厚度不符合设计要求。

表4-41　围护结构钻芯法检验节能做法检验报告

<table>
<tr><td colspan="2" rowspan="3">外墙节能构造检验报告</td><td>报告编号</td><td></td></tr>
<tr><td>委托编号</td><td></td></tr>
<tr><td>检测日期</td><td></td></tr>
<tr><td>工程名称</td><td colspan="3"></td></tr>
<tr><td>建设单位</td><td></td><td>委托人/联系电话</td><td></td></tr>
<tr><td>监理单位</td><td></td><td>检测依据</td><td></td></tr>
<tr><td>施工单位</td><td></td><td>设计保温层材料</td><td></td></tr>
<tr><td>节能设计单位</td><td></td><td>设计保温层厚度</td><td></td></tr>
</table>

续表

	检验项目	芯样 1	芯样 2	芯样 3
检验结果	取样部位	轴线/　层	轴线/　层	轴线/　层
	芯样外观	完整/基本完整/破碎	完整/基本完整/破碎	完整/基本完整/破碎
	保温材料种类			
	保温层厚度	mm	mm	mm
	平均厚度	mm		
	围护结构分层做法	1. 2. 3. 4. 5.	1. 2. 3. 4. 5.	1. 2. 3. 4. 5.
	照片编号			
				见证意见： 1. 抽样方法符合规定； 2. 现场钻芯真实； 3. 芯样照片真实； 4. 其他： 见证人：

批　准		审　核		检　验	
检测单位		（印章）		报告日期	

当取样检验结果不符合设计要求时，应委托具备检测资质的见证检测单位增加一倍数量再次取样检验。仍不符合设计要求时应判定围护结构节能做法不符合设计要求。此时应根据检验结果委托原设计单位或其他有资质的单位重新验算房屋的热工性能，提出技术处理方案。

22. 室内环境检测报告

（1）资料表格样式（见表 4-42）

表 4-42　室内环境检测报告

编号：

工程名称					委托单位		
检测日期					报告日期		
检验项目		氡/(Bq/m³)	游离甲醛/(mg/m³)	苯/(mg/m³)	氨/(mg/m³)	TVOC/(mg/m³)	单项判定
质量指标	Ⅰ	≤200	≤0.08	≤0.09	≤0.2	≤0.5	
	Ⅱ	≤400	≤0.12	≤0.09	≤0.5	≤0.6	
检查结果							
检测单位							
批准			审核人		监测人		

（2）相关规定及要求

① 室内环境检验的委托　室内环境检测应由建设单位委托经有关部门认可的检测机构进行，并出具室内环境污染浓度检测报告。

② 室内环境检测的项目　包括氡、游离甲醛、苯、氨和总挥发有机化合物（TVOC）的浓度等。

③ 室内环境检测的时间　民用建筑工程及室内装修工程，应在工程完工至少7天以后，工程交付使用前对室内环境进行质量验收。验收不合格的民用建筑，严禁投入使用。民用建筑工程室内环境中游离甲醛、苯、氨、总挥发性有机化合物（TVOC）浓度检测时，对采用集中空调的民用建筑工程，应在空调正常运转的条件下进行；对采用自然通风的民用建筑工程，检测应在对外门窗关闭1h后进行。

民用建筑工程室内环境中氡浓度检测时，对采用集中空调的民用建筑工程，应在空调正常运转的条件下进行；对采用自然通风的民用建筑工程，检测应在对外门窗关闭24h后进行。

④ 室内环境检测的抽检房间及监测点数量　民用建筑工程室内环境检测时，应抽检有代表性的房间室内环境污染物浓度，抽检数量不得少于5%，并不得少于3间；房间总数少于3间，应全数检测。凡进行了样板间室内环境污染物浓度检测且检测结果合格的，抽检数量减半，并不得少于3间。室内环境污染物浓度检测点应按房间面积设置：房间使用面积小于50m^2 时，设一个监测点；房间使用面积5～100m^2 时，设2个监测点；房间使用面积大于100m^2 时，设3～5个监测点。

⑤ 监测点部位要求　民用建筑工程验收时，环境污染物浓度现场检测点应距内墙面不小于0.5m、距楼地面高度0.8～1.5m。检测点应均匀分布，避开通风道和通风口。

第六节　施工记录

施工记录是在施工过程中形成的，确保工程质量、安全的各种检查记录的统称。包括对重要工程项目或关键部位的施工方法、使用材料、构配件、操作人员、时间、施工情况等进行的记载，并经有关人员签字。施工记录的内容应达到能满足检验批验收的需要。

一、隐蔽工程验收记录

隐蔽工程是指施工过程中，上一工序的工作结果将被下一工序所掩盖，无法再次进行检查的工程部位。隐蔽工程检查是保证工程质量与安全的重要过程控制检查记录，是检验批质量验收的重要依据。隐蔽检查记录即通过文字或图形等形式，将工程隐检项目的隐检内容、质量情况、检查意见、复查意见等记录下来，作为以后建筑工程的维护、改造、扩建等重要的技术资料。

隐蔽工程未经检查或验收未通过，不允许进入下一道工序的施工。施工单位应在施工组织设计中明确隐蔽部位以及待检点和停检点。

1. 资料表格样式（见表4-43和表4-44）

2. 相关规定及要求

（1）隐蔽工程施工完毕后，由专业工长填写隐检记录，及时通知监理（建设）单位，会同有关单位参加验收，施工单位项目技术负责人、专业工长、专业质量检查员共同参加。验收后由监理（建设）单位签署验收结论，形成隐蔽工程验收记录，进行下道工序施工。

（2）隐蔽工程验收记录上签字、盖章要齐全，参加验收人员须本人签字，并加盖监理（建设）单位项目部公章和施工单位项目部公章。

表 4-43 隐检记录汇总表

编号：

工程名称		施工单位		
序号	名称	施工部位	验收日期	备注
填表人			共　页,第　页	

表 4-44 隐蔽工程验收记录

编号：

工程名称		施工单位	
隐检项目		验收日期	
隐蔽验收部位		隐检依据	
隐检内容			
施工单位检查结果	项目专业质量检查员： 年　月　日		
	项目专业技术负责人	专业工长	
监理单位(建设单位)结论	监理工程师： 年　月　日		

(3) 隐蔽工程验收内容　《建筑工程施工质量验收强制性条文应用技术要点》对建筑与结构工程主要隐蔽验收项目（部位）作了如下要求：

① 地基基础　定位抄平放线记录；土方工程（基槽开挖、土质情况、地基处理）；地基处理、桩基施工；基础钢筋、混凝土、砖石砌筑。

② 主体结构　砌体组砌方法、配筋砌体；变形缝构造；梁、板、柱钢筋（品种、规格、数量、位置、接头、锚固、保护层）；预埋件数量和位置、牢固情况；焊接检查（强度、焊缝长度、厚度、外观、内部超声、射线检查）；墙体拉结筋（数量、长度、位置）。

③ 建筑屋面　找平层、保温层、防水层、隔离层。

④ 装饰装修部分　各类装饰工程的基层、吊顶埋件及骨架、防水层及蓄水试验。

⑤ 幕墙工程　检查构件之间以及构件与主体结构的连接节点的安装及防腐处理；幕墙四周、幕墙与主体结构之间间隙节点的处理、封口的安装；幕墙伸缩缝、沉降缝、防震缝及墙面转角节点的安装、幕墙防雷接地节点的安装，幕墙防火构造等。

⑥ 钢结构工程　检查地脚螺栓规格、位置、埋设方法、紧固，压型金属板在支承构件上的搭接情况等。

3. 隐蔽工程检查记录填表要求

(1) 工程名称　与施工图中图签一致。

（2）隐检项目　具体写明（子）分部工程名称和施工工序主要检查内容，比如桩基工程钢筋笼安装。

（3）隐蔽验收部位　按隐检项目的检查部位或检验批所在部位填写。

（4）隐检内容　应将隐检验收项目的具体内容描述清楚。

（5）隐检依据　施工图、图纸会审、设计变更或洽商、施工质量验收规范、施工组织设计、施工方案等。

（6）验收日期　按实际检查日期填写。

（7）施工单位检查结果　应根据检查内容详细填写，记录应齐全。主要包括主要原材料及复试报告单的编号，主要连接件的复试报告单的编号，主要施工方法等。如钢筋隐蔽绑扎就要对钢筋搭接倍数有定量的说明，接头错开位置有具体尺寸。若文字不能表达清楚，可用示意简图进行说明等。

（8）监理单位（建设单位）结论　由监理（建设）单位填写，验收意见应针对验收内容是否符合要求有明确结论。针对第一次验收未通过的要注明质量问题，并提出复查要求。在复查中仍出现不合格项，按不合格品处理。

（9）本表由施工单位填报。其中监理单位（建设单位）结论由监理（建设）单位填写。

二、施工检查记录

按照现行规范要求应进行施工检查的重要工序皆应填写相应施工检查记录。无相应施工记录表格的，应填写《施工检查记录》（通用）。

表格样式见表 4-45。

表 4-45　施工检查记录（通用）

工程名称		检查项目	
检查部位		检查日期	
检查依据：			
检查内容：			
检查结论：			
复查意见：			
施工单位			
专业技术负责人	专业质检员	专业工长	

三、交接检查记录

1. 资料表格样式（见表 4-46）

表 4-46 交接检查记录

编号：

<table>
<tr><td>工程名称</td><td colspan="5"></td></tr>
<tr><td>移交单位名称</td><td colspan="3"></td><td>接收单位名称</td><td></td></tr>
<tr><td>交接部位</td><td colspan="3"></td><td>检查日期</td><td></td></tr>
<tr><td colspan="6">交接内容：</td></tr>
<tr><td colspan="6">检查结果：</td></tr>
<tr><td colspan="6">复查意见：

复查人：　　　　　　　　复查日期：</td></tr>
<tr><td colspan="6">见证单位意见：

见证单位名称：</td></tr>
<tr><td rowspan="2">签字栏</td><td colspan="2">移交单位</td><td>接收单位</td><td colspan="2">见证单位</td></tr>
<tr><td colspan="2"></td><td></td><td colspan="2"></td></tr>
</table>

2. 相关规定及要求

(1) 本表由移交单位先行填报，其中表头和交接内容由移交单位填写；检查结果由接收单位填写。

(2) 复查意见　由见证单位填写。主要针对第一次检查存在问题进行复查，描述对质量问题的整改情况和复查结果。

(3) 见证单位意见　是见证综合移交和接收方意见形成的仲裁意见。

(4) 见证单位的规定　当在总包管理范围内的分包单位之间移交时，见证单位应为“总包单位”；当在总包单位和其他专业分包单位之间移交时，见证单位应为“建设（监理）单位”。

(5) 桩（地）基工程与混凝土结构工程之间的交接，主要检查：桩（地）基是否完成、桩（地）基检验检测、桩位偏移和桩顶标高、桩头处理、缺陷处理、竣工图与现场的对应关系、场地平整夯实，是否完全具备进行下一道工序混凝土结构施工的条件。

(6) 混凝土结构工程与钢结构工程之间的交接，主要检查：结构的标高、轴线偏差；结构构件的实际偏差及外观质量情况；钢结构预埋件规格、数量、位置；混凝土的实际强度是否满足钢结构施工对相关混凝土强度要求；是否具备钢结构工程施工的条件等。

(7) 初装修工程与精装修工程之间的交接，主要检查：结构标高、轴线偏差；结构构件尺寸偏差；填充墙体、抹灰工程质量；相邻楼地面标高；门窗洞口尺寸及偏差；水、暖电等预埋或管线是否到位；是否具备进行精装修工程施工的条件等。

四、工程定位测量记录

工程定位测量是指单位工程开工前，施工单位根据测绘部门提供的放线成果、红线桩及场地控制网（或建筑物控制网）、设计总平面图及水准点，测定建筑物位置、主控轴线及尺寸、建筑物的±0.000 高程。

1. 资料表格样式（见表 4-47）

表 4-47　工程定位测量记录

编号：

工程名称		委托单位	
图纸编号		施测日期	
坐标依据		复测日期	
高程依据		使用仪器	
允许偏差		仪器检定日期	

定位抄测示意图：

复测结果：

签字栏	建设(监理)单位	施工单位		测量人员岗位证书号	
		专业技术负责人	测量负责人	复测人	施测人

2. 相关规定及要求

工程定位测量主要有建筑物位置线、现场标准水准点、坐标点（包括场地控制网或建筑物控制网、标准轴线桩等）。测绘部门根据《建筑工程规划许可证》（含附件、附图）批准的建筑工程位置及标高依据，测定出建筑物红线桩。

（1）建筑物位置线　施工单位（指专业测量单位）应根据测绘部门提供的放线成果、红线桩及场地控制网（建筑物控制网），测定建筑物位置、主控轴线及尺寸，作出平面控制网并绘制成图。

（2）标准水准点　标准水准点由规划部门提供，用来作为引入拟建建筑物标高的水准点，一般为 2～3 点，在使用前必须进行校核，测定建筑物±0.000 绝对高程。

（3）工程定位测量检查内容

① 校核标准轴线桩点、平面控制网。

② 校核引进现场施工用水准点。

③ 检查计算资料及成果、依据材料、标准轴线桩及平面控制网示意图。

（4）工程定位测量完成（经建设、监理单位校核）后，应由建设单位报请具有相应资质的测绘部门验线。

3. 填写要点

（1）施测、复测日期　应按实际测量日期填写。

（2）坐标依据、高程依据　应与测绘部门出具的（放线、水准点）测量成果相一致，并写明点位编号。

（3）使用仪器　应填写仪器名称、仪器型号。

（4）允许偏差　应严格按照现行规范要求填写。

（5）定位抄测示意图应体现以下内容：

① 应就拟建的单位工程与周围原有建筑物和构筑物作一概括性平面示意图，标注原有建筑物和拟建建筑物名称。

② 注明拟建建筑物主要轴线、尺寸，与原有建筑物的相对位置关系。

③ 注明坐标、高程依据的位置及编号（如坐标高程依据比例超出表格范围，可只标出相对位置）

（6）复测结果　应填写具体数字，各坐标点的具体数值，不能只填写“合格”或“不合格”。

（7）签字栏　如果工程定位测量是委托有资质的测量单位进行的，应体现测量单位名称，不得由施工单位代测量单位签认。施测人、复测人应具有相应岗位证书。

五、基槽验线记录

基槽验线是指对建筑工程项目的基槽（坑）轴线、放坡边线等几何尺寸进行复验，主要检验建筑物基底外轮廓线、集水坑、电梯井坑、基槽（坑）断面尺寸、坡度等是否符合设计要求。

1. 资料表格样式（见表 4-48）

表 4-48　基槽验线记录

编号：

<table>
<tr><td colspan="2">工程名称</td><td colspan="2"></td><td>日 期</td><td></td></tr>
<tr><td colspan="6">验线依据及内容：</td></tr>
<tr><td colspan="6">基槽平面、剖面简图：</td></tr>
<tr><td colspan="6">检查意见：</td></tr>
<tr><td rowspan="3">签字栏</td><td rowspan="2">建设(监理)单位</td><td colspan="4">施工单位</td></tr>
<tr><td>专业技术负责人</td><td colspan="2">专业质检员</td><td>施测人</td></tr>
<tr><td></td><td></td><td colspan="2"></td><td></td></tr>
</table>

2. 填写要点

（1）施工单位根据工程定位测量点、主控轴线和基底平面图，检验建筑物外轮廓线、主轴线位置尺寸、基槽断面尺寸和坡度、基底标高（高程）等，填写《基槽验线记录》。

（2）验线依据　建设单位或测绘院提供的坐标、高程控制点；工程定位控制桩、高程点；有关施工图纸。

（3）基槽平面、剖面简图　基槽平面轮廓线、主轴线位置尺寸、基槽断面尺寸和坡度、基底标高（高程）。

（4）检查意见　由监理单位签署，尽可能将检查结果量化，尽量避免使用“符合要求”等模糊性结论。

（5）签字栏　施工测量单位按照“谁测量谁负责”的原则如实填写。施测人应具有相应岗位证书。

六、楼层平面放线记录

楼层平面放线是指在结构施工期间，施工单位依据施工图和施工测量方案，按照施工进度安排及时进行平面放线。

1. 资料表格样式（见表 4-49）

表 4-49　楼层平面放线记录

编号：

工程名称		日　期	
放线部位		放线内容	
放线依据：			
放线简图：			
检查意见：			

签字栏	建设(监理)单位	施工单位		
		专业技术负责人	专业质检员	施测人

2. 相关规定及要求

(1) 放线内容　施工层墙柱轴线、墙柱边线；门窗洞口位置线；轴线竖向投测控制线；垂直度偏差等。

(2) 放线部位　应按实际施工流水段、分楼层、分轴线填写，不得笼统填写。

(3) 放线依据　应写明具体的施工图样（编号）、定位控制桩或高程点。

(4) 放线简图　若是平面放线应标明外轮廓线、重要控制轴线尺寸；若是墙体、门窗洞口放线应有剖面图，注明放线的标高尺寸。注明指北针方向。

(5) 检查意见及签字栏同基槽验线记录中相关要求。

七、楼层标高抄测记录

楼层标高抄测是指在结构施工期间，施工单位依据施工图和施工测量方案，按照施工进度安排及时进行标高抄测。施工单位完成标高抄测后，填写《标高抄测记录》报请项目监理机构审核。

1. 资料表格样式（见表 4-50）

2. 填写要求

(1) 抄测内容　楼层+0.5m（或+1.0m）水平控制线、门窗洞口标高控制线等。

(2) 抄测部位　应按实际施工流水段、分楼层、分轴线填写，不得笼统填写。

(3) 抄测依据　应写明具体的施工图样（编号）、定位控制桩或高程点。

(4) 抄测说明　应尽可能采用立面图或立体图表示，抄测点标识的位置和数量。

(5) 检查意见及签字栏同基槽验线记录中相关要求。

表 4-50 楼层标高抄测记录

编号：

工程名称		日 期	
抄测部位		抄测内容	

抄测依据：

抄测说明：

检查意见：

签字栏	建设(监理)单位	施工单位		
		专业技术负责人	专业质检员	施测人

八、建筑物垂直度、标高测量记录

建筑物垂直度、标高、全高测量记录是对建筑物垂直度、标高、全高在施工过程中和竣工后进行的测量记录。根据工程的不同结构类型布置观测点，对主要阳角均应记录垂直度数据，施工过程应随着楼层增高，每层进行垂直度测量，每个阳角两侧都应观测检查。详细记录轴线编号及本层偏差，做好布点平面图，每次观测要及时整理，观测数据要真实。

1. 资料表格形式（见表 4-51）

表 4-51 建筑物垂直度、标高测量记录

编号：

工程名称			
施工阶段		观测日期	

观测说明(附观测示意图)：

垂直度测量(全高)		标高测量(全高)	
观测部位	实测偏差/mm	观测部位	实测偏差/mm

结论：

签字栏	建设(监理)单位	施工单位		
		专业技术负责人	专业质检员	施测人

2. 相关规定及要求

(1) 建筑物垂直度、全高测量由施工单位的专业技术负责人牵头，专职质量检查员详细记录，建设单位代表和项目监理机构的专业监理工程师参加。现场原始记录须经施工单位的专业技术负责人、专职质量检查员签字、建设（监理）单位的参加人员签字后方有效并归存，作为整理资料的依据以备查。

(2) 施工过程中的垂直度测量

① 测量次数，原则上每加高1层测量1次，整个施工过程不得少于4次。

② 轴线测量按基础及各层放线、测量与复测执行。

(3) 竣工后的测量

① 建筑物垂直度、标高、全高测量选定应在建筑物四周转角处和建筑物的凹凸部位。单位工程每项测点数不应少于10点，其中前沿、背沿各4点，两个侧面各1点。

② 标高测量应按层进行，高层建筑可两层为一测点，多层建筑可一层为一测点，可按测点的平均差值填写。

③ 建筑物的垂直度、标高、全高测量是建筑物已竣工、观感质量检查完成后对建筑物进行的测量工作，由施工单位测量，量测时项目监理机构派专业监理工程师参加监督量测。

3. 填写要求

(1) 施工阶段　应填写结构封顶或工程完工。

(2) 观测说明（附观测示意图）　观测点的布置位置及数量，观测时间的安排，采用的观测仪器等；观测示意图按实际建筑物轮廓绘制，标明观测点的位置和数量，注明指北针方向。

(3) 观测部位　可以按观测示意图标注的点号填写，如“1号、2号……”或“A、B……”。

(4) 观测日期　注明楼层或标高测量时的日期。

(5) 实测偏差　注明实际观测数据。

(6) 结论　应根据实测偏差中的最大偏差结果，判定是否符合现行施工质量验收规范（并非施工测量规范）规定和设计要求。

九、沉降观测记录

沉降观测是为保证建筑物质量满足建筑使用年限的要求，使施工过程中及竣工后的建筑物沉降值得到有效控制，设计必须标注工程竣工验收沉降值。无论何种结构类型的工程，施工单位都要对建筑物进行沉降观测。

1. 资料表格形式（见表4-52）

2. 相关规定及要求

为防止地基不均匀沉降引起结构破坏，按设计要求及有关规范规定，对新建工程以及受其影响的邻近建筑均要进行沉降观测，并做好沉降观测记录。

(1) 沉降观测的次数和时间应符合设计要求。当设计无明确规定时，一般建筑可在基础完成后开始观测；大型、高层建筑，可在基础垫层或基础底部完成后开始观测。

民用建筑可每加高1～2层观测一次，工业建筑可按不同施工阶段（如回填基坑、安装柱子和层架、砌筑墙体、设备安装等）分别进行观测，如建筑物均匀增高，应至少在增加荷载的25%、50%、75%和100%时各测一次，整个施工期间的观测不得少于5次。施工过程中如暂时停工，在停工及复工时应各测一次。停工期间，可每隔2～3个月观测一次。建筑物竣工后，一般情况，第一年观测 3～4 次，第二年观测 2～3 次，第三年后每年观测一次，直至稳定为止。

（2）沉降观测资料应及时整理和妥善保存，并应附有下列各项资料：

① 根据水准点测量得出的每个观测点高程和其逐次沉降量。

② 根据建筑物和构筑物的平面图绘制的观测点位置图，根据沉降观测结果绘制的沉降量、地基荷载与连续时间三者的关系曲线图及沉降量分布曲线图。

③ 计算出的建筑物和构筑物的平均沉降量、对弯曲和相对倾斜值。

④ 水准点的平面布置图和构造图，测量沉降的全部原始资料。

表 4-52　沉降观测记录

编号：

<table>
<tr><td colspan="2">工程名称</td><td colspan="6"></td><td colspan="2">项目负责人</td><td></td></tr>
<tr><td colspan="2" rowspan="4">观察点编号</td><td colspan="3">第　次</td><td colspan="3">第　次</td><td colspan="3">第　次</td></tr>
<tr><td colspan="3">年　月　日</td><td colspan="3">年　月　日</td><td colspan="3">年　月　日</td></tr>
<tr><td rowspan="2">标高/m</td><td colspan="2">沉降量/mm</td><td rowspan="2">标高/m</td><td colspan="2">沉降量/mm</td><td rowspan="2">标高/m</td><td colspan="2">沉降量/mm</td></tr>
<tr><td>本次</td><td>累计</td><td>本次</td><td>累计</td><td>本次</td><td>累计</td></tr>
<tr><td colspan="2"></td><td></td><td></td><td></td><td></td><td></td><td></td><td></td><td></td><td></td></tr>
<tr><td colspan="2"></td><td></td><td></td><td></td><td></td><td></td><td></td><td></td><td></td><td></td></tr>
<tr><td colspan="2">工程部位</td><td colspan="9"></td></tr>
<tr><td rowspan="3">签字栏</td><td rowspan="2">建设(监理)单位</td><td colspan="9">施工单位</td></tr>
<tr><td colspan="5">项目负责人</td><td colspan="2">监测人员</td><td colspan="2">观测人员</td></tr>
<tr><td></td><td colspan="5"></td><td colspan="2"></td><td colspan="2"></td></tr>
</table>

3. 填写要点

（1）观察点编号　以建筑物单线图确定观测点的位置编号进行记录，应与实际标志一致。

（2）标高　注明沉降观测标志的标高和每次沉降观测标高。

（3）沉降量（本次、累计）　注明每次沉降观测实测量并进行累计。

（4）工程部位　注明观测楼层时的施工部位。

（5）观测人员、监测人员　签字注明观、监测人员。

（6）项目负责人及监理工程师要进行监督、审核并签字。

十、基坑支护水平位移监测记录

在基坑开挖和支护结构使用期间，应按设计或规范规定对支护结构进行检测，并做变形记录。

1. 资料表格形式（见表 4-53）

表 4-53　基坑支护水平位移监测记录

编号：

<table>
<tr><td>工程名称</td><td colspan="3"></td><td>监测项目</td><td></td></tr>
<tr><td>工程地点</td><td colspan="3"></td><td>监测仪器及编号</td><td></td></tr>
<tr><td>监测单位</td><td colspan="5"></td></tr>
<tr><td>日期</td><td></td><td>次数</td><td></td><td>工程状态</td><td></td></tr>
</table>

续表

测点	初测值/mm	上次位移值/mm	本次位移值/mm	累计位移值/mm
沉降报警值				
监测单位		监测人		项目技术负责人

监理单位意见：

符合程序要求（　）
不符合程序要求，请重新组织观测（　）

监理工程师（签字）：　　　　　　　　　　　　　　　　　　年　月　日

2. 相关要求

（1）本表由施工单位填报，附监测点布置图，监理单位、施工单位各存一份。

（2）测点编号按布点图填写。

（3）工程状态　挖土或垫层浇筑完成或底板浇筑完成。

（4）超过报警值应采取的措施　报警、加强监测、加固、应急措施。

十一、桩基、支护测量放线记录

表格样式见表4-54。

表 4-54　桩基、支护测量放线记录

编号：

工程名称		检查时间	
测量仪器		测量部位	
测量依据：			
测量说明及简图：			
检查结论： □检查合格　　　　□检查不合格，修改后复查			
复查结论： 复查人：　　　　复查时间：			

签字栏				
施工单位		专业技术负责人	专业质检员	施测人
监理或建设单位			专业工程师	

十二、基坑（槽）工程施工验收记录

1. 资料表格样式（见表4-55）

表4-55　基坑（槽）工程施工验收记录

编号：

<table>
<tr><td>工程名称</td><td colspan="3"></td><td>验槽日期</td><td></td></tr>
<tr><td>验槽部位</td><td colspan="5"></td></tr>
<tr><td colspan="6">验收依据：</td></tr>
<tr><td colspan="6">验槽内容：</td></tr>
<tr><td colspan="6">检查意见：</td></tr>
<tr><td colspan="6">检查结论：□无异常，可进行下道工序　　　　□需要地基处理</td></tr>
<tr><td rowspan="2">签字栏</td><td>建设单位</td><td>设计单位</td><td>勘察单位</td><td>施工单位</td><td>监理单位</td></tr>
<tr><td></td><td></td><td></td><td></td><td></td></tr>
</table>

2. 相关规定及要求

（1）建筑物基坑开挖至设计标高后，应对坑底进行保护，施工单位与设计、建设、勘察、监理单位共同现场验槽，通过后五方签认形成《基坑（槽）工程施工验收记录》。验槽合格后，方可进行垫层施工。

（2）验槽内容

① 基坑（槽）的几何尺寸、槽底标高（绝对高层或相对标高）、挖土深度（最小埋置深度）是否符合设计要求。如有局部加深、加宽者，应附图说明其原因及部位。

② 观察检查槽底土层的情况，地基土的颜色是否均匀，地基土严禁受到扰动。

③ 检查地基持力层是否与勘察设计资料相符。

④ 表层土坚硬程度有无局部软硬不均，并对地基匀质性作出评价。

⑤ 对照地基的钎探点平面图，核查钎探布孔和孔深是否满足要求；打钎记录的锤重、落距、钎径是否符合规范规定要求；钎探完毕后是否做出打钎记录分析，钎探异常部位应在钎探平面图中注明。

⑥ 采用桩基的，应核查桩位偏差、数量、桩顶标高；桩基检测结果、桩基施工记录是否符合设计要求和规范规定。

⑦ 基底形成超挖的，是否已按照设计要求进行处理。

（3）验槽部位　按实际检查部位填写。若分段进行验槽，则应按轴线注明验槽部位。

（4）验收依据　施工图纸、设计变更/洽商、施工质量验收规范、施工组织设计和施工方案。

（5）检查意见　应由勘察、设计单位出具、对验槽内容是否符合勘查、设计文件要求作出评价，是否同意通过验收。对需要地基处理的基槽，应注明质量问题并提出具体的地基处理意见。

（6）地基验槽属于重要的施工检查记录，由建设、监理、设计、勘察、施工单位各保存一份。

十三、地基钎探记录

地基钎探是基槽开挖后，验槽工作前非常重要的一项工作。槽底钎探试验可用于基槽（坑）开挖后检验槽底浅层土质的均匀性和发现回填坑穴，以便于基槽处理。有时也可用于试验，确定地基的容许承载力及检验填土的质量。

1. 表格式样（见表4-56）

表4-56　地基钎探记录

编号：

工程名称						钎探日期			
套锤重				自由落距			钎径		
顺序号	各步锤击数								备注
	合计	0～30 cm	30～60 cm	60～90 cm	90～120 cm	120～150 cm	150～180 cm	180～210 cm	
结论									
施工单位									
专业技术负责人			专业工长				记录人		

2. 相关要求

（1）项目部应根据基础平面图，按照规范要求，编制钎探平面布置图，确定钎探点布置及顺序编号。

（2）基土挖至设计基坑（槽）底标高，基槽验线通过后，项目专业工长组织按照钎探点布置图进行地基钎探，做好地基钎探记录。对过硬或过软的区域应在钎探记录和钎探点布置图中标注。

（3）对于天然地基基础基槽，遇到下列情况之一，应在基础底普遍进行轻型动力触探（轻便触探）：

① 持力层明显不均匀；

② 浅部有软弱下卧层；

③ 可能有浅埋的坑穴、古墓、古井等，直接观察难以发现时；

④ 勘察报告或设计文件规定应进行轻型动力触探。

（4）钎探适用于一般黏性土、粉土、粉细砂及人工填土。属于下列情况可不做钎探：

① 基坑不深处有承压水层，触探可造成冒水涌砂时；

② 持力层为砾石层或卵石层，且其厚度符合设计要求时；

③ 基坑已做地基处理或桩基础并做地基承载力检测的。

（5）钎探点布置依据设计要求，当设计无规定时，轻型动力触探检验深度及间距按表4-57执行。

表4-57 轻型动力触探检验深度及间距表

排列方式	基槽宽度/m	检验深度/m	检验间距
中心一排	<0.8	1.2	1.0～1.5m视地基复杂情况定
两排错开	0.8～2.0	1.5	
梅花形	>2.0	2.1	

（6）现场钎探可能并不是按照钎探点顺序进行钎探，此时原始钎探记录顺序会比较乱，可以重新整理抄录。

（7）备注　钎探过程中发现异常的，应在备注栏中注明。

（8）基槽（坑）局部进行处理的，应将处理范围标注在钎探点平面图上，与地基处理记录和地基处理洽商的内容相一致。

（9）本表由施工单位填报，监理单位、施工单位各存一份。

十四、混凝土浇灌申请书

1. 资料表格样式（见表4-58）

表4-58 混凝土浇灌申请书

编号：

工程名称		申请浇灌日期	年　月　日　时
浇灌部位		申请方量/m³	
技术要求		强度等级	
搅拌方式（搅拌站名称）		申请人	

依据：施工图纸（施工图纸号＿＿＿＿＿＿）、设计变更/洽商（编号＿＿＿＿＿＿＿）及有关规范、规程。

施工准备检查	专业工长（质量员）签字	备注
1. 隐检情况：□已 □未完成隐检		
2. 预检情况：□已 □未完成预检		
3. 水电预埋情况：□已 □未完成并未经检查		
4. 施工组织情况：□已 □未完备		
5. 机械设备准备情况：□已 □未准备		
6. 保温及有关准备：□已 □未完备		

审批意见：

审批结论：□同意浇筑　□整改后自行浇筑　□不同意，整改后重新申请

审批人：　　审批日期：

施工单位名称：

2. 相关规定及要求

（1）项目应在各项准备工作逐条完成并核实后，根据现场浇筑混凝土计划量、施工条件、施工气温、浇筑部位等填报混凝土浇筑申请，由施工单位项目相关负责人和监理签认批准，形成《混凝土浇灌申请书》。浇灌申请通过后方可正式浇筑混凝土。

（2）混凝土浇灌申请书应由专业工长负责填报，由现场负责人或专业质量员审批签认后生效。

（3）申请浇灌部位和申请方量　应尽可能准确，注明层、轴线和构件名称（梁、柱、板、墙等）。

（4）技术要求　应根据混凝土合同的具体要求填写，如混凝土初、终凝时间要求，抗渗设计要求等。

（5）审批意见、审批结论　应由现场负责人或项目质检员填写。

十五、预拌混凝土运输单

预拌混凝土运输单为分析混凝土运输、浇筑、间歇时间是否满足项目提出的初凝时间提供了依据，同时是经济结算的重要凭证。

1. 资料表格样式（见表 4-59）

表 4-59　预拌混凝土运输单

编号：

合同编号			任务单号				
供应单位			生产日期				
工程名称及施工部位							
委托单位		混凝土强度等级		抗渗等级			
混凝土输送方式		其他技术要求					
本车供应方量/m³		要求坍落度/mm		实测坍落度			
配合比编号		配合比比例	C∶W∶S∶G=				
运距/km		车号		车次		司机	
出站时间		到场时间		现场出罐温度/℃			
开始浇筑时间		完成浇筑时间		现场坍落度			
签字栏	现场验收人	混凝土供应单位质量员	混凝土供应单位签发人				

2. 相关规定及要求

（1）预拌混凝土供应单位应随车向施工单位提供预拌混凝土运输单，内容包括工程名称、使用部位、供应方量、配合比、坍落度、出站时间、到场时间和施工单位测定的现场实测坍落度等。一般有正本和副本各一份。

（2）供应单位填写：工程名称、使用部位、供应方量、配合比、坍落度、出站时间、到场时间等。施工单位试验和材料人员填写：现场出罐温度、现场实测坍落度（抽测）、开始浇筑时间、完成时间。

（3）施工单位专业质量员应及时、分析混凝土实测坍落度、混凝土浇筑间歇时间等，必须满足施工实际需要和规范规定。单车总耗时（运输、浇筑及间歇的全部时间）不得超过混凝土初凝时间，当超过规定时间应按施工缝处理。

（4）对无法满足施工要求的混凝土（现场实测坍落度不合格、运输时间超时的）应及时退场。

十六、混凝土开盘鉴定记录

1. 资料表格样式（见表 4-60）

表 4-60　混凝土开盘鉴定记录

工程名称			分部工程名称		部位	
施工单位				搅拌设备		
试配单位				配合比报告编号		
强度等级		抗渗等级		砂率		水灰比
材料名称	水泥	砂	石	水	外加剂	掺合料
用料/(kg/m³)						
调整后每盘用料/kg						
鉴定结果	鉴定项目	混凝土拌合物落度	混凝土试块抗压强度 $f_{cu,28}$/MPa	混凝土试块抗渗强度/MPa	原材料与配合比报告是否相符	
	实测					
	鉴定意见					
备注：						
参与鉴定人员签名	监理(建设)单位		施工单位		搅拌机组负责人	
鉴定日期			鉴定编号			

2. 相关要求

为了验证混凝土的实际质量与设计要求是否一致，实际生产时，对首次使用的用于承重结构及抗渗防水工程的混凝土配合比应进行开盘鉴定。

采用现场搅拌混凝土的，应由施工单位、监理单位组织人员进行开盘鉴定，共同认定试验室签发的混凝土配合比中的组成材料是否与现场施工所用材料相符，以及混凝土拌合物性能是否满足有关规范的规定。开始搅拌时，每个单位工程首次使用的混凝土配合比应至少留置一组 28 天标准养护试块作为验证配合比的依据。

采用预拌混凝土的，应按批量对首次使用的混凝土配合比由混凝土供应单位自行组织相关人员进行开盘鉴定，并应至少留置一组 28 天标准养护试块作为验证配合比的依据。

开盘鉴定应使用施工配合比。混凝土拌制前，应测定砂、石含水率并根据测试结果调整材料用量，提出施工配合比。

十七、混凝土拆模申请单

1. 资料表格样式（见表 4-61）

表 4-61　混凝土拆模申请单

编号：

工程名称					
申请拆模部位					
混凝土强度等级		混凝土浇筑完成时间		申请拆模日期	
构件类型(注：在所选择构件类型的□内划"√")					
□墙	□柱	板： □ 跨度≤2m □ 2m＜跨度＜8m □ 跨度≥8m	梁： □ 2m＜跨度＜8m □ 跨度≥8m	悬臂构件	
拆模时混凝土强度要求	龄期	同条件混凝土抗压强度/MPa	达到设计强度等级/%	强度报告编号	
结论：					
施工单位					
专业技术负责人		专业质检员		记录人	

2. 相关规定及要求

（1）在拆除现浇混凝土结构板、梁、悬臂构件等底模和柱墙侧模前，项目模板责任工长应进行拆模申请，报项目专业技术负责人审批，通过后方可拆模，形成《混凝土拆模申请单》（水平结构模板拆除应附同条件混凝土强度报告）。

（2）梁、板底模及其支架拆除时的混凝土强度应符合设计要求；当设计无具体要求时，混凝土强度应符合表 4-62 的规定。

表 4-62　底模拆除时的混凝土强度要求

构件类型	构件跨度/m	达到设计的混凝土立方体抗压强度标准值的百分率/%
板	≤2	≥50
	＞2,≤8	≥75
	＞8	≥100
梁、拱、壳	≤8	≥75
	＞8	≥100
悬臂构件	—	≥100

（3）冬期施工、后浇带、悬臂结构构件的模板拆除应严格执行施工方案要求，拆除申请通过后方可正式拆模。

（4）混凝土拆模申请单应包括以下内容：工程名称、申请拆模部位、混凝土强度等级、浇筑完成时间、申请拆模时间、构件类型及跨度、拆模时混凝土强度要求、试块龄期、强度报告编号（主要针对水平结构构件）。

（5）审批意见　应由项目技术负责人或专业质检员填写，对是否同意拆模、施工禁忌、注意事项等提出意见。

十八、混凝土搅拌测温记录

冬季混凝土施工时，应进行混凝土搅拌测温记录。

1. 资料表格样式（见表4-63）

表4-63　混凝土搅拌测温记录

编号：

工程名称											
混凝土强度等级								坍落度			
水泥品种及强度等级								搅拌方式			
测温时间				大气温度/℃	原材料温度/℃				出罐温度/℃	入模温度/℃	备注
年	月	日	时		水泥	砂	石	水			
施工单位											
专业技术负责人			专业质检员					记录人			

2. 相关规定及要求

（1）应按照工作班进行记录。

（2）同一配合比编号的混凝土，每一工作班测温不宜少于4次。

（3）温度测试精确至0.1℃。

（4）混凝土拌合物运至浇筑地点的最高和最低温度、混凝土入模温度应符合现行规范标准规定。

（5）对于预拌混凝土只进行大气温度、出罐温度、入模温度的测温记录。

十九、混凝土养护测温记录

冬季混凝土施工时，应进行混凝土养护测温记录。

1. 资料表格样式（见表4-64）

2. 相关规定及要求

（1）混凝土养护测温缘于两个方面的原因：一是冬期施工期间，按规定对新浇筑的混凝土内部温度进行测试，观测内部温度是否降至所选用防冻剂的规定温度；二是按规定的时间间隔对浇筑的混凝土内部温度进行测试，计算出某一段时间的混凝土内部平均温度，从“温度、龄期对混凝土强度影响曲线”上查得混凝土的即时强度，从而决定是否委托检测混凝土各种规定强度用的混凝土试件。“温度、龄期对混凝土强度影响曲线”从规范中可查出或由检测单位给出。

（2）混凝土养护测温应按照同一次浇筑完成的部位进行记录。

（3）《混凝土养护测温记录》中测温孔温度精确至1℃，成熟度精确至0.1℃·h。

（4）《混凝土养护测温记录》应附测温孔布置图，记录中的测温孔编号应与测温孔布置图一致。

（5）冬施养护测温的开始与延续时间　在混凝土达到抗冻临界强度前应每隔2h测温并记录一次，以后每隔6h测温并记录一次，同时还应测定并记录环境温度。测温时间的长短应按照相关施工方案的要求执行（通常情况下，当混凝土表面温度降至与环境温度之差在20℃以内，且温度曲线变化趋势正常即可停止测温）。

（6）每次测得的各测温孔的温度平均值与测试间隔时间的积为本次成熟度（℃·h），与上次累计成熟度相加，为累计到本次的成熟度。通过查混凝土成熟度曲线，可大致推测对应于不同成熟度的混凝土预测强度。

表4-64　混凝土养护测温记录

编号：

工程名称																		
部　位							养护方法								测温方式			
测温时间			大气温度/℃	各测孔温度/℃											平均温度/℃	间隔时间/h	成熟度	
月	日	时															本次	累计

审核意见：

施工单位					
专业技术负责人		专业工长		测温员	

二十、构件吊装记录

构件吊装记录应包括构件名称、安装位置、搁置与搭接尺寸、接头处理、固定方法、标高等。

资料表格样式见表4-65。

表4-65　构件吊装记录

编号：

工程名称							
使用部位					吊装日期		
序号	构件名称及编号	安装位置	安装检查				质量情况
			搁置与搭接尺寸	接头(点)处理	固定方法	标高检查	

结论：

施工单位					
专业技术负责人		专业质检员		记 录 人	

二十一、现场施工预应力记录

预应力张拉过程中应做好张拉记录，预应力张拉记录包括记录（一）和记录（二）。其中记录（一）包括施工部位、预应力筋规格、平面示意图、张拉顺序、应力记录、伸长量；记录（二）对每根预应力筋的张拉实测值进行记录。

1. 资料表格样式（见表 4-66～表 4-68）

表 4-66　预应力筋张拉记录（一）

编号：

工程名称			张拉日期		
施工部位			预应力筋规格及抗拉强度		
预应力张拉程序及平面示意图： □有　□无附页					
张拉端锚具类型			固定端锚具类型		
设计控制应力			实际张拉力		
千斤顶编号			压力表编号		
混凝土设计强度			张拉时混凝土实际强度		
预应力筋计算伸长值：					
预应力筋伸长值范围：					
施工单位					
专业技术负责人		专业质检员		专业工长	

表 4-67　预应力筋张拉记录（二）

编号：

工程名称					张拉日期				
施工部位									
张拉顺序编号	计算值	预应力筋张拉伸长实测值/cm							备注
		一端张拉			另一端张拉			总伸长	
		原长 L_1	实长 L_2	伸长 ΔL	原长 L'_1	实长 L'_2	伸长 $\Delta L'$		
□有　□无见证		见证单位				见证人			
施工单位									
技术负责人			质检员			记录人			

表 4-68　有黏结预应力结构灌浆记录

编号：

工程名称				灌浆日期	
施工部位					
灌浆配合比				灌浆要求压力值	
水泥强度等级		进厂日期		复试报告编号	
灌浆点简图与编号：					
灌浆点编号	灌浆压力值/MPa	灌浆量/L	灌浆点编号	灌浆压力值/MPa	灌浆量/L
备注：					
施工单位					
技术负责人		质检员		记录人	

2. 相关规定及要求

（1）预应力筋张拉时，混凝土强度应符合设计要求；当设计无具体要求时，不应低于设计的混凝土立方体抗压强度标准值的 75%。张拉时混凝土实际强度宜用同条件养护的混凝土试块强度。

（2）实际控制张拉力 δ_{con}＝设计控制张拉力 δ_{k}＋锚具预应力损失 δ_{m}。

（3）张拉程序　一般有 0→105%δ_{con}（持荷 5min）→100%δ_{con}（锚固）和 0→103%δ_{con}。

（4）千斤顶编号和油表编号分别要求填 4 个千斤顶和 4 块油表的编号。

（5）预应力筋的实际伸长值，宜在初应力约为 10%δ_{con}时开始测量，但必须加上初应力以下的推算伸长值。当实际伸长值与计算伸长值的偏差超过±6%时，应暂停张拉。

（6）后张法预应力张拉施工实行见证管理，做见证张拉记录。

（7）有黏结预应力结构灌浆记录内容包括灌浆孔状况、水泥浆配比状况、灌浆压力、灌浆量，并有灌浆点简图和编号。

（8）灌浆压力以 0.5～0.6MPa 为宜，灌浆顺序应先下后上，以避免上层孔道漏浆时把下层孔道堵塞。

二十二、地下工程防水效果检查记录

1. 资料表格样式（见表 4-69）

2. 相关规定及要求

（1）地下工程验收时，由施工单位和监理单位共同进行地下工程防水效果检查。对地下工程有无渗漏现象进行检查，填写《地下工程防水效果检查记录》，发现渗漏现象应制作《背水内表面结构工程展开图》。如果施工过程中发现渗漏，应酌情增加检查的频次。

（2）地下工程防水检查应具备的外部条件　应停止降水、地下水恢复后，建筑物处于正常使用的环境状态。

（3）地下工程防水效果检查记录应由项目专业工长填报。

（4）检查部位　地下结构的背水面，包括结构的内墙和底板。

表 4-69 地下工程防水效果检查记录

编号：

<table>
<tr><td>工程名称</td><td colspan="4"></td></tr>
<tr><td>施工单位</td><td colspan="2"></td><td>检查日期</td><td></td></tr>
<tr><td>检查部位</td><td colspan="2"></td><td>防水等级</td><td></td></tr>
<tr><td colspan="5">检查方式及内容：</td></tr>
<tr><td colspan="5">检查结果：</td></tr>
<tr><td colspan="5">复查意见：
复查人： 复查日期：</td></tr>
</table>

<table>
<tr><td rowspan="3">签字栏</td><td rowspan="2">建设(监理)单位</td><td>施工单位</td><td colspan="2"></td></tr>
<tr><td>专业技术负责人</td><td>专业质检员</td><td>专业工长</td></tr>
<tr><td></td><td></td><td></td><td></td></tr>
</table>

(5) 检查方法

① 湿渍的检测方法 检查人员用手触摸湿斑，无水分感觉。用吸墨纸或报纸贴附，纸不变颜色。检查时，要用粉笔勾画出湿渍范围，然后用钢尺测量高度和宽度，计算面积，标示在“展开图”上。

② 渗水的检测方法 检查人员用于手触摸可感觉到水分浸润，手上会沾有水分。用吸墨纸或报纸贴附，纸会浸润变颜色。检查时，要用粉笔勾画出渗水范围，然后用钢尺测量高度和宽度，计算面积，标示在“展开图”上。

③ 对房屋建筑地下室检测出来的“渗水点”，一般情况下应准予修补堵漏，然后重新验收。

④ 对防水混凝土结构的细部渗漏水检测，若发现严重渗水必须分析、查明原因、应准予修补堵漏，然后重新验收。

(6) 检查结果 应由建设（监理）单位填写，对地下结构的背水面的渗漏情况作出评价，是否符合《地下防水工程质量验收规范》的要求。

(7) 复查意见 应由监理单位填写，主要针对第一次检查存在的问题进行复查，描述对质量问题的整改情况，以及能否通过验收。

二十三、防水工程试水检查记录

1. 资料表格形式（见表 4-70）

2. 相关规定及要求

(1) 防水工程试水检查的方式有蓄水检查、淋水检查、雨期观察。

(2) 防水工程检查应由项目专业工长填报，项目专业质检员和专业工长应组织试水检查，合格后报请监理单位验收。

(3) 凡有防水要求的房间应有防水层及装修后的蓄水检查记录。蓄水时间不少于 24h；蓄水最浅水位不应低于 20mm；水落口及边缘封堵应严密，不得影响试水。

(4) 屋面防水层工程完工质量验收合格后，应进行蓄水检查（有蓄水条件的优先采用）、雨期观察或淋水检查。对高出屋面的烟风道、出气管、女儿墙、出入孔根部防水层上口应做淋水试验，淋水时间不少于2h；试验气温在＋5℃以上；沿屋脊方向布置与屋脊同长度花管，用有压力的自来水管接通进行淋水（呈人工淋雨状）。

（5）防水工程试水检查记录包括：工程名称、检查部位、检查日期、检查方式及内容、检查结果、复查意见。

（6）检查方式及内容　应明确采用的检查方式（蓄水、淋水、雨期观察）；蓄（淋）水持续时间；封堵情况；采用的检查工具。

表4-70　防水工程试水检查记录

编号：

<table>
<tr><td>工程名称</td><td colspan="4"></td></tr>
<tr><td>施工单位</td><td colspan="2"></td><td>检查日期</td><td></td></tr>
<tr><td>检查部位</td><td colspan="4"></td></tr>
<tr><td colspan="5">检查方式及内容：</td></tr>
<tr><td colspan="5">检查结果：</td></tr>
<tr><td colspan="5">复查意见：
复查人：　　　　　　　　复查日期：</td></tr>
<tr><td rowspan="3">签字栏</td><td rowspan="3">建设(监理)单位</td><td colspan="3">施工单位</td></tr>
<tr><td>专业技术负责人</td><td>专业质检员</td><td>专业工长</td></tr>
<tr><td></td><td></td><td></td></tr>
</table>

二十四、建筑抽气（风）道检查记录

1. 资料表格样式（见表4-71）

表4-71　建筑抽气（风）道检查记录

编号：

<table>
<tr><td colspan="2">工程名称</td><td colspan="2"></td><td>项目经理</td><td></td></tr>
<tr><td colspan="2">检查执行标准名称及编号</td><td colspan="2"></td><td>检查日期</td><td>年　月　日</td></tr>
<tr><td colspan="6">检查部位和检查结果</td></tr>
<tr><td rowspan="2" colspan="2">检查部位</td><td colspan="2">主抽气(风)道</td><td colspan="2">副抽气(风)道</td><td rowspan="2">垃圾道</td></tr>
<tr><td>抽气道</td><td>风　道</td><td>抽气道</td><td>风　道</td></tr>
<tr><td colspan="2"></td><td></td><td></td><td></td><td></td><td></td></tr>
<tr><td colspan="2"></td><td></td><td></td><td></td><td></td><td></td></tr>
<tr><td colspan="2"></td><td></td><td></td><td></td><td></td><td></td></tr>
<tr><td colspan="7">检查结论：</td></tr>
<tr><td rowspan="3">签字栏</td><td rowspan="3">建设(监理)单位</td><td colspan="5">施工单位</td></tr>
<tr><td colspan="2">专业技术负责人</td><td colspan="2">专业质量检查员</td><td>专业工长</td></tr>
<tr><td colspan="2"></td><td colspan="2"></td><td></td></tr>
</table>

2. 相关规定及要求

(1) 建筑通风（烟道）应全数做通（抽）风和漏风、串风检查，并做检查记录。

① 主烟（风）道可先检查，检查部位可按轴线记录；副烟（风）道可按门编号记录。

② 检查合格记“√”，不合格记“×”，复查合格后在“×”上记“√”。

(2) 垃圾道应全数检查畅通情况，并做检查记录。

二十五、地基处理工程验收记录

1. 资料表格形式（见表4-72）

表4-72 地基处理工程验收记录

编号：

<table>
<tr><td>工程名称</td><td colspan="3"></td><td>日期</td><td></td></tr>
<tr><td colspan="6">处理依据及方式：</td></tr>
<tr><td colspan="6">处理部位及深度：
□有/□无附页(图)</td></tr>
<tr><td colspan="6">处理结果：</td></tr>
<tr><td colspan="6">检查意见：

检查日期：</td></tr>
<tr><td rowspan="2">签字栏</td><td>建设单位</td><td>设计单位</td><td>勘察单位</td><td>施工单位</td><td>监理单位</td></tr>
<tr><td></td><td></td><td></td><td></td><td></td></tr>
</table>

2. 相关规定及要求

(1) 基槽开挖施工中遇到坟穴、废井等局部异常现象，或地基验槽中发现问题的，应各方共同商定地基处理意见，由施工单位依据处理意见进行地基处理并办理工程洽商。

(2) 地基处理完成后，由监理单位组织勘察、施工单位进行复查，合格后形成《地基处理工程验收记录》，其内容包括地基处理依据、方式、处理部位、深度及处理结果等。当地基处理范围较大，处理方式较复杂，用文字描述较困难时，应附简图示意处理部位、深度、特征及处理方法等。

(3) 处理依据及方式　处理依据可以是地基验槽记录、地基处理的工程洽商或勘察设计单位出具的正式书面意见。

(4) 处理部位及深度　应尽可能采用简图的形式描述地基处理的平面范围、深度等。

(5) 检查意见　应由勘察设计单位填写。如勘察设计单位委托监理单位进行地基处理检查，应有书面的委托记录。

(6) 地基处理记录，由建设、监理、设计、勘察、施工单位各保存一份。

二十六、预检记录

1. 资料表格样式（见表 4-73）

表 4-73　预检记录

编号：

工程名称			预检项目	
预检部位			检查日期	
依据： 主要材料或设备： 规格/型号：				
预检内容：				
检查意见：				
复查意见： 复查人：　　　　复查日期：				
施工单位				
专业技术负责人	专业质检员		专业工长	

2. 相关规定及要求

（1）预检的作用　对施工重要工序进行的预先质量控制检查记录，是预防质量事故发生的有效途径，是检验批质量验收的重要依据，属于施工单位内部的质量控制记录。

（2）预检的程序　须办理预检的工序完成后，由项目专业工长组织质量员、班组长检查，合格后由专业工长填写预检记录，有关责任人签认齐全后生效。

（3）土建工程的主要预检项目　模板预检、混凝土施工缝（无防水构造的），设备基础等。

（4）预检记录所反映的预检部位、检查时间、预检内容等应与施工日志、模板安装检验批质量验收、施工方案和交底反映的内容或要求一致。

（5）预检部位　对于模板预检应写明楼层、轴线和构件名称（墙、柱、板、梁）。

（6）预检依据　施工图、图样会审、设计变更或洽商、施工质量验收规范、施工组织设计、施工方案、技术交底等。

（7）预检内容　对于模板预检包括模板的几何尺寸、轴线、标高；节点细部做法；模板的强度、刚度和稳定性、牢固性和接缝严密性；预埋件及预留洞口的位置；水平结构模板起拱情况；模板清理情况、模板清扫口留置；使用脱模剂种类和脱模剂涂刷等。

（8）检查意见　应由专业质检员填写。所有预检内容全部符合要求应明确。预检中第一次验收未通过的，应注明质量问题和复查要求。

（9）复查意见　应由专业质检员填写，主要针对第一次检查存在的问题进行复查，描述对质量问题的整改情况。

（10）签字栏　应本着谁施工谁签认的原则，对于专业分包工程应体现专业分包单位名称，分包单位的各级责任人签认后再报请总包签认。各方签字齐全后生效。

第七节　施工质量验收记录

施工质量验收记录主要包括________检验批质量验收记录、现场验收检查原始记录、________分项工程质量验收记录、________分部工程质量验收记录、建筑节能工程质量验收记录。

一、________检验批质量验收记录

1. 资料表格样式（如表4-74）

表4-74　________检验批质量验收记录

编号：××××××××××____

单位(子单位)工程名称			分部(子分部)工程名称		分项工程名称	
施工单位			项目负责人		检验批容量	
分包单位			分包单位项目负责人		检验批部位	
施工依据					验收依据	
		验收项目	设计要求及规范规定	最小/实际抽样数量	检查记录	检查结果
主控项目	1					
	2					
	3					
	4					
一般项目	1					
	2					
	3					
	4					
施工单位检查结果		专业工长： 项目专业质量检查员： 年　月　日				
监理单位验收结论		专业监理工程师： 年　月　日				

2. 相关规定及要求

检验批施工完成，施工单位自检合格后，应由项目专业质量检查员填报《检验批质量验收记录》。《检验批质量验收记录》的检查记录必须依据《现场验收检查原始记录》填写。检验批里非现场验收内容，《检验批质量验收记录》中应填写依据的资料名称及编号，并给出结论。《检验批质量验收记录》作为检验批验收的成果凭据，但是如果没有《现场验收检查原始记录》，则《检验批质量验收记录》视同作假。

（1）检验批名称及编号

① 检验批名称　按验收规范给定的检验批名称，填写在表格下划线空格处。

② 检验批编号　检验批的编号按“建筑工程的分部工程、分项工程划分”[《建筑工程施工质量验收统一标准》(GB 50300—2013) 的附录B] 规定的分部工程、分项工程的代码、检验批代码（依据专业验收规范）和资料顺序号统一为11位数的数码编号，写在表的右上角，前8位数字均印在表上，后留下划线空格，检查验收时填写检验批的顺序号。其编号规则具体说明如下。

a. 第1、2位数字是分部工程的代码，地基与基础为01，主体结构为02，建筑装饰装修为03，屋面为04，建筑给水排水及供暖为05，通风与空调为06，建筑电气为07，智能建筑为08，建筑节能为09，电梯为10。

b. 第3、4位数字是子分部工程的代码。

c. 第5、6位数字是分项工程的代码。

d. 第7、8位数字是检验批的代码。

e. 第9～11位数字是检验批验收的顺序号。

同一检验批表格适用于不同分部、子分部、分项工程时，表格分别编号，填表时按实际类别填写顺序号加以区别；编号按分部、分项、检验批序号的顺序排列。

如地基与基础分部工程中的砖砌体检验批质量验收记录编号为01020101；主体结构分部中砖砌体检验批质量验收记录编号为02020101。

(2) 表头部分的填写

① 单位（子单位）工程名称填写合同文件上的单位工程全称，如为群体工程，则按群体工程名称-单位工程名称形式填写，子单位工程标出该部分的具体位置。

② 分部（子分部）工程名称按《建筑工程施工质量验收统一标准》(GB 50300—2013) 划分的分部（子分部）工程名称填写。

③ 分项工程名称　按检验批所属分项工程名称填写，分项工程按《建筑工程施工质量验收统一标准》(GB 50300—2013) 附录B规定。

④ 施工单位及项目负责人　“施工单位”栏应填写总包单位名称，或与建设单位签订合同专业承包单位名称，宜写全称，并与合同上公章名称一致，并注意各表格填写的名称应相互一致；“项目负责人”栏填写合同中指定的项目负责人名称，表头中人名由填表人填写即可，只是标明具体的负责人，不用本人签字。

⑤ 分包单位及分包单位项目负责人　“分包单位”栏应填写分包单位名称，即与施工单位签订合同的专业分包单位名称，宜写全称，并与合同上公章名称一致，并注意各表格填写的名称应相互一致；“分包单位项目负责人”栏填写合同中指定的分包单位项目负责人名称，表头中人名由填表人填写即可，只是标明具体的负责人，不用本人签字。

⑥ 检验批容量　指本检验批的工程量，按工程实际填写，计量项目和单位按专业验收规范中对检验批容量的规定；砖砌体检验批容量为$100m^3$。

⑦ 检验批部位是指一个项目工程中验收的那个检验批的抽样范围，要按实际情况填写，如二层墙1～15/A～F轴。

⑧“施工依据”栏应填写施工执行标准的名称及编号，可以填写所采用的企业标准、地方标准、行业标准或国家标准；要将标准名称及编号填写齐全；可以是技术或施工标准、工艺规程、工法、施工方案等技术文件。

⑨“验收依据”栏填写验收依据的标准名称及编号。

(3)“验收项目”的填写

“验收项目”栏制表时按4种情况印制：

① 直接写入　当规范条文文字较少，或条文本身就是表格时，按规范条文直接写入。

② 简化描述　将质量要求作简化描述主题词，作为检查提示。

③ 分主控项目和一般项目。

④ 按条文顺序排序。

(4)“设计要求及规范规定”栏的填写

① 直接写入　当条文中质量要求的内容文字较少时，直接明确写入；当为混凝土、砂浆强度等符合设计要求时，直接写入设计要求值。

② 写入条文号　当文字较多时，只将条文号写入。

③ 写入允许偏差　对定量要求，将允许偏差直接写入。

(5)“最小/实际抽样数量”栏的填写

① 对于材料、设备及工程试验类规范条文，非抽样项目，直接写入“/”。

② 对于抽样项目但样本为总体时，写入“全/实际抽样数量”，例如“全/10”，“10”指本检验批实际包括的样本总量。

③ 对于抽样项目且按工程量抽样时，写入“最小/实际抽样数量”，例如“5/5”，即按工程量计算最小抽样数量为5，实际抽样数量为5。

④ 本次检验批验收不涉及此验收项目时，此栏写入“/”。

(6)“检查记录”栏的填写

① 对于计量检验项目，采用文字描述方式，说明实际质量验收内容及结论；此类多为对材料、设备及工程试验类结果的检查项目。

② 对于计数检查项目，必须依据对应的《检验批验收现场检查原始记录》中验收情况记录，按下列形式填写：

a. 抽样检查的项目，填写描述语，例如“抽查5处，合格4处”，或者“抽查5处，全部合格”；

b. 全数检查的项目，填写描述语，例如“共5处，抽查5处，合格4处”，或者“共5处，抽查5处，全部合格”。

③ 本次检验批验收不涉及此验收项目时，此栏写入“/”。

(7) 对于“明显不合格”情况的填写要求

① 对于计量检验和计数检验中全数检查的项目，发现明显不合格的个体，此条验收不合格。

② 对于计数检验中抽样检验的项目，明显不合格的个体可以不纳入检验批，但应进行处理，使其满足有关专业验收规范的规定，对处理的情况应予以记录并重新验收。“检查记录”栏填写要求如下：

a. 不存在明显不合格的个体的，不做记录；

b. 存在明显不合格的个体的，按《检验批验收现场检查原始记录》中验收情况记录填写，例如“一处明显不合格，已整改，复查合格”，或“一处明显不合格，未整改，复查不合格”。

(8)“检查结果”栏的填写

① 采用文字描述方式的验收项目，合格打“√”，不合格打“×”。

② 对于抽样项目且为主控项目，无论定性还是定量描述，全数合格为合格，有1处不合格即为不合格，合格打“√”，不合格打“×”。

③ 对于抽样项目且为一般项目，“检查结果”栏填写合格率，例如“100%”；定性描述项目所有抽查点全部合格（合格率100%），此条方为合格；定量描述项目，其中每个项目都必须有80%以上（混凝土保护层为90%）检查点的实测数值达到规范规定，其余20%按

专业施工质量验收规范，不能大于1.5倍，钢结构为1.2倍，就是说有数据的项目，除必须达到规定的数值外，其余可放宽的，最大放宽到1.5倍。

④ 本次检验批验收不涉及此验收项目时，此栏写入“/”。

(9)“施工单位检查结果”栏的填写　施工单位质量检查员根据依据的规范、规程判定该检验批质量是否合格，填写检查结果。填写内容通常为“符合要求”，“不符合要求”，“主控项目全部合格，一般项目符合验收规范（规程）要求”等评语。

如果检验批中含有混凝土、砂浆试件强度验收等内容，应待试验报告出来后再判定。

施工单位专业质量检查员和专业工长应签字确认并按实际填写日期。

(10)“监理单位验收结论”栏的填写　应由专业监理工程师填写。填写前，应对“主控项目”、“一般项目”安装施工质量验收规范的规定逐项抽查验收，独立得出验收结论。认为验收合格，应签注“合格”或“同意验收”。如果检验批有混凝土、砂浆试件强度验收等内容，应待试验报告出来后再判定。

二、现场验收检查原始记录

1. 资料表格样式（见表4-75）

表4-75　现场验收检查原始记录

共　页　第　页

单位工程(子单位)工程名称				
检验批名称			检验批编号	
编号	验收项目	验收部位	验收情况记录	备注

监理校核：　　检查：　　记录：　　验收日期：　　年　月　日

2. 相关规定及要求

(1) 检验批施工完成，施工单位自检合格后，由专业监理工程师组织施工单位项目专业质量检查员、专业工长等进行验收，并依据验收情况形成《现场验收检查原始记录》。

(2)《现场验收检查原始记录》可使用手写检查原始记录。手写检查原始记录，必须手填，禁止机打，在单位工程竣工验收前全部保留并可追溯。

(3) 表格填写说明

① 单位工程（子单位）工程名称、检验批名称及编号按对应的《检验批质量检查记录》填写。

② 验收项目　按对应的《检验批质量验收记录》的验收项目的顺序，填写现场实际检查的验收项目及设计要求及规范规定的内容，如果对应多行检查记录，验收项目不用重复填写。

③ 编号　填写验收项目对应的条文号。

④ 验收部位　填写本条文验收的各个检查点的部位，每个部位占用一格，下个部位另

起一行。

⑤ 验收情况记录　采用文字描述、数据说明或者打"√"的方式，说明本部位的验收情况，不合格和超标的必须明确指出；对于定量描述的抽样项目，直接填写检查数据。

⑥ 备注　发现明显不合格的个体的，要标注是否整改、复查是否合格。

⑦ 核查　监理单位现场验收人员签字。

⑧ 检查　施工单位现场验收人员签字。

⑨ 记录　填写本记录的人签字。

⑩ 验收日期　填写现场验收当天日期。

三、________分项工程质量验收记录

1. 资料表格样式（见表 4-76）

表 4-76　________分项工程质量验收记录

编号：

<table>
<tr><td>单位(子单位)
工程名称</td><td colspan="2"></td><td>分部(子分部)
工程名称</td><td colspan="2"></td></tr>
<tr><td>分项工程数量</td><td colspan="2"></td><td>检验批数量</td><td colspan="2"></td></tr>
<tr><td>施工单位</td><td colspan="2"></td><td>项目负责人</td><td></td><td>项目技术负责人</td></tr>
<tr><td>分包单位</td><td colspan="2"></td><td>分包单位
项目负责人</td><td></td><td>分包内容</td></tr>
<tr><td>序号</td><td>检验批名称</td><td>检验批容量</td><td>部位、区段</td><td>施工单位
检查结果</td><td>监理单位
验收结论</td></tr>
<tr><td></td><td></td><td></td><td></td><td></td><td></td></tr>
<tr><td></td><td></td><td></td><td></td><td></td><td></td></tr>
<tr><td></td><td></td><td></td><td></td><td></td><td></td></tr>
<tr><td></td><td></td><td></td><td></td><td></td><td></td></tr>
<tr><td></td><td></td><td></td><td></td><td></td><td></td></tr>
<tr><td></td><td></td><td></td><td></td><td></td><td></td></tr>
<tr><td colspan="6">说明：</td></tr>
<tr><td>施工单位
检查结果</td><td colspan="5">项目专业技术负责人：
年　月　日</td></tr>
<tr><td>监理单位
验收结论</td><td colspan="5">专业监理工程师：
年　月　日</td></tr>
</table>

2. 相关规定及要求

(1) 分项工程完成（即分项工程所包含的检验批均已完工），施工自检合格后，应填报《分项工程质量验收记录》。分项工程应由专业监理工程师组织施工单位项目专业技术负责人（无技术负责人则由施工单位项目技术负责人参加）等进行验收并签认。

(2) 表格名称及编号

① 表格名称　按验收规范给定的分项工程名称，填写在表格名称下划线空格处。

② 分项工程质量验收记录编号　编号按“建筑工程的分部工程、分项工程划分”[《建筑工程施工质量验收统一标准》(GB 50300—2013) 的附录 B] 规定的分部工程、子分部工程、分项工程的代码编写，写在表的右上角。对于一个工程而言，一个分项只有一个分项工程质量验收记录，所以不编写顺序号。其编号规则具体说明如下：

① 第 1、2 位数字是分部工程的代码；

② 第 3、4 位数字是子分部工程的代码；

③ 第 5、6 位数字是分项工程的代码。

(3) 表头的填写

① 单位（子单位）工程名称填写全称，如为群体工程，则按群体工程名称-单位工程名称形式填写，子单位工程标出该部分的具体位置。

② 分部（子分部）工程名称按《建筑工程施工质量验收统一标准》(GB 50300—2013) 划分的分部（子分部）工程名称填写。

③ 分项工程工程量　指本分项工程的工程量，按工程实际填写，计量项目和单位按专业验收规范中对分项工程量的规定。

④ 检验批数量　指本分项工程包含的实际发生的所有检验批的数量。

⑤ 施工单位及项目负责人、项目技术负责人　“施工单位”栏应填写总包单位名称，或与建设单位签订合同专业承包单位名称，宜写全称，并与合同上公章名称一致，并注意各表格填写的名称应相互一致；“项目负责人”栏填写合同中指定的项目负责人名称；“项目技术负责人”栏填写本工程项目的技术负责人姓名。表头中人名由填表人填写即可，只是标明具体的负责人，不用本人签字。

⑥分包单位及分包单位项目负责人　“分包单位”栏应填写分包单位名称，即与施工单位签订合同的专业分包单位名称，宜写全称，并与合同上公章名称一致，并注意各表格填写的名称应相互一致；“分包单位项目负责人”栏填写合同中指定的分包单位项目负责人名称，表头中人名由填表人填写即可，只是标明具体的负责人，不用本人签字。

⑦ 分包内容　指分包单位承包的本分项工程的范围。

(4)“序号”栏的填写　按检验批的排列顺序依次填写，检验批项目多于一页的，增加表格，顺序排号。

(5)“检验批名称、检验批容量、部位、区段、施工单位检查结果、监理单位验收结论”栏的填写

① 填写本分项工程汇总的所有检验批依次排序，并填写其名称、检验批容量及部位、区段，注意要填写齐全。

②“施工单位检查结果”栏　由填表人依据检验批验收记录填写，填写“符合要求”或“验收合格”。

③“监理单位验收结论”栏　由填写人依据检验批验收记录填写，同意项填写“合格”或“符合要求”，如有不同意项应做标记但暂不填。

(6)“说明”栏的填写

① 如有不同意项应做标记但暂不填写，待处理后再验收；对不同意项，监理工程师应指出问题。明确处理意见和完成时间。

② 应说明所含检验批的质量验收记录是否齐全。

（7）表下部“施工单位检查结果”栏的填写

① 由施工单位项目技术负责人填写，填写“符合要求”或“验收合格”，并填写日期。

② 分包单位施工的分项工程验收时，分包单位人员不签字，但应将分包单位名称及分包单位项目负责人、分包单位项目技术负责人姓名填写在对应单元格内。

（8）表下部“监理单位验收结论”栏，专业监理工程师在确认各项验收合格后，填写“验收合格”，并填写日期。

（9）注意事项

① 核对检验批的部位、区段是否全部覆盖分项工程的范围，有无遗漏的部位。

② 一些在检验批中无法检验的项目，在分项工程中直接验收，如有混凝土、砂浆强度要求的检验批，到龄期后抗压结果能否达到设计要求。

③ 检查各检验批的验收资料是否完整并作出统一整理，依次登记保管，为下一步验收打下基础。

四、________分部工程质量验收记录

分部（子分部）工程的验收，是质量控制的一个重点，除了分项工程的核查外，还有质量控制资料核查；安全、功能项目的检测；观感质量的验收等。

1. 资料表格样式（见表 4-77）

表 4-77 ________分部工程质量验收记录

编号：

<table>
<tr><td>单位(子单位)工程名称</td><td></td><td>子分部工程数量</td><td></td><td>分项工程数量</td><td></td></tr>
<tr><td>施工单位</td><td></td><td>项目负责人</td><td></td><td>技术(质量)负责人</td><td></td></tr>
<tr><td>分包单位</td><td></td><td>分包单位负责人</td><td></td><td>分包内容</td><td></td></tr>
<tr><td>序号</td><td>子分部工程名称</td><td>分项工程名称</td><td>检验批数量</td><td>施工单位检查结果</td><td>监理单位验收结论</td></tr>
<tr><td>1</td><td></td><td></td><td></td><td></td><td></td></tr>
<tr><td>2</td><td></td><td></td><td></td><td></td><td></td></tr>
<tr><td>3</td><td></td><td></td><td></td><td></td><td></td></tr>
<tr><td colspan="4">质量控制资料</td><td></td><td></td></tr>
<tr><td colspan="4">安全和功能检验结果</td><td></td><td></td></tr>
<tr><td colspan="4">观感质量检验结果</td><td></td><td></td></tr>
<tr><td>综合验收结论</td><td colspan="5"></td></tr>
<tr><td colspan="2">施工单位
项目负责人：
年 月 日</td><td colspan="2">勘察单位
项目负责人：
年 月 日</td><td>设计单位
项目负责人：
年 月 日</td><td>监理单位
总监理工程师：
年 月 日</td></tr>
</table>

2. 相关规定及要求

分部或子分部工程完成，施工单位自检合格，应填报《分部工程质量验收记录》。

分部工程应由总监理工程师组织施工单位项目负责人和项目技术、质量负责人等进行验收。勘察、设计单位项目负责人和施工单位技术、质量部门负责人应参加地基与基础分部工程的验收。设计单位项目负责人和施工单位技术、质量部门负责人应参加主体结构、节能分部工程的验收。

3. 表格的填写

（1）表格名称及编号

① 表格名称　按验收规范给定的分部工程名称，填写在表格名称下划线空格处。

② 分部工程质量验收记录编号　编号按“建筑工程的分部工程、分项工程划分”[《建筑工程施工质量验收统一标准》（GB50300—2013）的附录B] 规定的分部工程代码编写，写在表的右上角。对于一个工程而言，一个分部只有一个分部工程质量验收记录，所以不编写顺序号。其编号为两位。

（2）表头的填写

① 单位（子单位）工程名称　填写全称，如为群体工程，则按群体工程名称-单位工程名称形式填写，子单位工程标出该部分的具体位置。

② 子分部工程数量　指本分部工程包含的实际发生的所有子分部工程的总数量。

③ 分项工程工程量　指本分部工程包含的实际发生的所有分项工程的总数量；

④ 施工单位及技术（质量）负责人　“施工单位”栏应填写总包单位名称，或与建设单位签订合同的专业承包单位名称，宜写全称，并与合同上公章名称一致，并注意各表格填写的名称应相互一致；“技术（质量）负责人”栏填写施工单位技术（质量）部门负责人姓名。表头中人名由填表人填写即可，只是标明具体的负责人，不用本人签字。

⑤ 分包单位及分包单位负责人　“分包单位”栏应填写分包单位名称，即与施工单位签订合同的专业分包单位名称，宜写全称，并与合同上公章名称一致，并注意各表格填写的名称应相互一致；“分包单位负责人”栏填写合同中指定的分包单位项目负责人名称。表头中人名由填表人填写即可，只是标明具体的负责人，不用本人签字。

⑥ 分包内容　指分包单位承包的本分部工程的范围。

（3）“序号”栏的填写　分别按子分部工程、分项工程的排列顺序依次填写。

（4）“子分部工程名称、分项工程名称、检验批数量、施工单位检查结果、监理单位验收结论”栏的填写

① 填写本分部工程汇总的所有子分部工程、分项工程依次排序，并填写其名称、检验批数量，注意要填写齐全。

②“施工单位检查结果”栏　由填表人依据分项工程验收记录填写，填写“符合要求”或“合格”。

③“监理单位验收结论”栏　由填表人依据分项工程验收记录填写，同意项填写“合格”或“符合要求”。

（5）质量控制资料

①“质量控制资料”栏应按《单位（子单位）工程质量控制资料核查记录》来核查，但是各专业只需要检查表内对应本专业的那部分相关内容，不需要全部检查表内所列内容，也未要求在分部工程验收时填写该表。

② 核查时，应对资料逐项核对检查，应核查下列几项：

a. 查资料是否齐全，有无遗漏；

b. 查资料的内容有无不合格项；

c. 资料横向是否相互协调一致，有无矛盾；

d. 资料的分类整理是否符合要求，案卷目录、份数页数及装订等有无缺漏；

e. 各项资料签字是否齐全。

③ 当确认能够基本反映工程质量情况，达到保证结构安全和使用功能的要求，该项即可通过验收。全部项目都通过验收，即可在“施工单位检查结果”栏内填写检查结果，标注“检查合格”，并说明资料份数，然后送监理单位或建设单位验收，鉴定为总监理工程师组织审查，如认为符合要求，则在“验收结论”栏内签注“验收合格”意见。

④ 对一个具体工程，是按分部工程还是按子分部工程进行资料验收，需要根据具体工程的情况自行确定。

(6)“安全和功能检验结果”栏应根据工程实际情况填写　安全和功能检验，是指按规定或约定需要再竣工时进行抽样检测的项目。这些项目凡能在分部工程（子分部）工程验收时进行检测的，应在分部（子分部）工程验收时进行检测。具体检测项目可按《单位（子单位）工程安全和功能检验资料核查及主要功能抽查记录》中相关内容在开工前加以确定。设计有要求或合同有约定的，按要求或约定执行。

在核查时，要检查开工之前确定的检测项目是否全部进行了检测。要逐一对每份检测报告进行核查，主要核查每个检测项目的检测方法、程序是否符合有关标准规定；检测结论是否达到规范的要求；检测报告的审批程序及签字是否完整等。

如果每个检测项目都通过审查，施工单位即可在检查结果中标注“检查合格”，并说明资料份数。由项目负责人送监理单位验收，总监理工程师组织审查，认为符合要求后，在“验收结论”栏内标注“验收合格”意见。

(7)“观感质量检验结果”栏的填写应符合工程的实际情况。

只作定性判定，不再作量化打分。观感质量等级分为“好”、“一般”、“差”。“好”、“一般”均为合格；“差”为不合格，需要修理或返工。

观感质量检查的主要方法是观察。除了检查外观外，还应对能启动、运转或打开的部位进行启动或打开检查。并注意应尽量做到全面检查，对屋面、地下室及各类代表性的房间、部位都应查到。

观感质量检查首先由施工单位项目负责人组织施工单位人员进行现场检查，检查合格后填表，由项目负责人签字后交监理单位验收。

监理单位总监理工程师组织对观感质量进行验收，并确定观感质量等级。认为达到“好”或“一般”，均视为合格。在观感质量验收结论中填写“好”或“一般”。评为“差”的项目，应由施工单位修理或返工。如确实无法修理，可经协商实行让步验收，并在验收中注明，由于“让步验收”意味着工程留下永久性缺陷，故应尽量避免出现这种情况。

(8)“综合验收结论”的填写　由总监理工程师与各方协商，确认符合规定，取得一致意见后，按表中各栏分项填写。可在“综合验收结论”栏填写“××分部工程验收合格”。

当出现意见不一致时，应由总监理工程师与各方协商，对存在的问题，提出处理意见或解决办法，待问题解决后再填表。

(9)签字栏　制表时已经列出了需要签字的参加工程建设的有关单位。应由各方参加验收的代表亲自签名，以示负责，通常不需要盖章。勘察、设计单位需参加地基与基础分部工程质量验收，由其项目负责人亲自签认。

设计单位需参加主体结构和建筑节能分部工程质量验收，由设计单位的项目负责人亲自签认。

施工方总承包单位由项目负责人亲自签认，分包单位不用签字，但需参加其负责分部工程的验收。

监理单位作为验收方，由总监理工程师亲自签认验收。未委托监理单位的工程，可由建设单位项目技术负责人亲自签认验收。

五、建筑节能工程质量验收记录

1. 设计图纸和变更文件

此项内容采用“图样会审记录、设计变更通知单、工程（技术）洽商记录”进行记录整理。

2. 设计与施工执行标准、文件

应有经施工图审查机构审查合格，并向建设行政主管部门备案的设计文件；施工中应有执行的标准、规范、规定及有关文件以及节能专项施工技术方案和施工工艺、施工技术交底等。

3. 材料及配件出厂质量证明文件、技术性能检测报告、进场验收记录

材料及配件进场时，生产厂家应提供具有中文标志的出厂合格证、型式检验报告等质量证明文件，并确认其是否与实际进场材料相符；节能工程使用材料及配件等进场后，施工单位应进行检查，符合要求后填写“原材料、构配件、设备进场验收记录”，并报项目监理部和建设单位，共同进行进场验收。

4. 材料及配件的抽检复试报告

（1）墙体节能工程采用的保温材料和黏结材料等，进场时应对其下列性能进行复验，复验应为见证取样送检：

① 保温材料的热导率、密度、抗压强度；

② 黏结材料的黏结强度；

③ 增强网的力学性能、抗腐蚀性能。

（2）幕墙节能工程使用的材料、构件等进场时，应对其下列性能进行复验，复验应为见证取样送检：

① 保温材料　热导率、密度；

② 幕墙玻璃　可见光透射比、传热系数、遮阳系数、中空玻璃露点；

③ 隔热型材　抗拉强度、抗剪强度。

（3）建筑外窗进入施工现场时，应按地区类别对其下列性能进行复验，复验应为见证取样送检：

① 严寒、寒冷地区　气密性、传热系数和中空玻璃露点；

② 夏热冬冷地区　气密性、传热系数、玻璃遮阳系数、可见光透射比、中空玻璃露点；

③ 夏热冬暖地区　气密性、玻璃遮阳系数、可见光透射比、中空玻璃露点。

检验方法：随机抽样送检；核查复验报告。

（4）屋面节能工程使用的保温隔热材料，进场时应对其热导率、密度、抗压强度、燃烧性能进行复验，复验应为见证取样送检。

（5）地面节能工程采用的保温材料，进场时应对其热导率、密度、抗压强度、燃烧性能进行复验，复验应为见证取样送检。

5. 各分项的隐蔽验收记录

（1）墙体节能工程应对下列部位或内容进行隐蔽工程验收，并应有详细的文字记录和必要的图像资料：

① 保温层附着的基层及其表面处理；

② 保温板黏结或固定；

③ 锚固件；

④ 增强网铺设；

⑤ 墙体热桥部位处理；

⑥ 预置保温板或预制保温墙板的板缝及构造节点；

⑦ 现场喷涂或浇筑有机类保温材料的界面；

⑧ 被封闭的保温材料厚度；

⑨ 保温隔热砌块填充墙体。

(2) 幕墙节能工程施工中应对下列部位或项目进行隐蔽工程验收，并应有详细的文字记录和必要的图像资料：

① 被封闭的保温材料厚度和保温材料的固定；

② 幕墙周边与墙体的接缝处保温材料的填充；

③ 构造缝、结构缝；

④ 隔汽层；

⑤ 热桥部位、断热节点；

⑥ 单元式幕墙板块间的接缝构造；

⑦ 冷凝水收集和排放构造；

⑧ 幕墙的通风换气装置。

(3) 建筑外门窗工程施工中，应对门窗框与墙体接缝处的保温填充做法进行隐蔽工程验收，并应有隐蔽工程验收记录和必要的图像资料。

(4) 屋面保温隔热工程应对下列部位进行隐蔽工程验收，并应有详细的文字记录和必要的图像资料：

① 基层；

② 保温层的敷设方式、厚度，板材缝隙填充质量；

③ 屋面热桥部位；

④ 隔汽层。

(5) 地面节能工程应对下列部位进行隐蔽工程验收，并应有详细的文字记录和必要的图像资料：

① 基层；

② 被封闭的保温材料厚度；

③ 保温材料黏结；

④ 隔断热桥部位。

6. 各检验批、分项、子分部的验收记录

建筑节能分部工程包含围护系统节能、供暖空调设备及管网节能、电气动力节能、监控系统节能和再生能源六个子分部；其中围护系统子分部分为墙体节能、幕墙节能、门窗节能、屋面节能、地面节能五个分项工程。

(1) 墙体节能工程验收的检验批划分

① 采用相同材料、工艺和施工做法的墙面，每 500～1000m^2 面积划分为一个检验批，不足 500m^2 也为一个检验批。

② 检验批的划分也可根据与施工流程相一致且方便施工与验收的原则，由施工单位与监理（建设）单位共同商定。

(2) 幕墙节能工程验收的检验批划分

① 相同设计、材料、工艺和施工条件的幕墙工程每 500～1000m^2 应划分为一个检验批，不足 500m^2 也应划分为一个检验批。

② 同一单位工程的不连续的幕墙工程应单独划分检验批。

③ 对于异型或有特殊要求的幕墙，检验批的划分应根据幕墙的结构、工艺特点及幕墙工程规模，由监理单位（或建设单位）和施工单位协商确定。

(3) 建筑外门窗节能工程的检验批划分

① 同一厂家的同一品种、类型、规格的门窗及门窗玻璃每 100 樘划分为一个检验批，不足 100 樘也为一个检验批。

② 同一厂家的同一品种、类型和规格的特种门每 50 樘划分为一个检验批，不足 50 樘也为一个检验批。

③ 对于异型或有特殊要求的门窗，检验批的划分应根据其特点和数量，由监理（建设）单位和施工单位协商确定。

(4) 屋面节能工程的检验批划分

① 采用相同材料、工艺和施工做法的保温隔热工程，按屋面面积每 500～1000m^2 划分为一个检验批，不足 500m^2 也为一个检验批。每个检验批的抽检数量，应按屋面面积 100m^2 抽查 1 处，每处应为 10m^2，且不得少于 3 处。热桥部位的保温做法全数检查。

防火隔离带采用相同材料、工艺和施工做法时，应以每个屋面带长 100m 划分为一个检验批，不足 100m 也为一个检验批。

② 检验批的划分也可根据与施工流程相一致且方便施工与验收的原则，由施工单位与监理（建设）单位共同商定。

(5) 地面节能分项工程检验批划分

① 当面积超过 200m^2 时，每 200m^2 可划分为一个检验批，不足 200m^2 也为一个检验批。

② 不同构造做法的地面节能工程应单独划分检验批。

(6) 建筑节能工程的检验批质量验收合格，应符合下列规定：

① 检验批应按主控项目和一般项目验收；

② 主控项目应全部合格；

③ 一般项目应合格，当采用计数检验时，至少应有 90%以上的检查点合格，且其余检查点不得有严重缺陷；

④ 应具有完整的施工操作依据和质量验收记录。

(7) 建筑节能分项工程质量验收合格，应符合下列规定：

① 分项工程所含的检验批均应合格；

② 分项工程所含检验批的质量验收记录应完整。

(8) 建筑节能分部工程质量验收合格，应符合下列规定：

① 分项工程应全部合格；

② 质量控制资料应完整；

③ 外墙节能构造现场实体检验结果应符合设计要求；

④ 严寒、寒冷和夏热冬冷地区的外窗气密性现场实体检测结果应合格；

⑤ 建筑设备工程系统节能性能检测结果应合格。

7. 施工记录

应包括抽检（验）记录、交接检记录等。

8. 质量问题的处理记录

施工单位自检的质量问题的处理记录、监理（建设）等单位检查出具的质量通知单的整改处理情况记录等。

9. 其他应提供的资料

节能工程专项验收的组织、程序及验收结果记录，会议纪要等。

第八节　竣工验收资料

竣工验收资料是指在竣工验收过程中形成的资料，主要包括单位（子单位）工程质量竣工验收记录、单位（子单位）工程质量控制资料核查记录、单位（子单位）工程安全和功能检验资料核查记录、单位（子单位）工程观感质量检查记录四大类资料。

一、单位（子单位）工程质量竣工验收记录

1. 资料表格样式（见表 4-78）

表 4-78　单位（子单位）工程质量竣工验收记录

<table>
<tr><td>工程名称</td><td></td><td>结构类型</td><td></td><td>层数/建筑面积</td><td>/</td></tr>
<tr><td>施工单位</td><td></td><td>技术负责人</td><td></td><td>开工日期</td><td></td></tr>
<tr><td>项目负责人</td><td></td><td>项目技术负责人</td><td></td><td>完工日期</td><td></td></tr>
<tr><td>序号</td><td>项　目</td><td colspan="2">验收记录</td><td colspan="2">验收结论</td></tr>
<tr><td>1</td><td>分部工程验收</td><td colspan="2">共　分部，经查符合设计及标准规定　分部</td><td colspan="2"></td></tr>
<tr><td>2</td><td>质量控制资料核查</td><td colspan="2">共　项，经核查符合规定　项</td><td colspan="2"></td></tr>
<tr><td>3</td><td>安全和使用功能核查及抽查结果</td><td colspan="2">共核查　项，符合规定　项，共抽查　项，符合规定　项，经返工处理符合规定　项</td><td colspan="2"></td></tr>
<tr><td>4</td><td>观感质量验收</td><td colspan="2">共抽查　项，达到“好”和“一般”的　项，经返工处理符合要求的　项</td><td colspan="2"></td></tr>
<tr><td colspan="2">综合验收结论</td><td colspan="4"></td></tr>
<tr><td rowspan="2">参加验收单位</td><td>建设单位</td><td>监理单位</td><td>设计单位</td><td>施工单位</td><td>勘察单位</td></tr>
<tr><td>（公章）
项目负责人：
年　月　日</td><td>（公章）
总监理工程师：
年　月　日</td><td>（公章）
项目负责人：
年　月　日</td><td>（公章）
项目负责人：
年　月　日</td><td>（公章）
项目负责人：
年　月　日</td></tr>
</table>

2. 填写说明及要求

《单位（子单位）工程质量竣工验收记录》是一个建筑工程项目的最后一份验收资料，应由施工单位填写。

单位工程完工，施工单位组织自检合格后，应报请监理单位进行工程预验收，通过后向建设单位提交工程竣工验收报告并填报《单位（子单位）工程质量竣工验收记录》。建设单位应组织设计单位、监理单位、施工单位、勘察单位等进行工程质量竣工验收并记录，验收记录上各单位必须签字并加盖公章，验收签字人员应由相应单位法人代表书面授权。

进行单位（子单位）工程质量竣工验收时，施工单位应同时填报《单位（子单位）工程质量控制资料核查记录》、《单位（子单位）工程安全和功能检验资料核查记录》、《单位（子单位）工程观感质量检查记录》，作为《单位（子单位）工程质量竣工验收记录》的附表。

（1）表头填写

① 工程名称应填写工程全称，不允许缩写，并与其他工程资料反映的工程名称一致。如为群体工程，则按群体工程名称-单位工程名称形式填写，子单位工程标出该部分的具体位置。

② 结构类型　应与设计文件（施工图、设计说明）相一致。

③ 层数/建筑面积　应分别注明地下与地上的层数，并与设计文件（施工图、设计说明）的层数/建筑面积相一致；工程规模如发生变更（有正式变更手续），应填写实际竣工时的层数/建筑面积。

④ 施工单位及技术负责人　“施工单位”栏应填写总包单位名称，或与建设单位签订合同专业承包单位名称，宜写全称，并与合同上公章名称一致，并注意各表格填写的名称应相互一致；“技术负责人”栏应填写施工单位主管技术的负责人姓名。表头中人名由填表人填写即可，只是标明具体的负责人，不用本人签字。

⑤ 项目负责人及项目技术负责人　“项目负责人”栏填写合同中指定的项目负责人名称；“项目技术负责人”栏填写本工程项目的技术负责人姓名。表头中人名由填表人填写即可，只是标明具体的负责人，不用本人签字。

⑥ 开工日期　填写开工报告中开工日期；完工日期应与施工合同或工期变更手续的日期相吻合。

（2）“分部工程验收”栏应根据各《分部工程质量验收记录》填写。应对应所包含各分部工程，由竣工验收组成员共同逐项核查。对表中内容如有异议，应对工程实体进行检查或测试。

核查并确认合格后，由监理单位在“验收记录”栏注明共验收了几个分部，符合标准及设计要求的有几个分部，并在右侧是“验收结论”栏内填入具体的验收结论。

（3）“质量控制资料核查”栏应根据《单位（子单位）工程质量控制资料核查记录》的核查结论填写。建设单位组织由各方代表组成的验收组成员，或委托总监理工程师，按照《单位（子单位）工程质量控制资料核查记录》的内容，对资料进行逐项核查。确认符合要求后，在《单位（子单位）工程质量竣工验收记录》右侧的“验收结论”栏内，填写具体验收结论。

（4）“安全和使用功能核查及抽查结果”栏应根据《单位（子单位）工程安全和功能检验资料核查记录》的核查结论填写。对于分部工程验收时已经进行了安全和功能检测的项目，单位工程验收不再重复检测。但要核查以下内容：

① 单位工程验收时按规定、约定或设计要求，需要进行的安全和功能检测项目是否都进行了检测，具体检测项目有无遗漏；

② 抽测的程序、方法是否符合规定；

③ 抽测结论是否达到设计要求及规范规定。

经核查认为符合要求的，在《单位（子单位）工程质量竣工验收记录》中的“验收结论”栏填写符合要求的结论。如果发现某些抽测项目不全，或抽测结果达不到设计要求，可进行返工处理，使之达到要求。

（5）“观感质量验收”栏根据《单位（子单位）工程观感质量检查记录》的检查结论填写。

参加验收的各方代表，在建设单位主持下，对观感质量抽查，共同作出评价。如确认没有影响结构安全和使用功能的项目，符合或基本符合规范要求，应评价为“好”或“一般”，如果某项观感质量被评价为“差”，应进行修理。如果确难修理时，只要不影响结构安全和使用功能的，可采用协商解决的方法进行验收，并在验收表格上标注。

（6）“综合验收结论”栏应由参加验收各方共同商定，并由建设单位填写，主要对工程质量是否符合设计和规范要求及总体质量水平作出评价。

（7）签认及公章要求　建设单位和设计单位由项目负责人签认；监理单位由项目总监理工程师签认；施工单位由单位负责人签认。签认后加盖各单位的法人公章，不得使用项目专用章。

二、单位（子单位）工程质量控制资料核查记录

1. 资料表格样式（见表 4-79）

表 4-79　单位（子单位）工程质量控制资料核查记录

工程名称			施工单位				
序号	项目	资料名称	份数	施工单位		监理（建设）单位	
				核查意见	核查人	核查意见	核查人
1	建筑与结构	图纸会审记录、设计变更通知单、工程洽商记录					
2		工程定位测量、放线记录					
3		原材料出厂合格证书及进场检验、试验报告					
4		施工试验报告及见证检测报告					
5		隐蔽工程验收记录					
6		施工记录					
7		地基、基础、主体结构检验及抽样检测资料					
8		分项、分部工程质量验收记录					
9		工程质量事故调查处理资料					
10		新技术论证、备案及施工记录					

结论：

施工单位项目负责人：　　　　　　　　　　总监理工程师：

年　月　日　　　　　　　　　　年　月　日

2. 填写说明及要求

单位（子单位）工程质量控制资料是单位工程综合验收的一项重要内容，核查目的是强调建筑结构设备性能、使用功能方面主要技术性能的检验。其每一项资料包含的内容，就是单位工程包含的有关分项工程中检验批主控项目、一般项目要求内容的汇总。对一个单位工程全面进行质量控制资料核查，可以防止局部错漏，从而进一步加强工程质量的控制。

本表由施工单位按照所列质量控制资料的种类、名称进行检查，并填写份数，然后提交给监理单位验收。

本表其他各栏内容先由施工单位进行自查和填写。监理单位应按分部（子分部）工程逐项核查，独立得出核查结论。监理单位核查合格后，在“核查意见”栏填写对资料核查后的具体意见如齐全、符合要求。施工单位具体核查人员在“核查人”栏签字。

总监理工程师确认符合要求后，在表下部“结论”栏内，填写对资料核查后的综合性结论。

施工单位项目负责人应在表下部“结论”栏内签字确认。

三、单位（子单位）工程安全和功能检验资料核查记录

1. 资料表格样式（见表 4-80）

表 4-80　单位（子单位）工程安全和功能检验资料核查记录

工程名称			施工单位			
序号	项目	安全和功能检查项目	份数	核查意见	抽测结果	核查(抽查)人
1	建筑与结构	地基承载力检验报告				
2		桩基承载力检验报告				
3		混凝土强度试验报告				
4		砂浆强度试验报告				
5		主体结构尺寸、位置抽查记录				
6		建筑物垂直度、标高、全高测量记录				
7		屋面淋水或蓄水试验记录				
8		地下室渗漏水检测记录				
9		有防水要求的地面蓄水试验记录				
10		抽气(风)道检查记录				
11		幕墙气密性、水密性、耐风压检测报告				
12		外窗气密性、水密性、耐风压检测报告				
13		建筑物沉降观测测量记录				
14		节能、保温测试记录				
15		室内环境检测报告				
16		土壤氡气浓度检测报告				

结论：

施工单位负责人：　　　　年　月　日

总监理工程师：　　　　年　月　日

注：抽查项目由验收组协商确定。

2. 填写说明及要求

建筑工程投入使用，最为重要的是要确保安全和满足功能性要求。涉及安全和使用功能的分部工程应有检验资料，施工验收对能否满足安全和使用功能的项目进行强化验收，对主要项目进行抽查记录，填写《单位（子单位）工程安全和功能检验资料核查记录》。

抽查项目是在核查资料文件的基础上，由参加验收的各方人员确定，然后按有关专业工程施工质量验收规范进行检查。

安全和功能的各项主要检测项目如表 4-81 所示。如果设计或合同有其他要求，经监理认可后可以补充。

安全和功能的检测，如果条件具备，应在分部工程验收时进行。分部工程验收时凡已经做过的安全和功能检测项目，单位工程竣工验收时不再重复检测。只核查检测报告是否符合有关规定。如：核查检测项目是否有遗漏；抽测的程序、方法是否符合规定；检测结论是否达到设计要求及规范规定；如果某个项目抽测结果达不到设计要求，应允许进行返工处理，使之达到要求再填表。

表 4-81　安全和功能检验资料核查及主要功能抽查项目

序号	分部工程	子分部工程	资料核查及功能抽查项目
1	地基与基础	地基处理	强度、承载力试验报告
		桩基础	打入桩:桩位偏差测量记录,斜桩倾斜度测量记录 灌注桩:桩位偏差测量记录,桩顶标高测量记录,混凝土试块试验报告 工程桩承载力试验报告
		地下防水	渗漏水检测记录
2	主体结构	混凝土结构	结构实体混凝土同条件养护试件强度试验报告 结构实体混凝土回弹-取芯法强度检测报告 结构实体钢筋保护层厚度检测报告 结构实体位置与尺寸偏差测量记录
		砌体结构	填充墙砌体植筋锚固力检测报告 转角交接处、马牙槎混凝土检查 砂浆饱满度 空心砌块芯柱混凝土
		钢结构	钢材、焊材、高强度螺栓连接副复验报告 摩擦面抗滑移系数试验报告 金属屋面系统抗风能力试验报告 焊缝无损探伤检测报告 地脚螺栓和支座安装检查记录 防腐及防火涂装厚度检测报告 主要构件安装精度检查记录 主体结构整体尺寸检查记录
		木结构	结构形式、结构布置、构件尺寸 钉连接、螺栓连接规格、数量 胶合木类别、组坯方式、胶缝完整性、层板指接 防火涂料及防腐、防虫药剂
		铝合金结构	焊缝质量 高强螺栓施工质量 柱脚及网架支座检查 主要构件变形 主体结构尺寸
3	装饰装修	地面	防水地面蓄水试验、形成试验记录,验收时抽查复验 砖、石材、板材、地毯、胶、涂料等材料具有环保证明文件
		门窗	建筑外窗的气密性、水密性和抗风压性能检验报告
		饰面板	后置埋件现场拉拔力检验报告
		幕墙	聚硅氧烷结构胶相容性、剥离黏结性检验报告 后置埋件和槽式预埋件的现场拉拔力检验报告 气密性、水密性、耐风压性能及平面变形性能检验报告
		环境	室内环境质量检测报告 土壤氡浓度检测报告 建筑材料放射性元素检验报告 装饰材料有害物质含量检验报告

续表

序号	分部工程	子分部工程	资料核查及功能抽查项目
4	屋面	防水与密封	雨后持续2h淋水检验记录 檐沟、天沟24h蓄水检验记录 特殊要求时进行专项验收
5	建筑节能	围护系统节能	外墙节能构造检查记录或热工性能检验报告
		—	—

四、单位（子单位）工程观感质量检查记录

1. 资料表格样式（见表4-82）

表4-82 单位（子单位）工程观感质量检查记录

工程名称			施工单位	
序号	项 目		抽查质量状况	质量评价
1	建筑与结构	主体结构外观	共检查 点,好 点,一般 点,差 点	
2		室外墙面	共检查 点,好 点,一般 点,差 点	
3		变形缝、雨水管	共检查 点,好 点,一般 点,差 点	
4		屋面	共检查 点,好 点,一般 点,差 点	
5		室内墙面	共检查 点,好 点,一般 点,差 点	
6		室内顶棚	共检查 点,好 点,一般 点,差 点	
7		室内地面	共检查 点,好 点,一般 点,差 点	
8		楼梯、踏步、护栏	共检查 点,好 点,一般 点,差 点	
9		门窗	共检查 点,好 点,一般 点,差 点	
10		雨罩、台阶、坡道、散水	共检查 点,好 点,一般 点,差 点	
观感质量综合评价				
结论： 施工单位项目负责人：　　年　月　日			总监理工程师：　　年　月　日	

2. 相关说明及要求

工程观感质量检查，是在工程全部竣工后进行的一项重要验收工作。它全面评价一个单位工程的外观及使用功能质量，促进施工过程的管理、成品保护，以提高社会效益和环境效益。观感质量检查绝不是单纯的外观检查，而是实地对工程的一个全面检查。

《建筑工程施工质量验收统一标准》（GB 50300—2013）规定，单位工程的观感质量验收，分为“好”、“一般”、“差”三个等级。观感质量检查的方法、程序、评判标准等，均与分部工程相同，不同的是检查项目较多，属于综合性验收。主要内容包括：核查质量控制资料，检查检验批、分项、分部工程验收的正确性，对在分项工程中不能检查的项目进行检查，核查各分部工程验收后到单位工程竣工验收之间，工程的观感质量有无变化、损坏等。

本表由总监理工程师组织参加验收的各方代表，按照表中所列内容，共同实际检查，协商得出质量评价、综合评价和验收结论意见。

参加验收的各方代表，经共同实际检查，如果确认没有影响结构安全和使用功能等问

题，可共同商定评价意见。评价为“好”和“一般”的项目，由总监理工程师在“观感质量综合评价”栏填写“好”或“一般”，并在“结论”栏内填写“工程观感质量综合评价为好(或一般)，验收合格”。

如有评价为“差”的项目，属于不合格项，应予以返工修理。这样的观感检查项目修理后需要重新检查验收。

“抽查质量状况”栏，可填写具体检查数据。当数据少时，可直接将检查数据填在表格内；当数据多时，可简要描述抽查的质量状况，但应将原始记录附在本表后面。

质量评价规则：考虑现场协商，也可按如下评价规则确定。

观感检查项目评价：

① 有差评，则项目评价为差；

② 无差评，好评百分率≥60%，评价为好；

③ 其他，评价为一般。

分部/单位工程观感综合评价：

① 检查项目有差评，则综合评价为差；

② 检查项目无差评，好评百分率≥60%，评价为好；

③ 其他，评价为一般。

本章小结

本章知识结构如下所示：

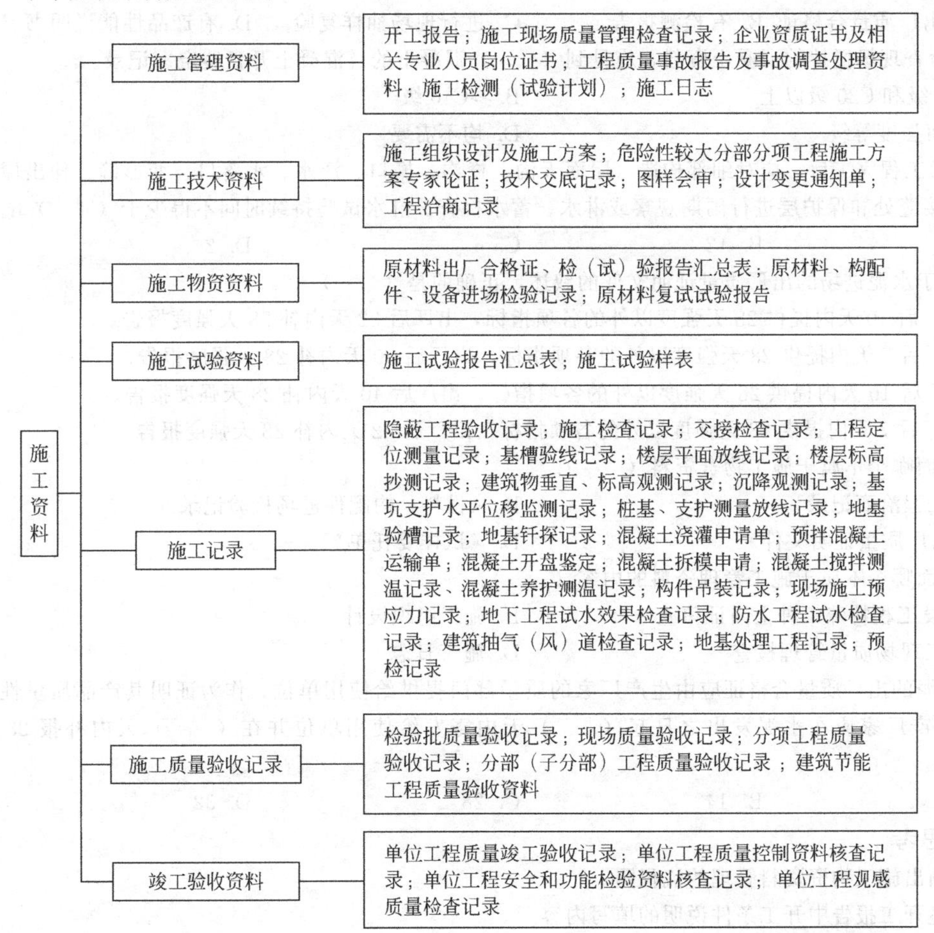

自测练习

一、选择题

1. 对于钢筋不合格的试验报告单，应附上（　　）倍试件复试的合格试验报告或处理报告，并且不合格的试验报告单不得抽撤或毁坏。

A. 1　　B. 2　　C. 3　　D. 4

2. 施工日志应由项目经理部确定（　　）负责填写，记录从工程开工之日起至竣工之日止的全部技术质量管理和生产经营活动。

A. 资料员　　B. 施工员　　C. 技术负责人　　D. 专人

3. 对于游泳池、消防水池等蓄水工程、屋面工程和有防水要求的地面，应进行（　　）。

A. 防水试验　　B. 淋（蓄）水检验　　C. 质量检测　　D. 浇水试验

4. 检验批施工质量验收记录由施工项目（　　）填写，监理工程师（建设单位项目技术负责人）组织项目质量检查员进行验收。

A. 资料员　　B. 质量检查员　　C. 施工员　　D. 技术负责人

5. 分部（子分部）工程验收记录表中“质量控制资料”栏，能基本反映工程质量情况，达到保证结构安全和使用功能的要求，在“施工单位检查评定”中填写（　　）

A. 合格　　B. 符合要求　　C. 完整　　D. 完整并符合要求

6. 每种材料归档时进场验收记录按（　　）分类填写。

A. 进场先后顺序　　B. 材料价格高低　　C. 数量多少　　D. 质量好坏

7. 防水材料进场，除金属板材、平瓦外，均应（　　）。

A. 有出厂质量合格证　　B. 有检测报告　　C. 进行现场抽样复验　　D. 有产品性能说明书

8. 在检查现场搅拌的混凝土资料，应见到（　　）混凝土的《混凝土开盘鉴定》记录。

A. C20 级和 C20 级以上　　B. ≥C40 级

C. 任何强度等级　　D. 均不需要

9. 屋面工程完工后，应对细部构造（屋面天沟、檐沟、檐口、泛水、水落口、变形缝、伸出屋面管道等）、接缝处和保护层进行雨期观察或淋水、蓄水检查。淋水试验持续时间不得少于（　　）h。

A. 24　　B. 12　　C. 6　　D. 2

10. 关于水泥进场的出厂质量证明文件的叙述，正确的是（　　）。

A. 出厂后 10 天内提供 28 天强度以外的各项指标，出厂后 32 天内补 28 天强度报告。

B. 出厂后 7 天内提供 28 天强度以外的各项指标，出厂后 40 天内补 28 天强度报告。

C. 出厂后 10 天内提供 28 天强度以外的各项指标，出厂后 40 天内补 28 天强度报告。

D. 出厂后 7 天内提供 28 天强度以外的各项指标，出厂后 32 天内补 28 天强度报告。

11. 下面哪个不属于施工物资资料（　　）。

A.《工程洽商记录》　　B.《材料、构配件进场检验记录》

C.《出厂质量证明文件》　　D.《试样委托单》

12. 下面哪个不属于施工管理资料的内容（　　）。

A. 建设工程特殊工种上岗证审查　　B. 施工组织设计

C. 施工现场质量管理检查　　D. 施工日志

13. 水泥的出厂质量合格证应由生产厂家的质量部门提供给使用单位，作为证明其产品质量性能的依据，生产厂家应在水泥发出之日起（　　）天内寄发给使用单位并在（　　）天内补报 28 天强度。

A. 7　　B. 14　　C. 28　　D. 32

二、学习思考

1. 请画出施工物资资料管理的流程图。

2. 简述开工报告中开工条件说明的填写内容。

3. 简述施工组织设计主要内容。
4. 出厂合格证及质量证明文件收集原则是什么？
5. 简述混凝土试块取样与留置的要求。
6. 图纸会审的主要内容是什么？
7. 隐蔽工程检查验收记录包括哪些内容？
8. 如何填写单位工程、分部分项工程质量竣工验收记录？
9. 简述建筑节能工程质量验收资料应包括的内容。

三、案例分析训练

〖案例一〗

某工程由 A 施工单位承建，B 监理单位负责施工阶段的监理工作，A 施工单位从市场上采购了同一厂家、同一炉罐号、同一交货状态的 ϕ18 钢筋共计 80t。A 施工单位提交了钢筋的出厂合格证和检验报告的复印件，同时抽取了 1 组试件进行了见证取样送检，试验结果冷弯性能不合格。故从同一批钢筋中任取双倍数量的试件进行不合格项的复试，结果合格。A 施工单位在对该批钢筋进场报验时，仅提供复试合格的试验报告单。A 施工单位在对钢筋进场验收记录归档时按数量多少分类填写。

【问题】

1. 施工物资资料主要包括哪些内容？
2. 在《原材料、构配件、设备进场验收记录》中的“检验验收内容”栏应如何填写？
3. 对出厂合格证和检验报告的复印件有何具体要求？
4. 你认为上述做法是否有不妥之处，为什么？
5. 如上述钢筋数量为 40t，则《钢材试验报告单》中“代表数量”栏应如何填写？

分析思考：本题主要考核学生施工物资进场验收知识的掌握程度。

〖案例二〗

某高校图书馆工程，建筑面积 35000m^2，结构形式为框架结构，基础类型为筏板基础，地下 1 层，地上 13 层。由本市特级施工总承包企业 A 承担施工任务，房建甲级监理企业 B 负责施工阶段的监理工作。A 企业制定了相关的企业标准。当基础底板 1～15/A～E 轴钢筋绑扎完成后，A 企业填报了《检验批质量验收记录表》。其中：(1) 表中“施工执行标准名称及编号”栏填写了“《混凝土结构工程施工质量验收规范》GB 50204—2013”；(2) 由施工企业项目技术负责人代表企业对质量验收规范规定的内容进行了逐项检查评定，并按“施工单位自检记录”栏内相关记录数据为依据，填好表格并写明结论，签字后交监理工程师验收；(3) 专业监理工程师以施工单位提供的自检记录为依据对该检验批的质量进行了评定。

【问题】

1. 该《检验批质量验收记录表》中的“分项工程名称”、“验收部位”栏应该如何填写？
2. 上述做法有何不妥之处？为什么？
3. “检查记录”栏应该如何填写？
4. 检验批质量验收记录应由哪些单位保存？保管期限为多少？

分析思考：本题考核学生对工程质量验收资料相关知识的掌握程度。

〖案例三〗

某住宅楼工程，建筑面积 18000m^2，框架结构，地上 12 层，地下 1 层，檐高 48m。在主体施工阶段，现场准备搭设一双排落底钢管脚手架进行主体围护，并配合二次结构及外墙装修施工。

【问题】

1. 什么样的脚手架工程属于危险性较大的工程？
2. 本工程准备搭设的脚手架是否需要单独编制专项施工方案？
3. 扣件式钢管脚手架专项施工方案一般包括哪些主要内容？

分析思考：本题主要考核学生对危险性较大分部分项工程相关知识的掌握程度。

〖案例四〗

上海市某高层涉外公寓，剪力墙结构，精装修工程。全部工程内容于2012年8月8日完工，建设单位在12日委托有资质的检验单位进行室内环境污染检测，其中室内污染物浓度检测了5项污染物含量，分别是氡、甲醛、甲苯、苯、TVOC含量。

【问题】

1. 建设单位委托室内环境污染检测时间是否正确?

2. 建筑工程室内环境质量验收应检查哪些资料?

3. 该工程检测项目是否正确?

分析思考：本题主要考核学生对室内环境检测相关知识的掌握程度。

〖案例五〗

某新建学院综合教学楼工程，框架剪力墙结构。地下2层，地上12层，由某大型施工企业总承包，2012年10月18日完成基础结构±0.000，总包计划1个月后组织建设单位、监理单位、设计单位、施工单位四方进行地基与基础验收。

【问题】

1. 由总包单位组织建设单位、监理单位、设计单位、施工单位四方验收是否正确?

2. 主体结构分部混凝土结构子分部应包括哪些分项工程?

3. 其中模板安装分项工程检验批质量验收的主控项目有哪些?

分析思考：主要考查学生对分部工程验收的组织及分部工程、分项工程、检验批质量验收相关知识的掌握程度。

第五章 竣工图、竣工验收及备案资料

知识目标

- 了解：竣工验收程序、竣工验收备案程序。
- 理解：竣工验收报告、竣工验收备案文件。
- 掌握：竣工图编制要求、绘制要求及方法。

能力目标

- 能编制竣工图。
- 能整理竣工验收备案文件。

随着我国经济的发展，城市建筑现代化、电气化、智能化程度及复杂程度越来越高，同时地上建筑如林，地下管线如网，因而需要一套能够完整、准确、系统地反映建筑真实面貌的竣工档案，为今后的技术改造、工程后续管理、维修、改建、扩建提供准确的技术依据，为现代化城市规划、建设、管理提供现状和历史资料，为地上地下市政交叉工程设计、施工提供和平共处相互要求的条件。因而，竣工图及竣工资料的编制是一项重要而严肃的技术工作，是建筑工程技术管理的主要内容之一。

第一节 竣工图

一、竣工图的概念及其作用

1. 竣工图的概念

竣工图是工程竣工后，真实反映建筑工程项目施工结果的图样。主要反映地上、地下建筑物、构筑物以及设备、工艺管道、电气、自动化仪表等安装工程的真实情况，是工程竣工验收的必备条件，也是工程维修、管理、改建、扩建的依据。它是工程建设完成后的主要凭证材料，也是国家的重要技术档案资料之一。各项新建、改建、扩建项目均必须编制竣工图。

竣工图编制工作应由建设单位负责，也可由建设单位委托施工单位、监理单位、设计单位或其他单位来编制。

2. 竣工图的内容

竣工图应按单位工程，并根据专业、系统进行整理，包括以下内容：

(1) 工程总体布置图、位置图，地形复杂者应附竖向布置图；

(2) 建筑竣工图、幕墙竣工图；

(3) 结构竣工图、钢结构竣工图；

(4) 建筑给水、排水与采暖竣工图、通风空调竣工图；

(5) 建筑电气竣工图、燃气竣工图、消防竣工图；

(6) 电梯竣工图、智能建筑竣工图（综合布线、保安监控、电视天线、火灾报警、气体灭火等）；

(7) 地上部分的道路、绿化、庭院照明、喷泉、喷灌等竣工图；

(8) 地下部分的各种市政、电力、电信管线等竣工图。

3. 竣工图的作用

(1) 竣工图是进行新建、改建、扩建、工程管理维修的技术依据　工程项目在开始建设时，一般要通过查阅原工程竣工图或实地调查，来了解周围工程的概况。特别是在敷设地下管线或进行隐蔽工程维修时，一定要通过竣工图来掌握原地下管线的走向、管径、标高和转折点、交叉点的详细位置。因使用功能上的需要进行改建、扩建就必须通过竣工图弄清楚它的基础及结构形式，如该楼是框架结构还是砖混结构，对于砖混结构要拆除某砖墙就必须考虑此墙是承重墙还是非承重墙，基础是否能再承受扩建或加层后的荷载等，否则盲目的拆除承重墙或者加层增加楼房自重都是非常危险的，必将造成重大安全隐患。另外，随着生产的发展、居民生活水平的提高和建筑物使用年限的延长，必将对原有建筑的电线电缆、给排水管线等进行维修增容，因而也必须通过完整准确的竣工图来获得原有的管线走向位置、管沟大小等，从而做好此项工作。

(2) 竣工图是城市规划、建设、管理等工作的重要依据　随着城市现代化程度的不断提高，地下管线密如蛛网，各种隐蔽工程越来越多，在城市规划、建设、管理工作中，特别是在城市的地下建筑和地下管线空间的规划中，完整准确的竣工图是必不可少的基础资料。众所周知，2000 年冬季发生在西安莲湖路天然气地沟爆炸事故，就是因为天然气管道与电力通信线路规划的安全距离不够，因天然气泄漏的浓度的增加，电力通信线路的放电火花引起地沟爆炸。类似问题还有管线位置变更没有改绘标注，新的管线又规划在同一位置，施工时经常发生挖断光缆、电力电缆、输水管线等事故造成经济损失和人员伤亡。因此，必须借助于竣工图来合理地安排新建地下建筑物和地下管线的布置，协调新旧建筑物之间，工程项目计划与城市规划之间，各类管线之间的相互关系，以实现城市规划、建设管理的有序进行。

(3) 竣工图是司法鉴定裁决建筑纠纷的法律凭证　竣工图是对工程质量及安全事故纠纷处理的重要技术依据，对于一个重大的工程质量事故的技术鉴定，首先要对工程图纸进行核对，检查施工单位是否严格按图施工，有变更的部位是否经过设计同意，签字手续是否完备，其次才是对设计计算、原材料是否合格、施工过程是否符合规范要求的检查。如 1999 年 1 月 4 日，重庆市綦江县人行虹桥因严重质量问题突然整体垮塌，造成死 40 人、伤 14 人，直接经济损失 600 余万元的严重后果。在对此事故的调查中，国务院事故调查领导小组首先采取的一项措施是：封存虹桥项目所有工程监理资料以及竣工档案资料待查。从这项措施中不难看出建设工程竣工资料是何等的重要。竣工图具有司法鉴定裁决的法律凭证作用，对于最后的司法量刑，竣工图的法律凭证作用不可忽视。

(4) 竣工图是工程决算的依据　竣工图能准确定位已完成的工程量，复核认定已完工程量的真实性，正确判定变更项目的合理性和合规性。《国家基本建设委员会关于编制基本建设工程竣工图的几项暂行规定》中要求：“1. 工程竣工验收必须绘制竣工图；2. 竣工图不准确、不完整、不符合归档要求的不能交工验收。”当然，没有通过验收的工程也是不能进行审计决算的。对已完成竣工图，且通过验收的工程项目，审计人员能从竣工图中正确判断计算出工程造价。总之，竣工图在投资审计决算中，与施工图、中标价、施工合同、施工签证、地方定额、当期材料价格等资料一样，具有同等重要依据作用。

二、竣工图编制基本要求

当施工过程中未发生设计变更时，可在原施工图纸（新图纸）上注明“竣工图”标志，即可作为竣工图使用。

当施工中虽然有一般性的设计变更，但没有较大的结构性或重要管线等方面的设计变更，可不再重新绘制竣工图，而是由施工单位在原施工图纸（但必须是新蓝图）上修改或补充，清楚地注明修改后的实际情况，并附以设计变更通知书、设计变更记录及施工说明，然后，加盖“竣工图”章标志，即可作为竣工图。

当建筑工程的结构形式、标高、施工工艺、平面布置、项目等有重大变更，或变更部分不宜在原施工图上修改、补充的，应按照变更后的实际工程情况重新绘制竣工图。设计原因造成的，由设计单位重新绘图；施工原因造成的，由施工单位重新绘图；其他原因造成的，由建设单位自行绘制或委托设计单位绘制，施工单位在新图上加盖“竣工图”章，并附有关记录和说明，作为竣工图。重大的改建、扩建工程涉及原有工程项目变更时，应将相关项目的竣工图资料统一整理归档，并在原案卷内增补必要的说明。

竣工图必须真实反映项目竣工验收时的实际情况，要保证图纸质量，做到规范准确、清楚完整、图面整洁、修改到位，并要经项目技术负责人审核签认。

编制竣工图必须编制各专业竣工图的图纸目录，作废的图纸在目录上划掉，补充的图纸必须在目录上列出图名和图号，并加盖“竣工图”章和由相关人员亲自签署的姓名。

用于改绘竣工图的图纸必须是新蓝图或绘图仪绘制的白图，不得使用旧图或复印的图纸。

三、竣工图的绘制要求及方法

1. 竣工图的绘制要求

竣工图编制单位应按照国家建筑制图规范要求绘制竣工图，不得把洽商或附图贴在原设计图上作为竣工图，也不许把洽商原封不动地抄在原图上。在蓝图上改绘竣工图各专业图纸都必须相应修改，使各个专业的衔接关系相互吻合。绘制竣工图应使用绘图笔或签字笔及不褪色的绘图墨水，选用图例必须符合国家规范，不得随意徒手绘制线条或注写，字体要求为仿宋体或者楷体，严禁错、别、草字。计算机出图必须清晰，不得使用计算机出图的复印件。在施工图上改绘时，不得使用涂改液涂改、刀刮、补贴等方法修改图纸。

2. 竣工图的绘制方法

(1) 利用施工蓝图改绘的竣工图　在施工蓝图上一般采用杠（划）改、叉改法，局部修改可以圈出更改部位，在原图空白处绘出更改内容，所有变更处都必须引画索引线并注明更改依据。具体的改绘方法可视图面、改动范围和位置、繁简程度等实际情况而定。其中杠（划）改法就是在原施工图上，用细实线划去需要更改的部分，从修改的位置引出带箭头的索引线，在索引线上注明修改依据。杠（划）改法是目前一般性变更中使用的一种基本方法，无论建筑、结构还是设备安装施工的竣工图，均要求用这种方法为基础来编制竣工图。

当更改内容较多或无法在图纸上表达清楚时，可在变更涉及的竣工图上采用注记说明，在标题栏上方或左边用规范用语加以文字说明。图上某一种设备、门窗等型号的改变，涉及到多处修改时，要对所有涉及到的地方全部加以改绘，其修改依据可标注一个修改处，但需在此处作简单说明。在建筑物某一部位增加隔墙、门窗、灯具、设备、钢筋等，均应在图上的实际位置用规范制图方法绘出，并注明修改依据。

(2) 绘制大样图或另补绘图纸　当图纸某部位变化较大或不能在原位置上改绘时，可以采用绘制大样图或另外补绘图纸的方法。

① 画大样改绘　在原图上标出应修改部位的范围后，再在需要修改的图纸上绘出修改部位的大样图，并在原图改绘范围和改绘的大样图处注明修改依据。

② 另补绘图修改　如原图纸无空白处，可另用硫酸纸补绘图纸晒成蓝图后，作为竣工图纸，补在本专业图纸之后。并注明是原来某图某部位的补图、图名、图号和修改依据。

例如，某建筑二层结构平面Ⓑ～Ⓒ轴间楼板配筋修改需要重绘两轴间大样图，具体做法是：先在原图Ⓑ～Ⓒ轴间注明修改依据，并注明见结构补图××楼板配筋详图。然后另绘制楼板配筋详图。补图应注明图号（结补×）和图名，并且此补图可以包括几个修改大样图，在图纸说明中注明结构配筋详图为二层平面Ⓑ～Ⓒ轴间修改图。

(3) 在硫酸纸图上修改晒制的竣工图　在硫酸纸图上修改晒制竣工图时，应在原硫酸纸施工底图上依据设计变更、工程洽商等内容，刮去需要更改的部分，重新绘制工程竣工图的真实情况，并在图中空白处作一修改备考表，注明变更、洽商编号（或时间）和修改内容，再重新晒成竣工蓝图。

(4) 重新绘制的竣工图　如果某张图纸修改不能在原蓝图上修改清楚，应重新绘制整张图作为竣工图。重绘的图纸应按国家制图标准和绘制竣工图的规定制图，竣工图要求与原图比例相同，有标准的图框和内容齐全的图签，图签中应有明确的"竣工图"字样或加盖竣工图章。

用CAD绘制的竣工图，在电子版施工图上依据设计变更、工程洽商的内容进行修改，修改后用云图圈出修改部位，并在图中空白处作一个修改备考表，同时在其图签上必须有原设计人员签字。

第二节　竣工验收资料

工程项目的竣工验收是全面检查合同执行情况，检验工程施工质量的重要环节。建设工程项目竣工后由建设单位会同勘察、设计、施工、监理单位及工程质量监督部门，对该项目是否符合规划设计要求以及工程项目质量和技术资料进行全面审查验收工作，取得竣工合格资料、数据和凭证。如果工程项目已达到竣工验收标准，就可以进行竣工交接。

一、工程竣工验收应具备的条件

建设单位在收到施工单位提交的《工程竣工报告》(见表5-1)，并具备以下条件后，方可组织勘察、设计、施工、监理等单位有关人员进行竣工验收：

(1) 完成工程设计和合同约定的各项内容。

(2) 施工单位在工程完工后对工程质量进行了检查，确认工程质量符合有关法律、法规和工程建设强制性标准，符合设计文件及合同要求，并提出工程竣工报告。工程竣工报告应经项目经理和施工单位有关负责人审核签字。

表5-1　工程竣工报告

工程名称：

建筑面积		建筑层数	
工程地点		工程造价	
建设单位		勘察单位	
设计单位		监理单位	
施工单位			

续表

建设单位：

本单位确认：
一、完成工程设计和合同约定的各项内容；
二、建设行政主管部门及工程质量监督机构责令整改的问题全部整改完毕；
三、对工程质量进行了全面检查，工程质量符合有关法律、法规和工程建设控制强制性标准，符合设计文件及合同要求，工程质量达到________标准（见附件单位工程质量综合评定表）；
四、技术资料完整，主要建筑材料、建筑构配件和设备的进场试验报告齐全；
五、已签署工程保修书（验收时送你单位）；
六、其他

本单位认为工程已具备竣工验收条件，请你单位办理相关手续，于____年____月____日进行竣工验收。

施工单位：____________________ 项目经理（签名）__________

企业技术负责人（签名）________ 法人代表（签名）__________

年 月 日

总监理工程师签署意见	总监（签名） （公章） 年 月 日

(3) 对于委托监理的工程项目，监理单位对工程进行了质量评估（见表5-2），具有完整的监理资料，并提出工程质量评估报告。工程质量评估报告应经总监理工程师和监理单位有关负责人审核签字。

表5-2 工程质量评估报告

工程名称：

建筑面积		建筑层数	
工程地点		工程造价	
建设单位		勘察单位	
设计单位		监理单位	
施工单位			

工程质量验收情况：

工程质量事故及处理情况：

竣工资料审查情况：

工程质量评估结论：

监理单位（盖章） 总监：（签名） 法人代表：（签名）

（4）勘察、设计单位对勘察、设计文件及施工过程中由设计单位签署的设计变更通知书进行了检查，并提出质量检查报告。质量检查报告应经该项目勘察、设计负责人和勘察、设计单位有关负责人审核签字。工程勘察质量检查报告见表 5-3，工程设计质量评估报告见表 5-4。

表 5-3　工程勘察质量检查报告

工程名称：

<table>
<tr><td>工程名称</td><td></td><td>工程用途</td><td></td></tr>
<tr><td>建筑面积</td><td></td><td>结构类型</td><td></td></tr>
<tr><td>桩基类型</td><td></td><td>基础类型</td><td></td></tr>
<tr><td>勘察单位</td><td></td><td>监理单位</td><td></td></tr>
<tr><td>施工单位</td><td></td><td>桩基分包单位</td><td></td></tr>
<tr><td rowspan="7">勘察质量检查情况</td><td colspan="3">勘察执行标准：</td></tr>
<tr><td colspan="3">勘察主要成果：</td></tr>
<tr><td colspan="2">建议采用桩基：</td><td>实际采用桩基：</td></tr>
<tr><td colspan="3">桩基荷载试验情况：</td></tr>
<tr><td colspan="3">施工关键阶段核查意见：</td></tr>
<tr><td colspan="3">勘察质量检查意见：</td></tr>
<tr><td colspan="3">勘察项目负责人：（签名）　　　　技术负责人：（签名）
法人代表：（签名）　　　　（单位公章）　　　　日期：　　年　　月　　日</td></tr>
</table>

表 5-4　工程设计质量评估报告

工程名称：

工程名称		工程用途	
建筑面积		结构类型	
设计单位		监理单位	
施工图审查意见		结构使用年限	
施工单位（总包）		主要分包单位	

续表

设计质量检查情况	法律、法规执行情况：
	强制性条文执行情况：
	单位资质等级、设计人员资格和质量控制情况：
	设计深度：
	建筑平面布置和建筑外观是否符合设计：
	施工关键部位核查意见：
	设计项目负责人：(签名)　　　　技术负责人：(签名) 法人代表：(签名)　　　(单位公章)　　　日期：　　年　月　日

(5) 有完整的技术档案和施工管理资料。

(6) 有工程使用的主要建筑材料、建筑构配件和设备的进场试验报告，以及工程质量检测和功能性试验资料。

(7) 建设单位已按合同约定支付工程款。

(8) 有施工单位签署的建筑工程质量保修书。建筑工程质量保修书见例5.1。

【例5.1】

建筑工程质量保修书

发包人（全称）：

承包人（全称）：

发包人、承包人根据《中华人民共和国建筑法》、《建设工程质量管理条例》和《房屋建筑工程质量保修办法》，经协商一致，对____________________（工程全称）签定工程质量保修书。

一、工程质量保修范围和内容

承包人在质量保修期内，按照有关法律、法规、规章的管理规定和双方约定，承担本工程质量保修责任。

质量保修范围包括地基基础工程、主体结构工程，屋面防水工程、有防水要求的卫生间、房间和外墙面的防渗漏，供热与供冷系统，电气管线、给排水管道、设备安装和装修工程，以及双方约定的其他项目。具体保修的内容，双方约定如下：

____。

二、质量保修期

双方根据《建设工程质量管理条例》及有关规定，约定本工程的质量保修期如下：

1. 地基基础工程和主体结构工程为设计文件规定的该工程合理使用年限；
2. 屋面防水工程、有防水要求的卫生间、房间和外墙面的防渗漏为________年；
3. 装修工程为________年；
4. 电气管线、给排水管道、设备安装工程为________年；
5. 供热与供冷系统为________个采暖期、供冷期；
6. 住宅小区内的给排水设施、道路等配套工程为________年；
7. 其他项目保修期限约定如下：

____。

质量保修期自工程竣工验收合格之日起计算。

三、质量保修责任

1. 属于保修范围、内容的项目，承包人应当在接到保修通知之日起7天内派人保修。承包人不在约定期限内派人保修的，发包人可以委托他人修理。

2. 发生紧急抢修事故的，承包人在接到事故通知后，应当立即到达事故现场抢修。

3. 对于涉及结构安全的质量问题，应当按照《房屋建筑工程质量保修办法》的规定，立即向当地建设行政主管部门报告，采取安全防范措施；由原设计单位或者具有相应资质等级的设计单位提出保修方案，承包人实施保修。

4. 质量保修完成后，由发包人组织验收。

四、保修费用

保修费用由造成质量缺陷的责任方承担。

五、其他

双方约定的其他工程质量保修事项：

____。

本工程质量保修书，由施工合同发包人、承包人双方在竣工验收前共同签署，作为施工合同附件，其有效期限至保修期满。

发　包　人（公章）：	承　包　人（公章）：
法定代表人（签字）：	法定代表人（签字）：
年　月　日	年　月　日

（9）对于住宅工程，进行分户验收并验收合格，建设单位按户出具《住宅工程质量分户验收表》。

（10）建设主管部门及工程质量监督机构责令整改的问题全部整改完毕。

（11）法律、法规规定的其他条件。

二、工程竣工验收的程序

工程竣工验收一般分为两个阶段进行。

1. 竣工初验收的程序

当单位工程达到竣工验收条件后，施工单位应在自查、自评工作完成后，填写单位工程竣工验收报审表，并将全部竣工资料报送项目监理机构，申请竣工验收。总监理工程师应组织各专业监理工程师对竣工资料及各专业工程的质量情况进行全面检查，对检查出的问题，应督促施工单位及时整改。对需要进行功能试验的项目（包括单机试车和无负荷试车），监理工程师应督促施工单位及时进行试验，并对重要项目进行督促、检查，必要时请建设单位和设计单位参加；监理工程师应认真审查试验报告单并督促施工单位搞好成品保护和现场清理。

经项目监理机构对竣工资料及实物全面检查、验收合格后，由总监理工程师签署单位工程竣工验收报审表，并向建设单位提出质量评估报告。

2. 正式验收的程序

建设单位收到《工程竣工报告》后，应由建设单位（项目）负责人组织勘察、施工（含分包单位）、设计、监理等单位（项目）负责人和其他有关方面的专家组成验收组，制定验收方案，并在工程竣工验收7个工作日前将验收的时间、地点及验收组名单书面通知负责监督该工程的工程质量监督机构。建设单位应按下列要求组织竣工验收。

（1）建设、勘察、设计、施工、监理单位分别汇报工程合同履约情况和在工程建设各个环节执行法律、法规和工程建设强制性标准的情况；

（2）审阅建设、勘察、设计、施工、监理单位的工程档案资料；

（3）实地查验工程质量；

（4）对工程勘察、设计、施工、设备安装质量和各管理环节等方面作出全面评价，形成经验收组人员签署的工程竣工验收意见。

参与工程竣工验收的建设、勘察、设计、施工、监理等各方不能形成一致意见时，应当协商提出解决的方法，或请当地建设主管部门或工程质量监督机构协调处理，待意见一致后，重新组织工程竣工验收。

单位工程由分包单位施工时，分包单位对所承包的工程项目应按规定的程序检查评定，总包单位应派人参加。分包工程完成后，应将工程有关资料交总包单位。在一个单位工程中，对满足生产要求或具备使用条件，施工单位已预验，监理工程师已初验通过的子单位工程，建设单位可组织进行验收。有几个施工单位负责施工的单位工程，当其中的施工单位所负责的子单位工程已按设计完成，并经自行检验，也可组织正式验收，办理交工手续。在整个单位工程进行全部验收时，已验收的子单位工程验收资料应作为单位工程验收的附件。

在竣工验收时，对某些剩余工程和缺陷工程，在不影响交付的前提下，经建设单位、设计单位、施工单位和监理单位协商，施工单位应在竣工验收后的限定时间内完成。

建设工程需验收合格后，方可交付使用。

三、工程竣工验收报告

工程竣工验收合格后，建设单位应当及时提出《工程竣工验收报告》（见表5-5）。《工程竣工验收报告》主要包括工程概况，建设单位执行基本建设程序情况，对工程勘察、设计、施工、监理等方面的评价，工程竣工验收时间、程序、内容和组织形式，工程竣工验收意见等内容。

表5-5　工程竣工验收报告

工程名称：

建筑面积		建筑层数	
工程地点		工程造价	
建设单位		勘察单位	
设计单位		监理单位	
施工单位			

验收组成员（姓名、单位、职务或职称、专业）：

<table>
<tr><td rowspan="9">验收组成员</td><td>验收组职务</td><td>姓名</td><td>工作单位</td><td>职　务</td><td>职称（专业）</td></tr>
<tr><td>验收组组长</td><td></td><td></td><td></td><td></td></tr>
<tr><td rowspan="2">副　组　长</td><td></td><td></td><td></td><td></td></tr>
<tr><td></td><td></td><td></td><td></td></tr>
<tr><td rowspan="5">验收组成员</td><td></td><td></td><td></td><td></td></tr>
<tr><td></td><td></td><td></td><td></td></tr>
<tr><td></td><td></td><td></td><td></td></tr>
<tr><td></td><td></td><td></td><td></td></tr>
<tr><td></td><td></td><td></td><td></td></tr>
</table>

验收情况（验收程序、验收标准、分组情况、验收内容、检查方式）：

验收专家组评定意见	
技术资料审核情况	
现场实体检测情况	
观感质量评价	
工程质量验收结论	
专家组签字	

《工程竣工验收报告》还应附有下列文件。

(1) 施工许可证；

(2) 施工图设计文件审查意见；

(3) 工程竣工验收应具备的条件中 (2)、(3)、(4)、(8) 项的规定；

(4) 验收组人员签署的工程竣工验收意见；

(5) 法规、规章规定的其他有关文件。

第三节 建筑工程竣工备案

一、建筑工程竣工备案管理

工程竣工验收备案是一种程序性的备案检查制度，是对工程建设参建各方质量行为进行规范化、制度化约束的强制性控制手段，工程竣工验收备案不免除参建各方的质量责任。

办理竣工验收备案是指建设单位应当自工程竣工验收合格之日起 15 日内将工程竣工报告和有关文件，报工程所在地的县级以上地方人民政府建设主管部门（以下简称备案机关）备案，接受监督检查并取得备案机关收讫确认的行为。

1. 工程竣工验收备案的范围

凡在中华人民共和国境内新建、扩建、改建的各类房屋建筑工程和市政基础设施的竣工验收，均应按有关规定进行备案。抢险救灾工程、临时性房屋建筑工程和农民自建低层住宅工程，暂不列入此备案范围。军用房屋建筑工程竣工验收备案，按照中央军事委员会的有关规定执行。

国务院住房和城乡建设主管部门负责全国房屋建筑和市政基础设施工程（以下统称工程）的竣工验收备案管理工作，县级以上地方人民政府建设主管部门负责本行政区域内工程的竣工验收备案管理工作。

2. 竣工验收备案文件

依据《房屋建筑工程和市政基础设施工程竣工验收备案管理办法》，建设单位办理工程竣工验收备案应当提交下列文件：

(1) 工程竣工验收备案表。

(2) 工程竣工验收报告。竣工验收报告应当包括工程报建日期，施工许可证号，施工图设计文件审查意见，勘察、设计、施工、工程监理等单位分别签署的质量合格文件及验收人员签署的竣工验收原始文件，市政基础设施的有关质量检测和功能性试验资料以及备案机关认为需要提供的有关资料。

(3) 法律、行政法规规定应当由规划、环保等部门出具的认可文件或者准许使用文件。

(4) 法律规定应当由公安消防部门出具的对大型的人员密集场所和其他特殊建设工程验收合格的证明文件。

(5) 施工单位签署的工程质量保修书。

(6) 法规、规章规定必须提供的其他文件。

住宅工程还应当提交《住宅质量保证书》和《住宅使用说明书》。

3. 竣工验收备案的程序

建设单位竣工验收备案按照下列程序进行。

(1) 建设单位向备案机关领取《房屋建筑工程和市政基础设施工程竣工验收备案表》(以下简称《工程竣工验收备案表》)。

(2) 建设单位持有建设、勘察、设计、施工、监理等单位负责人、项目负责人签名并加盖公章的《工程竣工验收备案表》一式四份及按规定要求提交的文件，向备案机关申报备案。

(3) 备案机关在收齐、验证备案文件后，根据《质量监督报告》及检查情况，15 日内在《工程竣工验收备案表》上签署备案意见，由建设单位、城建档案部门、工程质量监督机构和备案机关各存一份。质量监督报告认定工程质量等级达不到国家验评标准的工程，备案部门不予备案。

备案机关发现建设单位在竣工验收过程中有违反国家有关建设工程质量管理规定行为的，应当在收讫竣工验收备案文件 15 日内，责令停止使用，重新组织竣工验收。备案机关决定重新组织竣工验收并责令停止使用的工程，建设单位在备案之前已投入使用或者建设单位擅自继续使用造成使用人损失的，由建设单位依法承担赔偿责任。

建设单位在工程竣工验收合格之日起 15 日内未办理工程竣工验收备案的，备案机关责令限期改正，处 20 万元以上 50 万元以下罚款。建设单位采用虚假证明文件办理工程竣工验收备案的，工程竣工验收无效，备案机关责令停止使用，重新组织竣工验收，处 20 万元以上 50 万元以下罚款；构成犯罪的，依法追究刑事责任。

4. 竣工验收备案流程图

建设单位竣工验收备案具体程序见图 5-1。

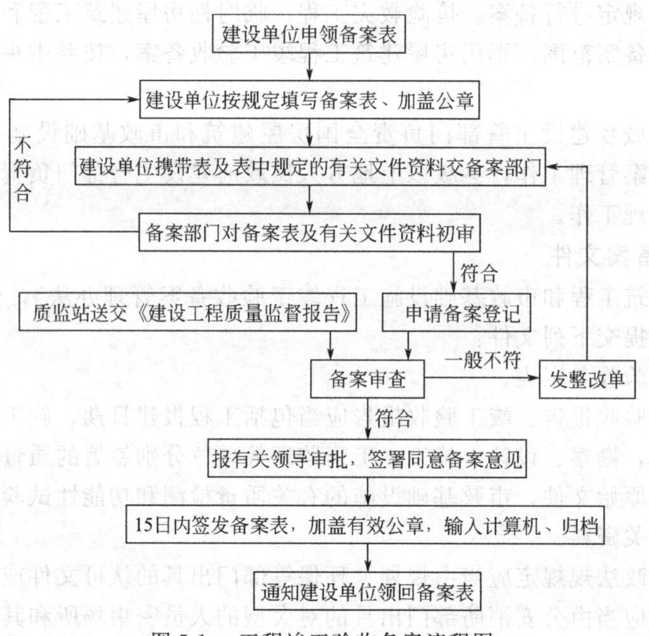

图 5-1　工程竣工验收备案流程图

二、建设工程竣工验收备案表

1. 封面填写要求

(1) 工程名称、建设单位　填写全称，与建设工程规划许可证、建筑工程施工许可证、质量监督注册登记表的名称一致。

(2) 编号　由竣工验收备案部门负责统一编写。

2. 第 1 页填写要求

(1) 工程名称　同封面名称。

(2) 工程地址　填写邮政地址，写明区（县）街道门牌号码。

(3) 工程规模　建筑工程填写竣工面积。

(4) 工程类别　房屋建筑工程按使用性质，分别填写厂房、住宅、教育、医疗卫生、商业服务、文化体育、金融邮电、社区服务、行政管理、构筑物等。

(5) 结构类别　混合、框架、框剪、剪力墙、钢结构等。

(6) 规划许可证号　填写有效工程规划许可证编号号码。

(7) 施工许可证号　填写有效施工许可证编号号码。

(8) 开工时间　填写实际开工时间。

(9) 竣工时间　必须与《单位（子单位）工程竣工验收记录》上的日期一致。

(10) 单位名称和负责人　建设单位、勘察单位、设计单位、施工单位、监理单位、质量监督机构的名称均填写与规划、施工许可证相一致的单位全称。负责人即法人代表的姓名。

(11) 建筑工程进行竣工验收备案时"建筑面积"栏内　填写面积应与"工程施工许可证"中建筑规模相一致。

(12) 报送时间　填写建设单位报送备案表的日期。

3. 第 2 页填写要求

表内的竣工验收意见包括勘察单位意见、设计单位意见、施工单位意见、监理单位意见、建设单位意见，均为结论性评语。

(1) 勘察单位意见　本工程地基为我院勘察，勘察报告编号为××-××，经验槽槽底土质为××土，与勘察报告相符。基底局部处理意见见工程洽商××号，同意竣工验收。

(2) 设计单位意见　本工程为我院设计，现已施工完毕，经检查施工符合设计图样和设计变更要求，同意竣工验收。

(3) 施工单位意见　本工程已按设计图样及变更洽商和施工合同完成，工程质量等级自评为合格，同意竣工验收。

(4) 监理单位意见　本工程为我公司监理，该工程施工符合设计图样及变更洽商和国家施工质量验收规范及标准，工程质量等级为合格，同意竣工验收。

(5) 建设单位意见　本工程经我单位组织勘察、设计、施工、监理单位共同检查，满足设计要求，符合国家规范及标准要求，工程质量合格，同意竣工验收。

“报送时间”为送达备案机关日期。

“竣工验收意见”栏内为有关各方依据法律、法规填写的工程竣工验收意见。

以上各栏中签字可以是单位负责人，也可以是项目负责人，签字后加盖单位公章。

4. 第3页填写要求

(1) 竣工验收备案文件清单及份数栏　由建设单位提供。

(2) 验证情况　由备案经办人员填写，符合要求的加盖“符合要求”章。

(3) 备案意见　由备案室备案经办人员填写备案文件收讫的日期，加盖“备案文件收讫”章。

(4) 备案管理部门负责人　由备案室主任签字。

(5) 经办人　由备案室备案经办人签字。

(6) 日期　备案管理部门负责人签字的时间，备案以此日期为准。

(7) 公章　加盖备案管理部门竣工验收备案专用章。

5. 第4页填写要求

备案管理部门处理意见：由备案室主任签署同意备案的意见后，填写备案编号，加盖工程竣工验收备案专用章。

6. 工程竣工备案文件要求

备案工作是建设单位的职责，不能由施工单位、监理单位代替。建设单位由非法定代表人办理竣工验收备案的，均应由法定代表人签署法人委托书。

各种资料在收集整理时，目前只有竣工验收备案文件明细表中“单位工程验收文件”必须是原件，其他资料可用复印件，但复印件要逐一加盖建设单位公章，并注明原件存放处及经办人姓名、日期，公章要压在说明文字上。

文件资料整理要齐全有效，规范统一。文件资料的整理规格要与备案表同等规格(A4)，复印件文字要清楚，公章要可辨认。

三、建设工程竣工验收备案证书

《中华人民共和国建筑法》、《中华人民共和国合同法》等法律都规定了建筑工程竣工经验收合格后，方可交付使用，这是国家强制性规范。依据有关规定，我国目前的房屋经过验收和验收合格的标志是取得《建筑工程竣工验收备案证》。

建设部2004年发布的《关于加强住宅工程质量管理的若干意见》(建质［2004］18号)第3.4条规定：“各地建设行政主管部门要加强对住宅工程竣工验收备案工作的管理，将竣工验收备案情况及时向社会公布。单体住宅工程未经竣工验收备案的，不得进行住宅小区的综合验收。住宅工程经竣工验收备案后，方可办理产权证。”

在实际的操作中，一般开发商是先拿到预售证，后办理《竣工验收备案证》。开发商暂时无法出示《竣工验收备案证》一般有两个原因：该证正在审批之中；该房子没有通过相关部门的审核。如果是前者，购房者先不要着急，可以先等一段时间，但若是后者，就可以按照合同上的条款追究开发商的违约责任。特别需要指出的是，《竣工验收备案表》并不是《竣工验收备案证》，它只是《竣工验收备案证》的一个中间文件，有《竣工验收备案证》的前提是有《竣工验收备案表》。

本章小结

本章知识结构如下所示：

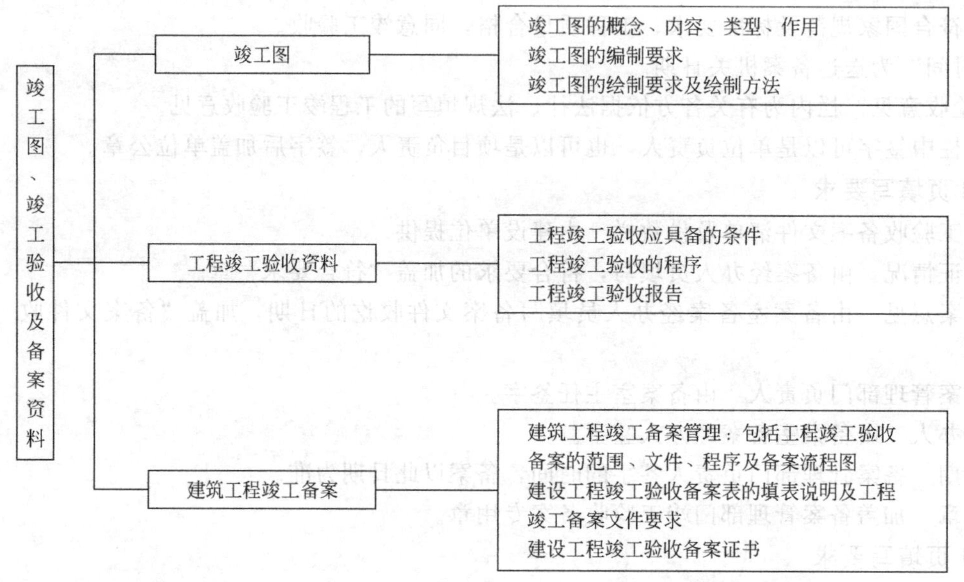

自测练习

一、选择题

1. 建设单位应当自工程竣工验收合格之日起（　　）日内，依照规定，向工程所在地的县级以上地方人民政府建设主管部门（以下简称备案机关）备案。

A. 5　　B. 10　　C. 15　　D. 20

2. 备案机关发现建设单位在竣工验收过程中有违反国家有关建设工程质量管理规定行为的，应当在（　　）15日内，责令停止使用，重新组织竣工验收。

A. 收到建设单位报送的竣工验收备案文件　　B. 工程竣工验收合格之日起

C. 工程竣工验收之日起　　D. 收讫竣工验收备案文件

3. 建设工程承包单位在向建设单位（　　），应当向建设单位出具质量保修书。质量保修书中应当明确建设工程的保修范围、保修期限和保修责任等。

A. 提交工程项目竣工验收报告时　　B. 提交工程项目全部资料后

C. 提交工程项目结算前　　D. 交付工程项目后

4. 凡在我国境内（　　）都实行竣工验收备案制度。

A. 抢险救灾工程　　B. 临时性房屋建筑工程

C. 市政基础设施工程　　D. 农民自建低层住宅工程

E. 新建、扩建、改建各类房屋建筑工程

5. 工程竣工验收备案表一式两份，分别由（　　）保存。

A. 建设单位　　B. 施工单位　　C. 监理单位　　D. 备案机关

E. 设计单位

6. 非商品住宅办理工程竣工验收备案应当提交的文件有（　　）。

A. 住宅质量保证书　　B. 施工单位签署的工程质量保修书

C. 工程竣工验收备案表　　D. 住宅使用说明书

E. 工程竣工验收报告

7. 房屋建筑工程竣工验收备案时应提交的文件有（　　）。

A. 建设工程规划的许可证　　B. 工程竣工验收备案表

C. 工程竣工验收报告

D. 法律、行政法规规定应当由规划、公安消防、环保等部门出具有认可文件或者准许使用文件

E. 施工单位签署的工程质量保修书

二、学习思考

1. 什么是竣工图？竣工图的作用是什么？

2. 竣工图的绘制要求有哪些？

3. 竣工验收应具备哪些条件？

4. 建筑工程竣工备案的程序是什么？

三、案例分析训练

〖案例一〗

某大型剧院的工程项目，由A施工单位负责施工，B监理单位负责施工阶段监理工作，建设单位为C单位。 在该工程全部工程完成后，进行了竣工验收，B监理单位制定的工作流程为：竣工验收文件资料准备→申请工程竣工验收→审核竣工验收申请→签署工程竣工验收申请→组织工程验收。 建设单位在工程竣工验收合格后15日内将有关文件资料，报工程所在地的县级以上地方人民政府建设行政主管部门或其他有关部门备案。

【问题】

1. 请问竣工验收阶段的各流程分别由哪个单位完成?

2. 工程竣工验收备案应提交哪些文件?

3. 对工程竣工备案文件有何要求?

4. 备案表第2页中“竣工验收意见”栏建设单位的意见应如何填写?

分析思考：本题主要考核学生对竣工验收及备案知识的掌握程度。

第六章 建筑工程资料管理软件及应用

知识目标

- 了解：建筑工程资料管理软件应用的意义。
- 熟悉：建筑工程资料管理软件的特点和主要功能。

能力目标

- 能运用建筑工程资料管理软件完成建筑工程全过程的资料填写工作。

随着信息时代的到来，计算机以其存储容量大、准确性高、处理速度快等特点，成为了现代化管理的必备工具，运用计算机管理技术进行建筑工程项目管理是建筑业发展的趋势。

第一节 建筑工程资料管理软件的应用及其意义

建筑工程资料的编制与管理是建筑工程项目管理工作中的一个重要组成部分。建筑工程资料是工程建设及竣工验收的必备条件，也是对工程进行检查、维护、管理、使用、改建和扩建的原始依据。为此，建设部与各省市建设部门多次强调要搞好建筑工程资料的管理工作，明确指出：任何一项工程如果建筑工程资料不符合标准规定，则判定该项工程不合格，对工程质量具有否决权。

然而，当前整个建筑行业中建筑工程资料的编制与管理恰恰是一个比较薄弱的环节：编制手段落后，效率低下；书写工具不合要求，字迹模糊；资料管理混乱，漏填、丢失现象严重。目前，建筑工程资料的编制与管理，无法满足建筑工程档案整理、归档的基本要求，而且制约了建筑工程施工企业及监理企业的进一步发展。

建筑工程资料管理软件就是根据《建筑工程施工质量验收统一标准》、《建设工程文件归档整理规范》，并结合各省市的工程资料管理标准或规程及其施工质量验收规范的标准用表等，分别编制的适合各省市具体情况的软件系统。建筑工程资料管理软件的应用将彻底改变过去落后的手工资料填制方式，极大地提高了资料员的工作效率，并且制作的资料样式美观，归档规范。应该说，它的问世给建筑工程资料的编制与管理带来了一场新的技术革命。

第二节 建筑工程资料管理软件简介

品茗施工资料编制与管理软件是国内最早研发上市的施工资料编制软件之一，并且根据市场需求以及相关标准、规范的修订不断升级换代。“品茗二代施工资料软件”主要针对生产第一线的资料员、监理工程师设计，软件提供包含土建、水电安装、市政、园林等在内的十余个专业模块，表格齐全，操作简便，智能化程度高，能显著地提高资料员的施工、监理资料编制效率。

一、软件的特点

品茗施工资料编制与管理软件表格齐全、使用简单、功能强大，能快速实现表格填写、打印输出、多类型汇总统计、资料表格库管理（修改、添加模板文件）、工程备份/恢复等操作，同时又兼容 Word、Excel，满足不同的施工资料编制与管理需要。

二、软件的主要功能介绍

1. 表头信息自动导入

按照资料表格填写要求，一次性定义工程概况信息，所有表格中相关表头信息自动填写完成，大大减轻表格填写工作量。

2. 示例工程随手可查

品茗软件积极响应广大客户的实际需要，精心整理出了一套填写规范、表格齐全的示例工程，方便用户在实际工作中参考。

3. “傻瓜式”轻松配图

插入图片时无需考虑图片格式，可直接插入任意图片文件，包括 AutoCAD 格式的文件。也可调用“品茗画图程序”或“画笔程序”直接进行图形绘制。

4. 企业标准设置

施工企业技术主管部门可以利用该配置贯彻企业标准，轻松实现资料管理一体化，达到数据统一。配置后，软件可以根据用户修改后的数据对每一个实测点进行评定，对超过企业标准且未超国家标准的点，自动添加“○”，并提示原国家标准的数值。

5. 填表说明方便查看

涵盖《建筑工程施工质量验收统一标准》(GB 50300—2013）所涉及的 800 余张检验批全套填表说明，针对每张表式，参照验收规范随时查看，使用灵活方便。

6. 报验申请表同步生成

软件在单位工程下可以自动生成当日施工日记，确保施工日记与当日资料在施工部位、施工日期等方面一一对应；也能快速调出报验申请表，无需查找，节省提交监理报验时间。

7. 快速增加及同步表格内容

相似表格可以快速生成多张，也可将已制表格内容快速同步到相同样式其他表格，省时省力。

8. 批量打印

不用再守在打印机旁，可批量选择打印。

9. 便捷的工程备份、表格异地操作

可以将整个工程导入导出，在不同的电脑上实现资料数据的共享；也可直接导出 PDF 格式方便异地查阅打印。

10. 实测项目智能评定

质量验收资料（检验批）实测点完全智能化设置并智能判定，根据国家标准自动评定等级。

11. 分部（子分部）、分项汇总表自动生成

分项评定、分部（子分部）统计等评定汇总表，汇总时劳神费力，该软件智能化设计，分部分项汇总表自动生成。

12. 表格的计算功能

砌筑砂浆、标养、同条件混凝土试块强度评定表自动计算。

13. 电子签名

可以直接将自己的签名以电子格式插入到表格签字栏。

14. 虚拟归档功能

真正实用的虚拟文件柜，想怎样归档就怎样整档。

15. 兼容 Word、Excel 文件格式，满足不同客户需要

16. 齐全的资料库

资料库囊括了施工资料编制与管理过程中所需的各种标准规范、技术交底，提供一个可以快速调用的平台。

17. 自动备份，随时恢复

18. 强大技术支持

资料帮助中涵盖在线视频学习、问题反馈系统、企业 QQ 等多重技术保障，还有专业的逗逗网技术交流平台专家团队强力支持。

第三节 通用功能介绍

一、新建工程

要使用资料编制软件编制施工资料，首先要在该软件中新建工程。双击桌面软件图标打开软件，点击左上角的“新建工程”按钮进入到专业和模板包选择界面（图 6-1），选择相应的专业和模板包之后点击“下一步”即进入到工程概况录入界面（图 6-2），在各栏中填写相应的工程信息之后点击“完成”即可。

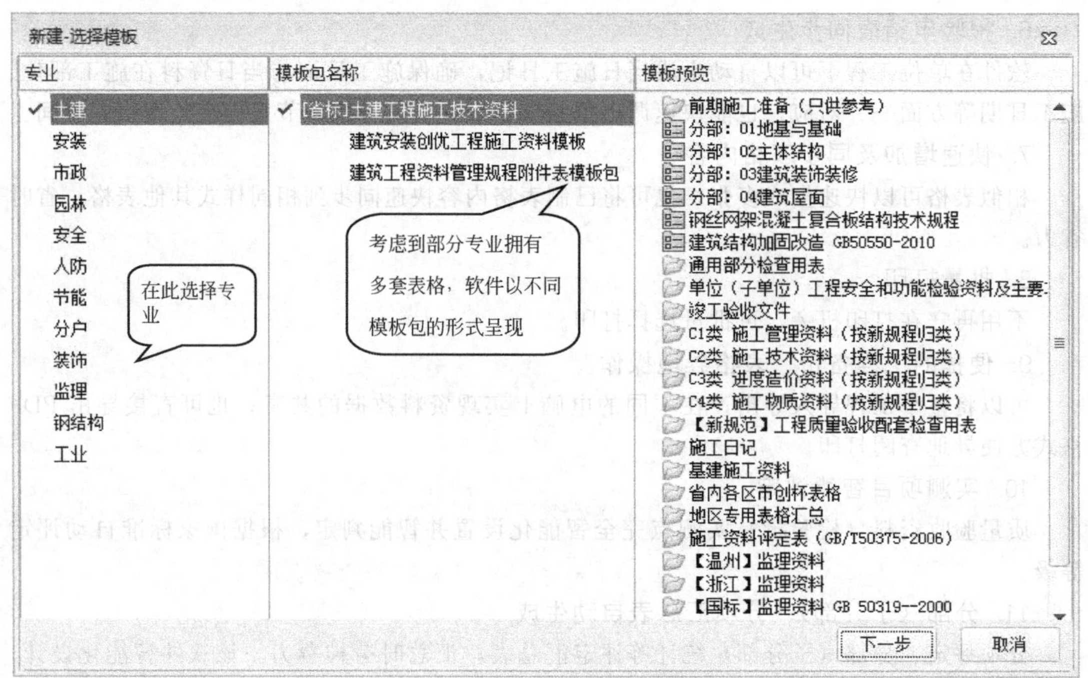

图 6-1 专业和模板包选择界面

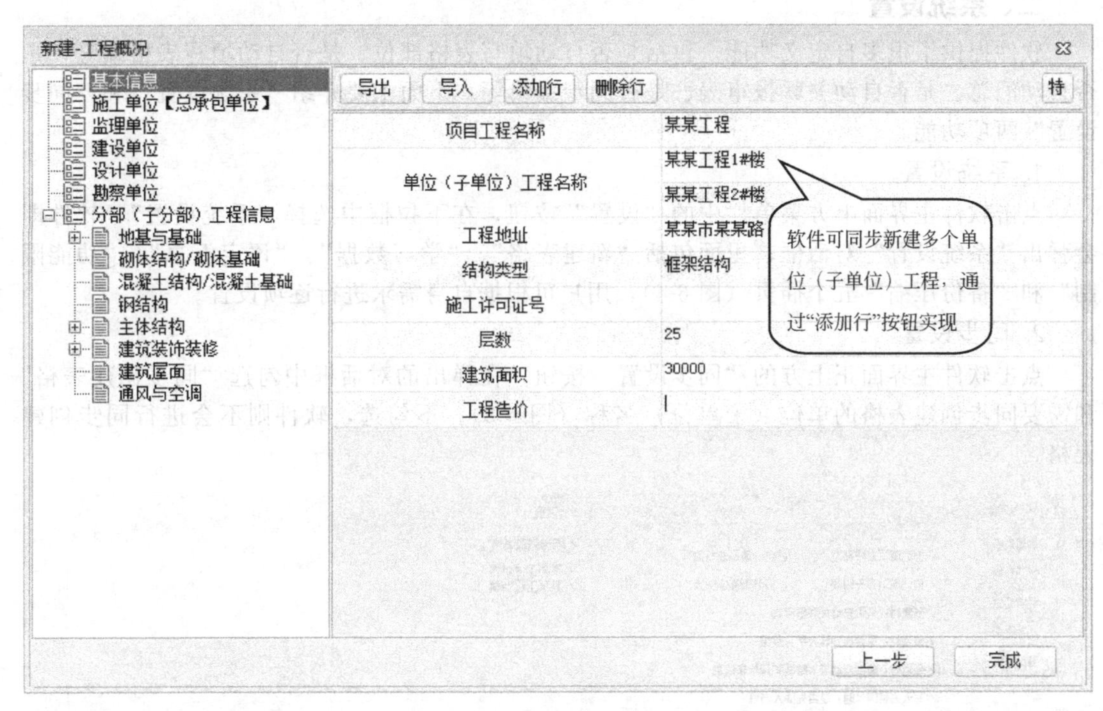

图 6-2　工程概况录入界面

完成了工程的新建之后即进入到软件主界面（图 6-3），接下来就可以进行具体的资料编制工作了。

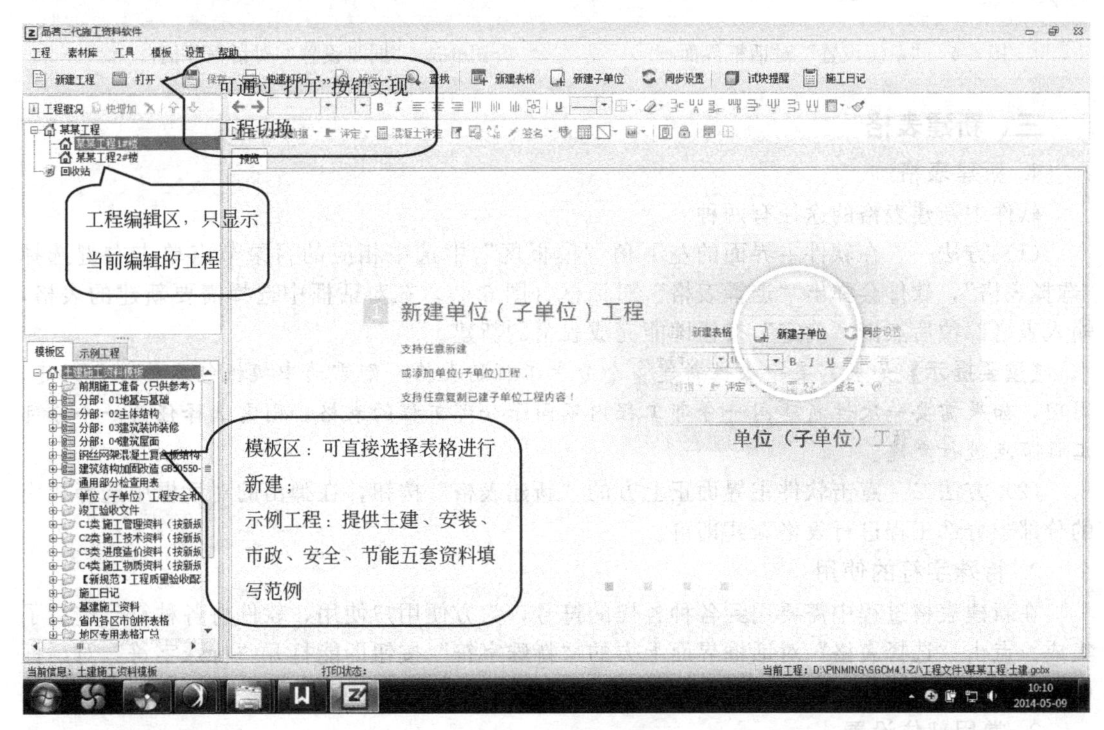

图 6-3　软件主界面

二、系统设置

软件提供了很多自定义功能，包括是否自动填写表格部位、是否自动填写表格编号，是否自动汇总、是否自动关联报审表、是否同步编辑等。下面主要介绍“系统设置”和“同步设置”两项功能。

1. 系统设置

点击软件主界面上方菜单栏中的“设置”按钮，在下拉框中选择“系统设置”，软件即会弹出“系统设置”对话框，里面包括“新建表格”、“学习数据”、“评定汇总”、“功能限制”和“备份压缩”五个插页（图 6-4），用户可根据自身需求进行逐项设置。

2. 同步设置

点击软件主界面正上方的“同步设置”按钮，在弹出的对话框中勾选“同步创建表格”和需要同步创建表格的单位（子单位）名称（图 6-5）。不勾选，软件则不会进行同步创建表格。

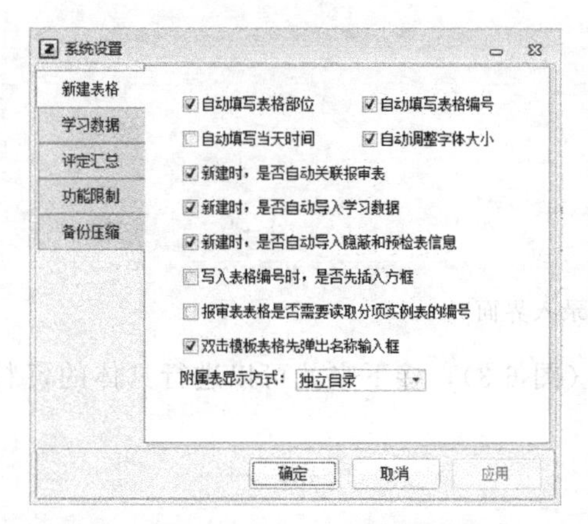

图 6-4 “系统设置”对话框界面

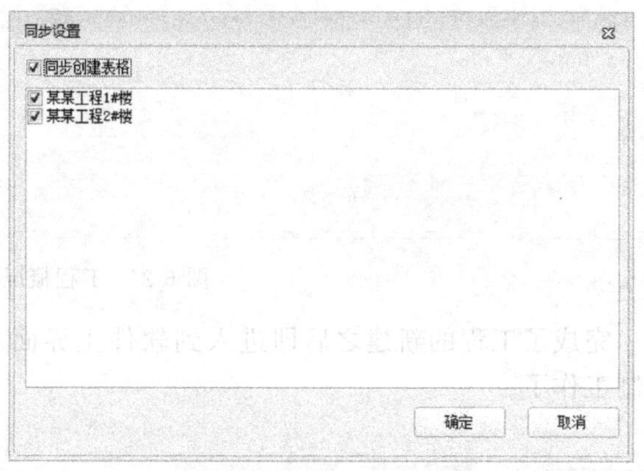

图 6-5 “同步设置”对话框界面

三、新建表格

1. 新建表格

软件中新建表格的途径有两种。

（1）方法一 在软件主界面的左下角“模板区”中选中相应的目录节点单击右键选择“选择表格”，软件会弹出“选择表格”对话框（图 6-6），在对话框中选择需要新建的表格，输入表格部位后点击“确定”按钮即能完成表格的新建。

【重要提示】如果需要一次性新建多个分部工程的表格，则需选中模板包名称进行新建。同理，如果需要一次性新建同一分部工程内不同子分部工程的表格，则需选择任意一个分部工程节点进行新建。

（2）方法二 点击软件主界面正上方的“新建表格”按钮，在弹出的对话框中选择相应的分部子分部工程进行表格新建即可。

2. 特殊字符的使用

在新建表格过程中需要用到各种各样的符号，为方便用户使用，软件将各种符号进行了集成。点击“选择表格”对话框界面上方的“特殊字符”按钮即能打开“特殊字符”对话框（图 6-7），双击选择相应的符号即可。

3. 常用部位设置

品茗二代施工资料软件 V4.0 以上版本拥有常用部位批量生成功能，一次批量生成常用

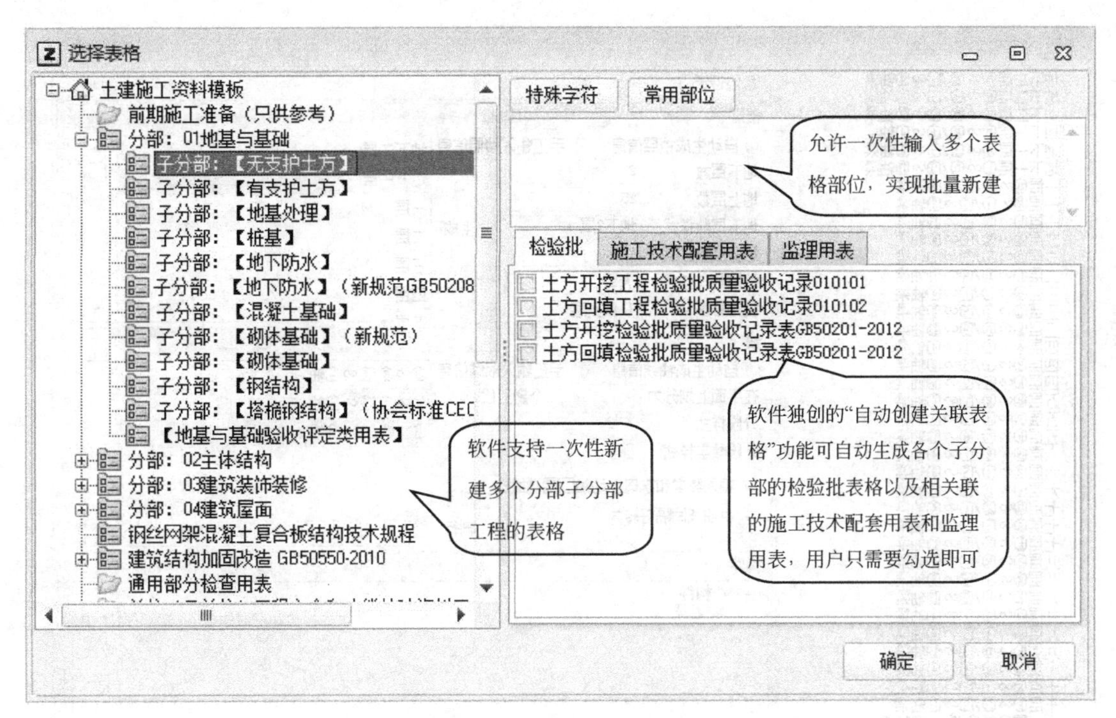

图 6-6 “选择表格”对话框界面

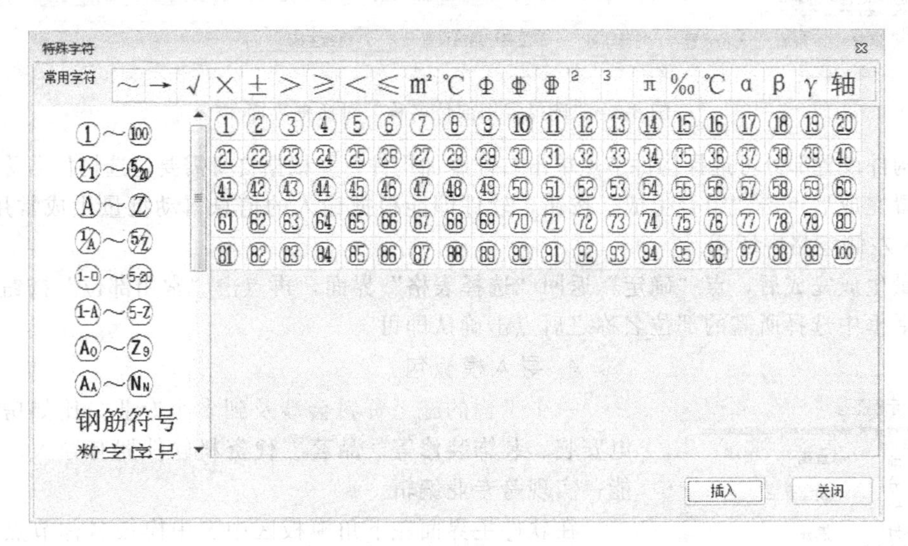

图 6-7 “特殊字符”对话框界面

部位名称，这样在新建表格填写常用部位名称时只需选择即可，无需打字。点击“选择表格”对话框右上角的“常用部位”按钮，在跳出的对话框中点击“部位设置”跳出“选择常用部位名称”对话框界面（图 6-8）。

在楼层设置部分勾选“自动生成楼层信息”，在下面的空格中输入楼层信息以及显示样式，之后点击“生成”按钮即可。

在轴线设置部分建议勾选“手工输入轴线信息”，并根据自身需要勾选“输入数字和字母自动加圆圈（轴线）”和“中轴线间隔符转为～”，之后在右边的空格中直接输入轴线符号即可。

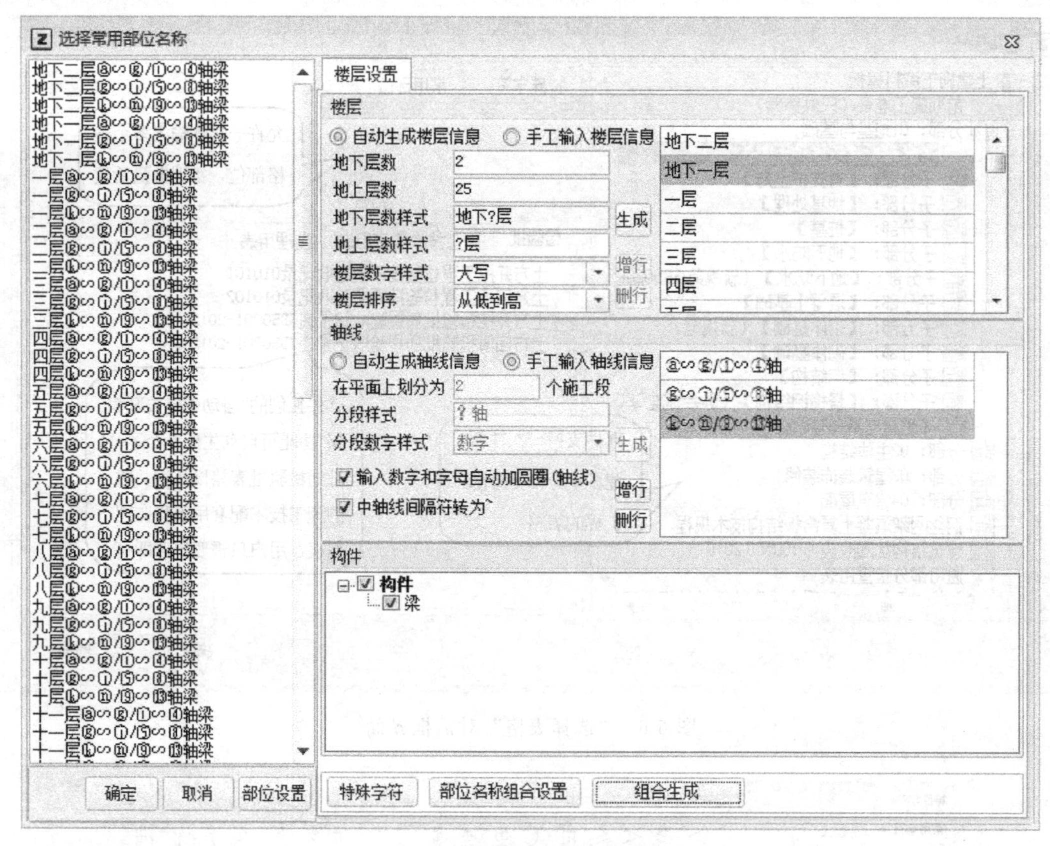

图 6-8 “选择常用部位名称”对话框界面

在构件设置部分可选择构件节点单击右键添加构件，并根据自身需要勾选构件名称即可。

设置完成后点击“组合生成”按钮，软件即能根据输入的信息自动批量生成常用部位，如图 6-8 左侧空格中所示。

批量生成完成后，点“确定”返回“选择表格”界面，再点击“常用部位”按钮，在打开的对话框中选择所需的部位名称之后点击确认即可。

4. 导入模板包

一个工程的施工资料会涉及到多个专业，比如房建、水电安装、装饰装修等。品茗二代资料软件拥有导入模板包功能，实现跨专业编辑。

在软件主界面左下角模板区中选中模板名称节点点击右键选择“导入模板包”（图 6-9），在跳出的“新建-选择模板”对话框中选择专业和模板之后点击“完成”即可。

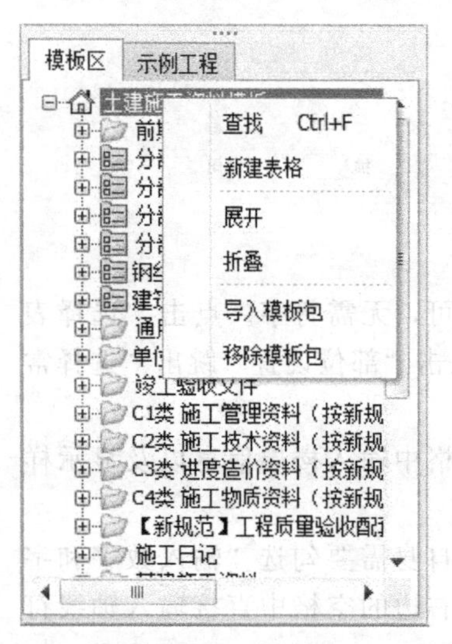

图 6-9 导入模板包

5. 查找/定位

可利用软件自带的查找/定位功能快速地找到并新建表格。

选择模板包名称，单击右键或点击常用工具栏中的“查找”按钮，在打开的对话框中选择定位插页（图 6-10），在定位内容框中输入要新建表格的名称或关键词，点击“定位”按钮，软件即能在下面的空白框中显示相关的所有表格，选择要新建的表格，点击“创建”按钮即完成表格新建。

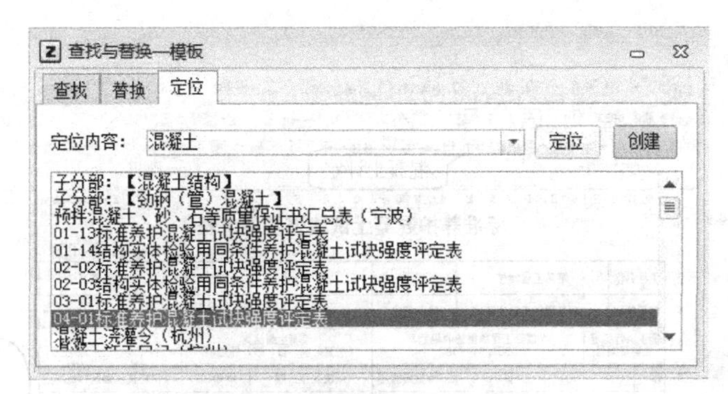

图 6-10　查找/定位操作界面

四、表格编辑

资料表格新建完成后即进入到表格编辑阶段。

双击要编辑的表格，在软件主界面右边预览框中打开表格，表格即进入到编辑状况。

1. 检验批表格编辑

编辑检验批表格，以“土方开挖工程检验批质量验收记录”为例，用户在打开表格之后(图 6-11)，先勾选自检记录对应的项目，再在右边的空格中输入数据和文字，点击格式工具栏中的“评定”按钮即可。

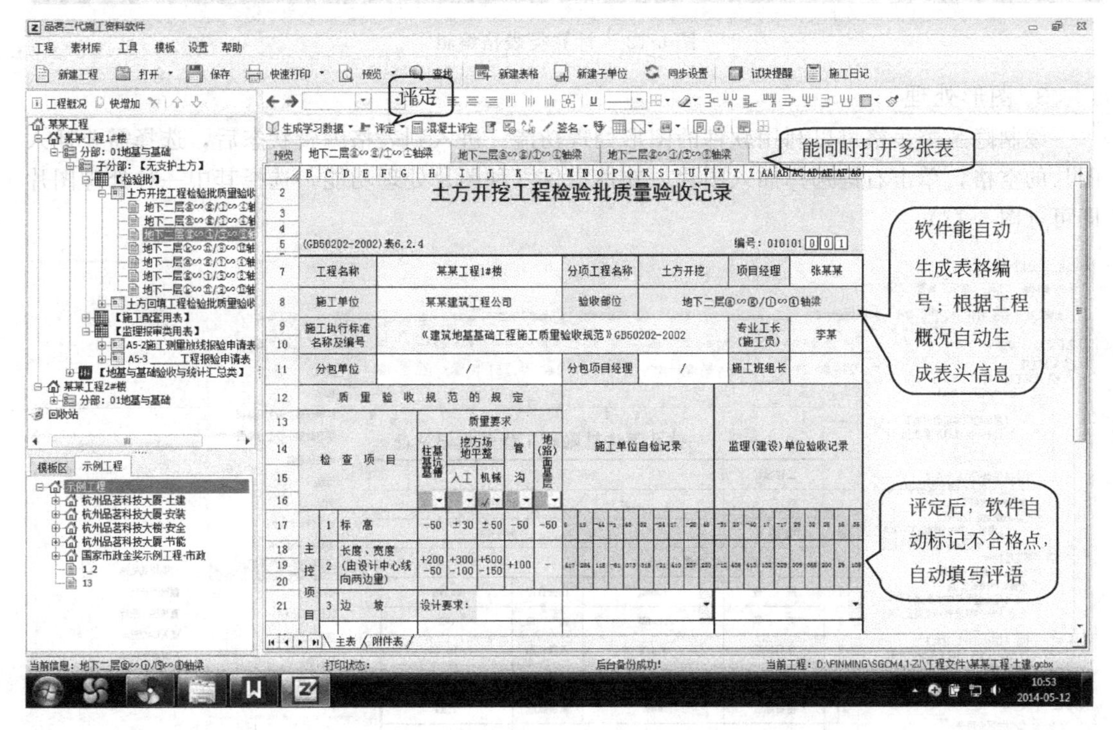

图 6-11　检验批表格编辑界面

2. 计算类表格编辑

编制包含计算的表格，包括砂浆、混凝土、抗折、分户、沉降、回弹等，软件提供自动计算功能。以“标准养护混凝土试块强度评定表”为例，用户只需填写基础数据，点击“混凝土评定”按钮，软件自动生成计算结果（图 6-12）。如果数据的组数比较多超过了一张表，软件提供追加表页功能，计算结果能自动显示在末页。

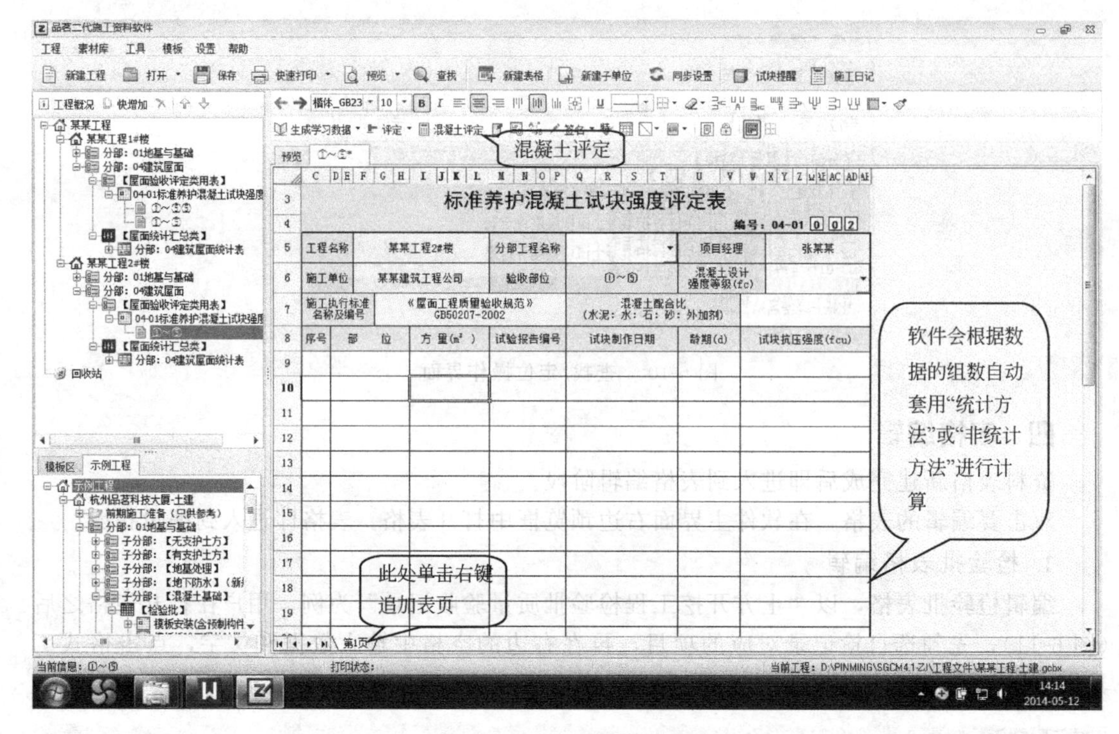

图 6-12　计算类表格编辑

3. 图形处理

编制隐蔽类表格可以利用软件的图形处理功能。进入到表格编辑状态后，选择需要插入图片的空格，单击右键选择插入图片，软件提供六种图片处理功能，选择其中一种处理图片即可（图 6-13）。

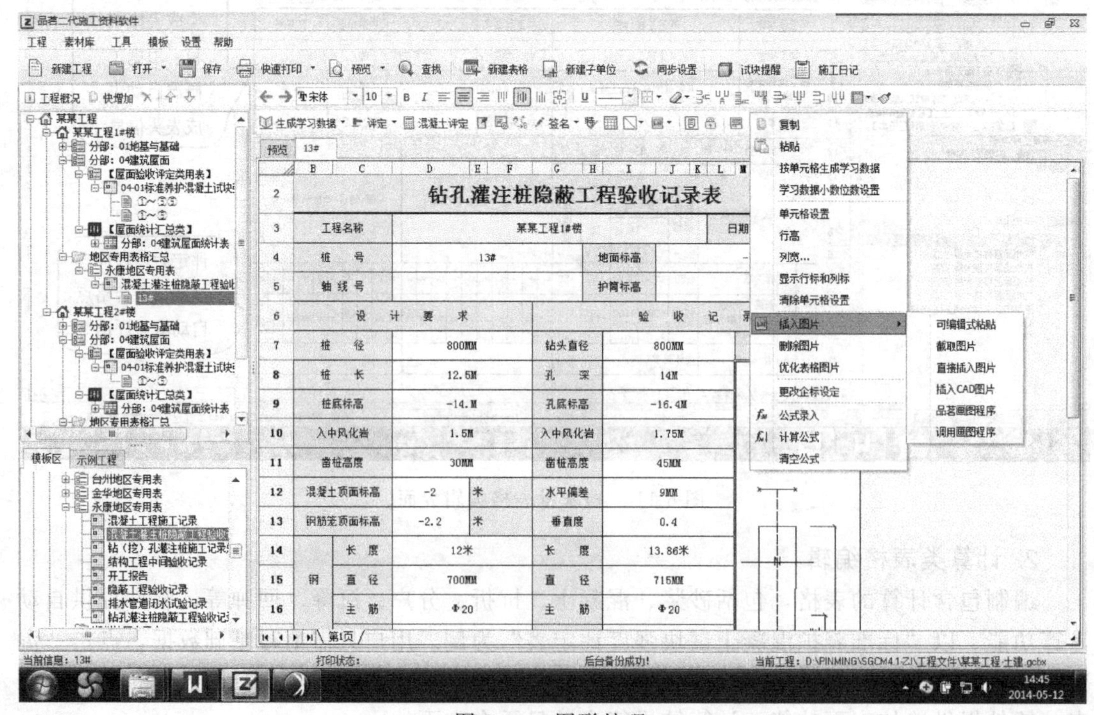

图 6-13　图形处理

4. 学习（示例）数据的应用

软件提供成套学习数据和示例数据供用户学习、参照。打开任意一张检验批表格，例如“土方开挖工程检验批质量验收记录”表，勾选需要生成学习数据的检查项目，点击格式栏中的“生成学习数据”按钮即可（同样的位置，点击按钮下拉框，也可选择导入示例数据）。同时，可以通过“系统设置”进行学习数据生成范围、超偏个数、小数点位数的控制（图 6-14）。

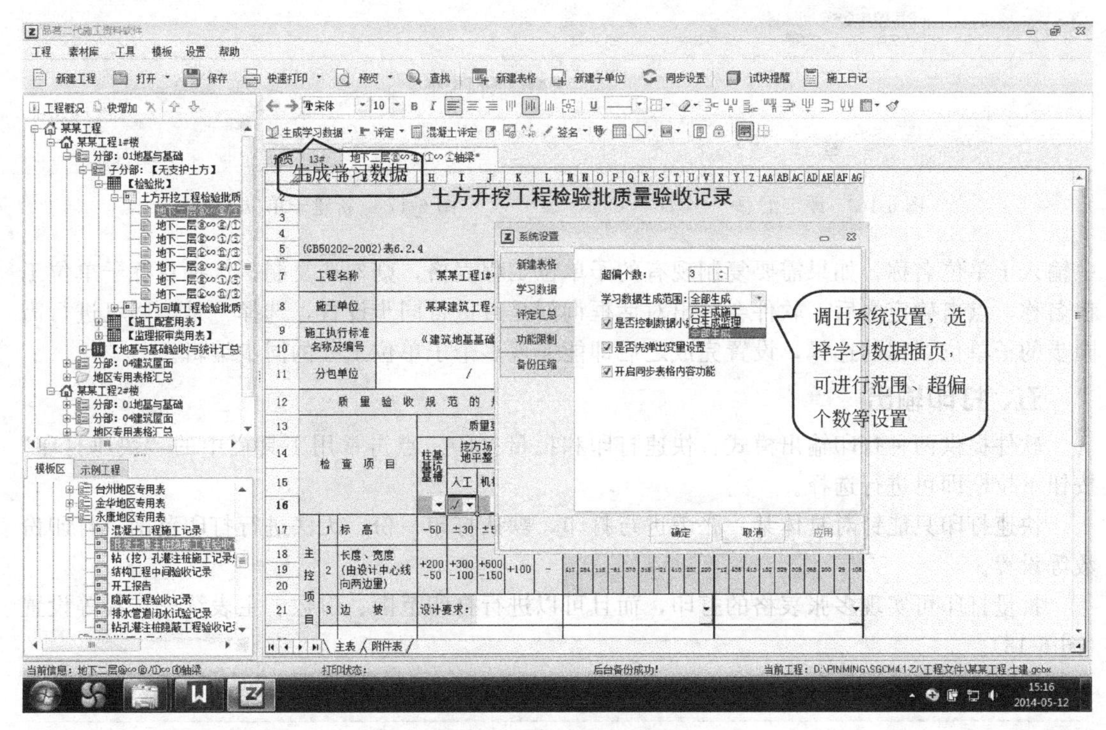

图 6-14　学习数据的应用

5. 示例工程的应用

软件提供土建、安装、市政、安全、节能五个专业的示例工程，供学习之用。用户可直接进行查阅，也可以将其中的表格复制到目标工程。找到“示例工程”区，选择要复制的表格或目录节点，单击右键选择“复制到工程”即可（图 6-15）。

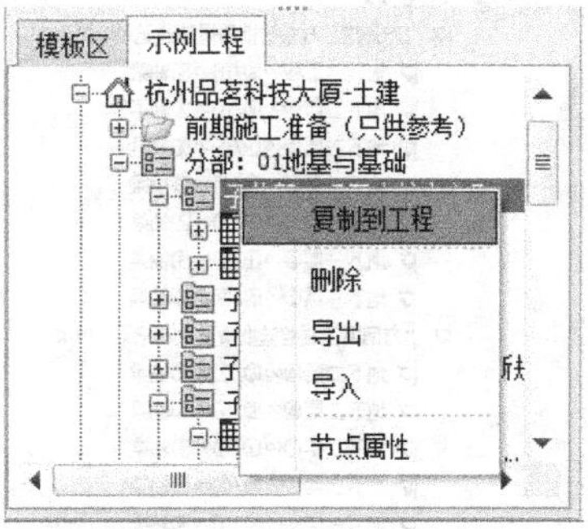

图 6-15　示例工程的应用

6. 汇总、统计

软件提供实时汇总和一次性汇总两种汇总模式。如果需要实时汇总，则需调出“系统设置”对话框，选择“评定汇总”插页，勾选“汇总功能自动同步”（图 6-16）。

如果选择一次性汇总，则只需在表格编辑完成后，点击菜单栏中的“工具”按钮，选择“一次性汇总”即可。

7. 新建子单位工程

如果需要在资料编制过程中新建（添加）子单位工程，可利用软件的“新建子单位”功能，该功能同时可以将现有的子单位工程中的表格复制到新建的子单位工程中。

选中工程名称，单击常用工具栏中的“新建子单位”按钮，在弹出的对话框（图 6-17）

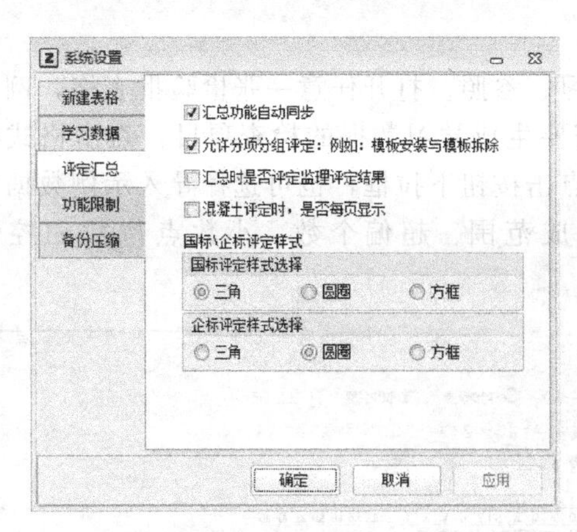

图 6-16　评定汇总

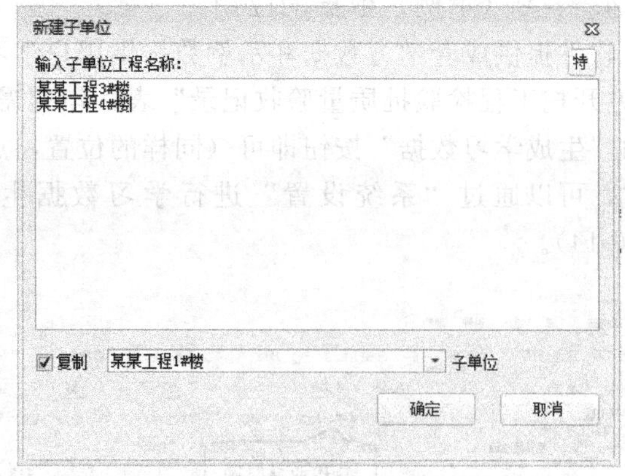

图 6-17　新建子单位工程

中输入子单位名称，如果需要复制现有的子单位工程表格，则勾选复制，选择目标子单位工程名称，点击确定之后，软件会弹出对话框询问是否进行同步设置，选择“是”则可进行需同步的子单位工程的选择，设置完成之后即能实现多个子单位工程的同步编辑。

五、打印输出

软件提供两种打印输出模式：快速打印和批量打印。点击常用工具栏中的“快速打印”按钮下拉框即可进行选择。

快速打印只能针对具体某一张表进行打印，默认打印一份，无法进行打印范围、打印份数等设置。

批量打印可实现多张表格的打印，而且可以进行打印范围、份数、主表续表选择等设置（图 6-18）。

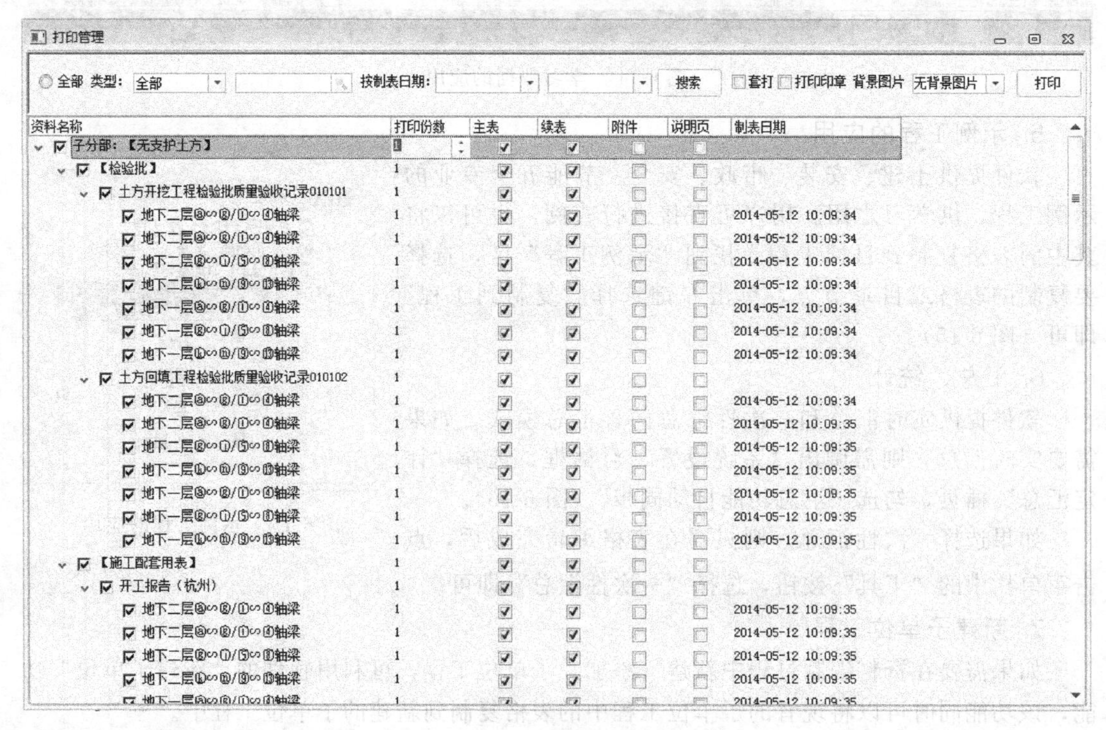

图 6-18　批量打印

六、其他辅助功能

1. 试块提醒

现实中资料员在试块送检的时候经常会有忘记送检的情况，造成该组试块强度值不具有代表性。品茗二代施工资料软件“试块提醒”功能只要用户在界面（图 6-19）中点击添加试块，输入试块相关信息，并设置提醒天数，软件会在达到标养（28 天）、同条件（60 天或 60℃）的条件后自动提醒，送检完成后需要在试块列表中把送检状态改成【已送检】，不需要搜集每天的气象信息累加是否达到送检要求，并支持多工程试块管理。

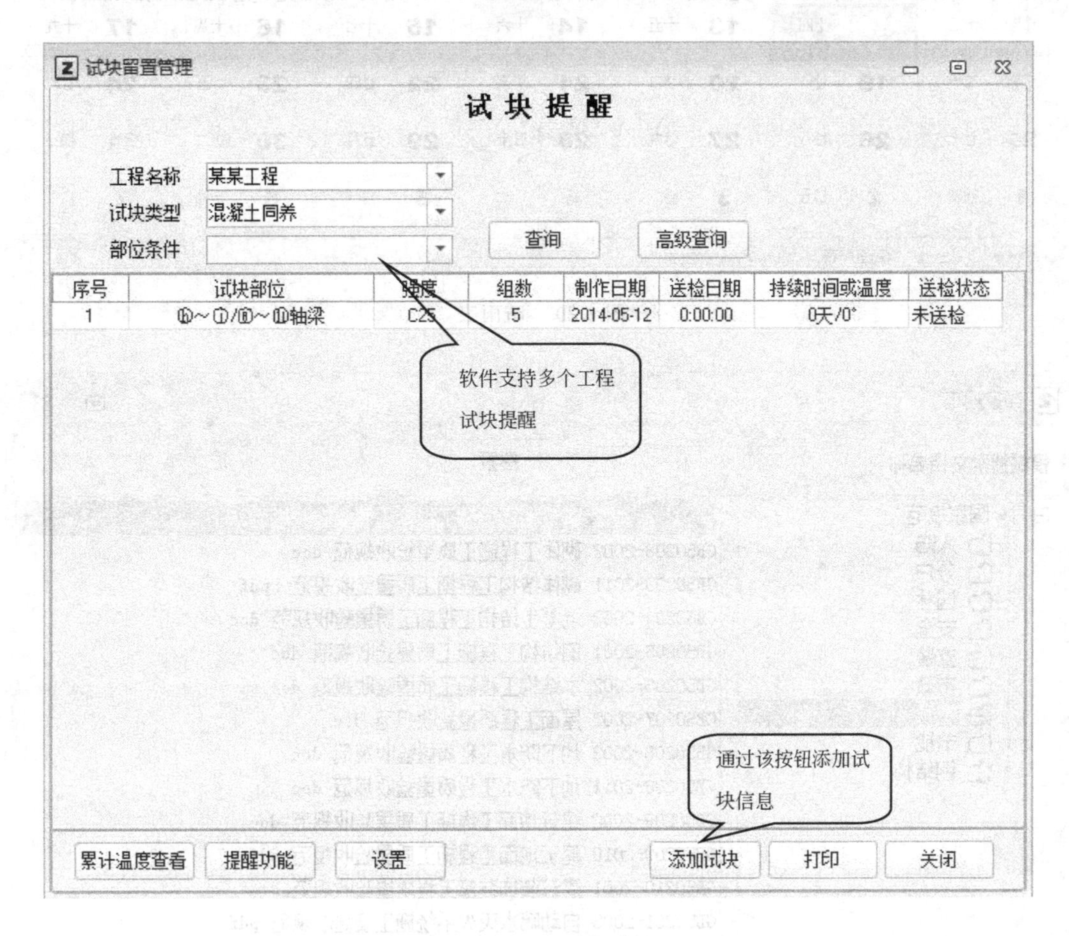

图 6-19　试块提醒

2. 晴雨表

点击软件菜单栏中的“工具”按钮选择“晴雨表”，打开“晴雨表”界面（图 6-20）。在该界面中可设置地区和月份，点击“获取当月气象”即能在界面中显示过往每一天的气象信息。软件同时支持气象信息导入导出。

3. 素材库

点击菜单栏中的“素材库”按钮，里面包括“国家规范”和“技术交底”两部分内容。选择“国家规范”或“技术交底”，在跳出的对话框（图 6-21）中显示各项内容，双击相关内容即能打开。

晴雨表

每天自动从逗逗网读取天气情况！　当前地区：浙江-杭州-杭州

2014年5月

星期日	星期一	星期二	星期三	星期四	星期五	星期六
27 廿八	28 廿九	29 四月	30 初二	1 初三 A:多云 P:多云 H:22 L:12	2 初四 A:多云 P:多云 H:22 L:12	3 初五 A:多云 P:多云 H:22 L:12
4 初六 小到中雨 P:小到中雨 H:20	5 立夏 A:阵雨 P:阵雨 H:21 L:12	6 初八 A:多云 P:多云 H:24 L:12	7 初九 A:晴 P:晴 H:28 L:13	8 初十 A:多云 P:多云 H:30 L:17	9 十一 A:多云 P:多云 H:23 L:17	10 十二 A:阵雨 P:阵雨 H:24 L:17
11 十三 A:阵雨 P:阵雨 H:25 L:20	12 十四 A:阴 P:阴 H:26 L:16	13 十五	14 十六	15 十七	16 十八	17 十九
18 二十	19 廿一	20 廿二	21 小满	22 廿四	23 廿五	24 廿六
25 廿七	26 廿八	27 廿九	28 三十	29 五月	30 初二	31 初三
1 初四	2 初五	3 初六	4 初七	5 初八	6 芒种	7 初十

导入气象　导出气象　获取当月气象　导出Word　设置地区　关闭

图 6-20　晴雨表

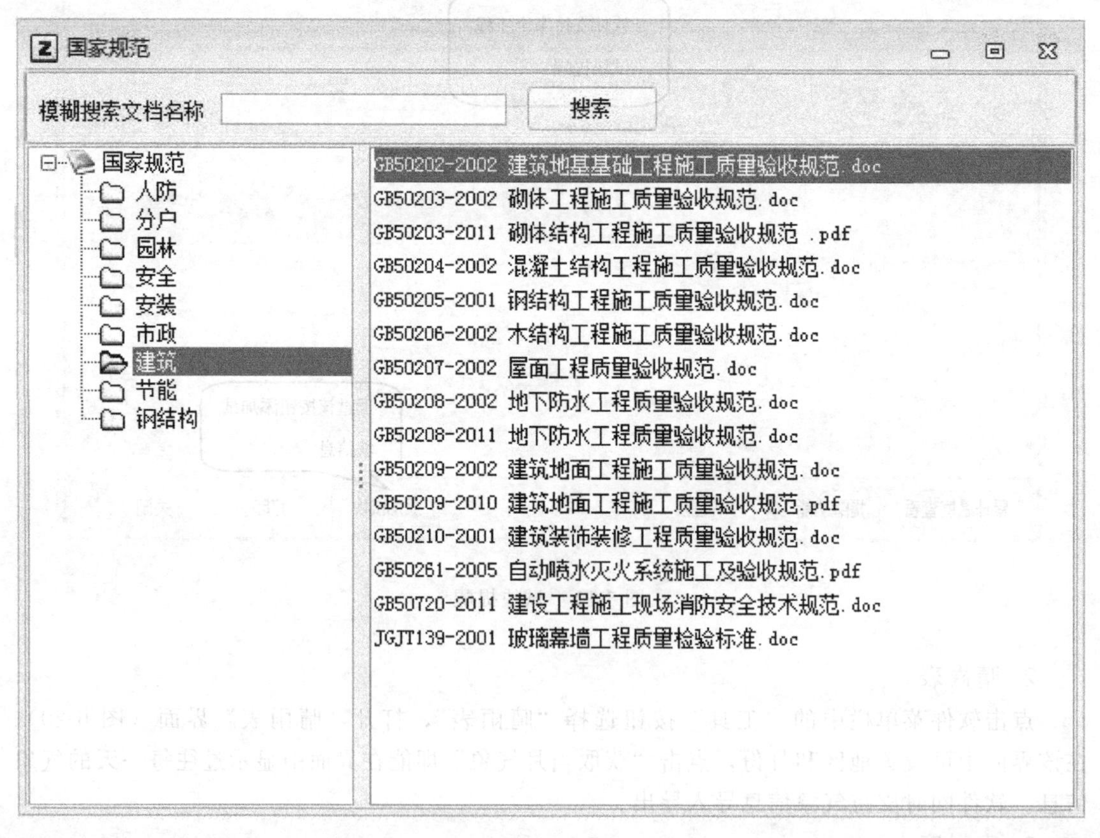

图 6-21　“国家规范”素材库

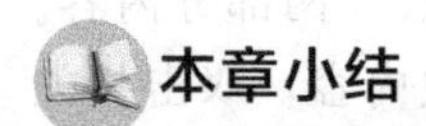 本章小结

本章知识结构如下所示：

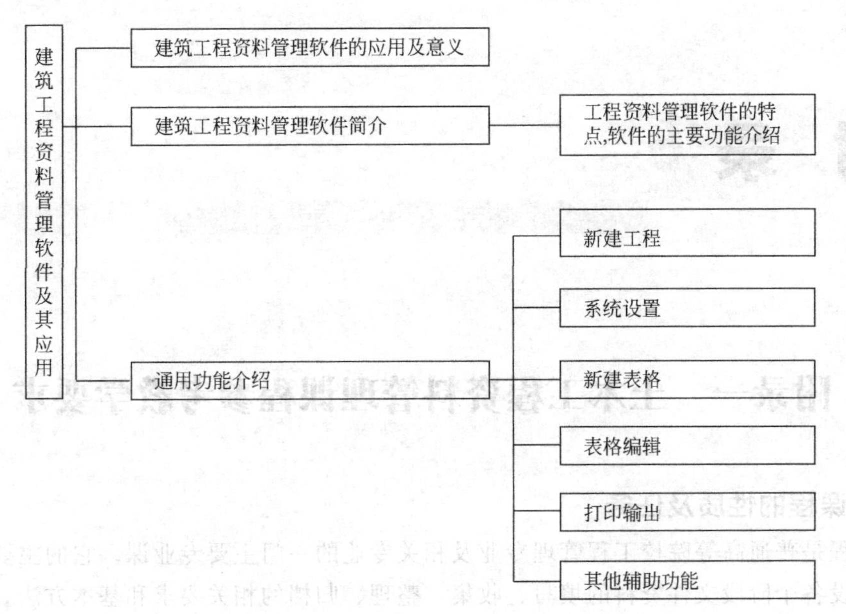

自测练习

一、选择题

1. 建筑工程资料管理软件就是根据（　），并结合各省市的工程资料管理标准或规程及其施工质量验收规范的标准用表等，分别编制的适合各省市具体情况的软件系统。

A. 建筑工程施工质量验收统一标准　　B. 建设工程文件归档整理规范

C. 质量管理条例　　D. 强制性条文

E. 设计标准

2. 进入表格编辑后的右键菜单功能有（　）

A. 导出表格　　B. 插入图片　　C. 查看填表说明　　D. 填写施工日记

E. 生成报验申请表

二、学习思考

1. 简述建筑工程资料管理软件的应用及意义。

2. 工程资料管理软件有哪些特点？

3. 利用杭州品茗科技有限公司资料软件，练习基本操作功能，完成建筑工程全过程的资料填写工作。

附　录

附录一　土木工程资料管理课程参考教学要求

一、课程的性质及任务

本课程是普通高等院校工程管理专业及相关专业的一门主要专业课。它的主要任务是研究工程建设各个阶段文件资料的填写、收集、整理、归档的相关要求和基本方法。

二、教学目标

1. 知识目标

(1) 了解工程准备阶段资料的收集、整理、归档的基本要求和方法。

(2) 熟悉竣工图、竣工验收资料的收集、整理、归档的基本要求和方法。

(3) 掌握施工资料、建设监理资料的填写、收集、整理、归档的基本要求和方法。

2. 能力目标

通过对这门课程的学习将使学生掌握土木工程资料的填写、收集、整理、归档的基本方法，并通过工程实际训练、案例学习，掌握编制建筑工程资料管理的基本技能，对培养学生的专业岗位能力，迅速成为具有工程实际操作能力的施工技术管理人才有重要作用。

三、知识和能力结构分析

第一章　土木工程资料管理概述

1. 教学内容

土木工程资料的概念、建筑工程资料管理的意义和职责、建筑工程文件资料的归档与组卷、建筑工程档案的验收与移交。

2. 重点和难点

重点：建筑工程资料的归档与组卷。

难点：建筑工程资料的归档管理。

3. 教学基本要求

了解建筑工程资料的特征，建设工程资料管理的意义；理解建筑工程资料构成体系，建筑工程档案的验收与移交；掌握建设工程资料的相关概念，参建各方对工程资料的管理职责，立卷文件的要求，案卷的编目，案卷装订。

第二章　工程准备阶段资料

1. 教学内容

决策立项阶段文件；建设用地规划审批及报建；勘察、测绘、设计文件；招投标文件；开工审批文件；工程质量监督手续；财务文件。

2. 重点和难点

重点：勘察、设计文件；招投标文件；工程质量监督手续。

难点：招投标文件的编制。

3. 教学基本要求

了解建设项目决策立项阶段文件形成的过程；理解建设规划用地、勘察、设计文件以及财务文件的形成过程；掌握招投标阶段、开工审批阶段、工程质量监督文件的形成。

第三章　建设监理资料

1. 教学内容

监理管理资料、进度控制资料、质量控制资料、造价控制资料、合同管理资料、竣工验收资料等监理资料表格的填写。

2. 重点和难点

重点：正确填写监理资料表格。

难点：运用监理资料表格开展监理工作。

3. 教学基本要求

了解监理资料的管理流程；理解各种监理资料的作用；掌握监理资料的组成、各种监理资料的概念、资料要求及填表方法。

第四章　施工资料

1. 教学内容

施工资料管理流程、施工管理资料、施工技术资料、施工物资资料、施工试验记录、施工记录、施工质量验收资料、竣工验收资料等的形成与表格的填写。

2. 重点和难点

重点：各类施工资料的填写。

难点：运用施工资料表格开展施工管理工作。

3. 教学基本要求

了解施工资料的管理流程；理解各种施工资料的作用；掌握施工资料的组成、各种资料的概念、资料要求及填表方法。

第五章　竣工图、竣工验收及备案资料

1. 教学内容

竣工图；竣工验收资料；建筑工程竣工备案。

2. 重点和难点

重点：竣工验收资料。

难点：竣工图的绘制。

3. 教学基本要求

了解竣工验收程序、竣工验收备案程序；理解竣工验收报告、竣工验收备案文件；掌握竣工图编制要求、绘制要求、绘制方法、竣工图折叠方法。

第六章　建筑工程资料管理软件及应用

1. 教学内容

建筑工程资料管理软件的应用及意义；工程资料管理软件的功能介绍。

2. 重点和难点

重点：工程资料管理软件的应用。

难点：工程资料管理软件的应用。

3. 教学基本要求

了解建筑工程资料管理软件应用的意义；熟悉建筑工程资料管理软件的特点和主要功能。

四、教学起点

本课程宜安排在四年制普通高等院校本科教学的第七个学期，它的先修课程为《土木工程施工》、《工程项目管理》等。

五、课时分配表

序号	课程内容	课时分配		
		总学时	理论学时	实践学时
第一章	土木工程资料管理概述	4	3	1
第二章	工程准备阶段资料	8	6	2
第三章	建设监理资料	18	12	6
第四章	施工资料	24	16	8
第五章	竣工图、竣工验收及备案资料	6	4	2
第六章	建筑工程资料管理软件及应用	4	2	2
合　计		64	43	21

六、考核方式

可采取闭卷笔试或一页开卷的方式。各教学环节占总分的比例：作业及平时测验20%，期中考试20%，期末考试60%。

附录二　参考答案

第一章

选择题参考答案

1. A　2. C　3. C　4. B　5. C　6. D　7. D　8. D　9. A　10. C　11. C　12. C　13. A　14. D　15. D　16. B　17. AD　18. ABD　19. ACDE　20. ABC

案例一【答题要点】

1. 应由建设单位上缴到城建档案管理机构。

2. 不正确。因为按规定央企某公司的竣工资料应先交给施工总承包单位，由施工总承包单位统一汇总后交给建设单位，再由建设单位上缴到城建档案管理机构。

3. 总承包单位负责收集、汇总各分包单位形成的工程档案，并及时向建设单位移交；分包单位应将本单位形成的工程文件整理、立卷后移交给总承包单位。

4. 建设单位应履行以下职责：

(1) 在工程招标及勘察、设计、施工、监理等单位签订协议、合同时，应对工程文件的套数、费用、质量、移交时间等提出明确要求。

(2) 收集和整理工程准备阶段、竣工验收阶段形成的文件，并进行立卷归档。

(3) 负责组织、监督和检查勘察、设计、施工、监理等单位的工程文件的形成、积累和立卷归档工作。

(4) 收集和汇总勘察、设计、施工、监理等单位立卷归档的工程档案。

(5) 在组织单位工程竣工验收前，应提请当地的城建档案管理机构对工程档案进行预验收。未取得工程档案验收认可文件，不得组织工程竣工验收。

(6) 对列入城建档案管理机构接受范围的规程，工程竣工验收后3个月内，向当地城建档案管理机构移交一套符合规定的工程档案。

案例二【答题要点】

1. 不全面。因为质量控制资料——工程文件包括工程准备阶段文件、监理文件、施工文件、竣工图和竣工验收文件。本案例的资料编制计划的内容未包括工程准备阶段文件和监理文件。

2. 不合理。因为对列入城建档案管理机构接收范围的工程，工程竣工验收后3个月内，建设单位应向当地城建档案管理机构（室）移交一套符合规定的工程档案。因此，施工单位应在竣工验收后3个月内，向建设单位移交本单位形成的符合规定的工程文件。

3. 城建档案管理机构对施工过程形成的工程文件预验收检查发现的不符合项及纠正措施如下：

(1) 文字材料幅面尺寸小于A4幅面。普通硅酸盐水泥出厂3d试验报告、28d强度试验报告宜用A4幅面纸衬托。

(2) 竣工图加盖的竣工图章位置不符合要求。竣工图章应盖在图标栏上方空白处。

(3) 竣工图将图标折叠隐蔽起来。不同幅面的工程图纸应按《技术制图复制图的折叠方法》统一折叠成A4幅面，图标栏应露在外面。

(4) 施工材料预制构件质量证明文件及复试试验报告组卷厚度过厚，厚度超过20mm。组卷过程中文字材料厚度不宜超过20mm。

(5) 卷内文件编号采用上一卷结束页号的下一个流水号作为后一卷的开始页号。卷内文件均按有书写内容的页面编号。每卷单独编号，页号从1开始。页号编写位置：单面书写的文件在右下角；双面书写的文件，正面在右下角，背面在左下角。折叠后的图纸一律在下角。

第二章

选择题参考答案

1. A　2. B　3. A　4. C　5. ABCD　6. ACD

案例一【答题要点】

1. 建设工程施工招标的必备条件：招标人已经依法成立；初步设计及概算应当履行审批手续的，已经批准；招标范围、招标方式和招标组织形式等应当履行核准手续的，已经核准；有相应资金或资金来源已经落实；有招标所需的设计图样及技术资料。

2. 该工程属于中小型建设项目，招标文件中一般应包括：投标须知及投标须知前附表；合同条款；合同文件格式；工程建设标准；图样；工程量清单；投标函格式；投标文件商务部分格式；投标文件技术部分格式；资格审查申请书格式。

3. 需要移交城建档案馆保存的文件是②施工承包合同、④监理委托合同。

案例二【答题要点】

1. ①由"A施工单位向工程所在地建设行政主管部门申请领取施工许可证"不妥。应由建设单位负责向工程所在地建设行政主管部门申请领取施工许可证。②"监理单位B到当地工程质量监督部门办理工程质量监督手续"不妥。应由建设单位到当地工程质量监督部门办理工程质量监督手续。③先办理施工许可证后办理工程质量监督手续不妥。应先办理工程质量监督手续后办理施工许可证。

2. 申请领取施工许可证应具备的条件如下：

(1) 已经办理该建筑工程用地批准手续；

(2) 在城市规划区的建筑工程，已经取得规划许可证；

(3) 需要拆迁的，其拆迁进度符合施工要求；

(4) 已经确定建筑施工企业；

(5) 有满足施工需要的施工图纸及技术资料；

(6) 有保证工程质量和安全的具体措施；

(7) 建设资金已经落实；

(8) 法律、行政法规规定的其他条件。

3. 建设单位应当自领取施工许可证之日起三个月内开工。因故不能按期开工，应当向发证机关申请延期。延期以两期为限，每次不超过三个月。因故不能按期开工超过六个月的，应当重新办理开工报告的审批手续。

案例三【答题要点】

不妥当。合理的合同文件的优先解释顺序如下：

① 合同协议书；合同履行中，发包人、承包人有关工程的洽商、变更等书面协议书或文件。

② 中标通知书。

③ 投标书及附件。

④ 本合同专用条款。

⑤ 本合同通用条款。

⑥ 标准、规范及有关技术文件。

⑦ 图纸。

⑧ 已标价工程量清单或预算书。

第三章

选择题参考答案

1. C　2. C　3. B　4. C　5. D　6. C　7. D　8. D　9. B　10. B　11. C　12. B　13. BCD　14. BCD　15. ABC

案例一【答题要点】

1. (1) 监理的工作范围和内容不妥　应只包括施工阶段的监理工作。

(2) 总监代表组织编制监理规划不妥　应由总监组织编制。

2. (1) 仅以监理规划为依据编制了监理实施细则不妥　编制依据应包括已批准的监理规划以及工程建设标准、工程设计文件、施工组织设计、专项施工方案。

(2) 总监代表批准了监理实施细则不妥　应由总监批准。

(3) 监理实施细则包括的内容不全面　应包括专业工程的特点、监理工作的流程、监理工作要点、监理工作的方法及措施4项内容。

3. 监理工作总结的主要内容：①工程概况；②项目监理机构、监理人员和投入的监理设施；③建设工程监理合同履行情况；④监理工作成效；⑤监理工作中出现的问题及其处理情况；⑥说明和建议。

案例二【答题要点】

1. 会议纪要由监理部的资料员根据会议记录，负责整理。

2. 会议纪要主要内容有：会议地点及时间；主持人和参加人员姓名、单位、职务；会议主要内容、议决事项及其落实单位、负责人、时限要求；其他事项。

3. 会议上有不同意见时，特别有意见不一致的重大问题时，应该将各方主要观点，特别是相互对立的意见记入“其他事项”中。

4. 纪要写完后，首先由总监审阅，再给各方参加会议负责人审阅是否如实纪录他们的观点，有出入要根据当时发言纪录修改，没有不同意见时分别签字认可，全部签字完毕，会议纪要分发各有关单位，并应有签收手续。

5. 该会议纪要属于有关质量问题的纪要，应该列入归档范围，放入监理文件档案中，移交给建设单位、城建档案管理部门，属于长期保存的档案。

第四章

选择题参考答案

1. B 2. D 3. B 4. B 5. D 6. A 7. C 8. C 9. D 10. D 11. A 12. B 13. AD

案例一【答题要点】

1. 施工物资资料应包括：建筑材料、构配件、设备的出厂证明文件，材料、构配件、设备进场验收记录，试验委托单及试验报告，设备开箱检验记录等。

2. 在《原材料、构配件、设备进场验收记录》中的“检验验收内容”栏应填写物资的质量证明文件、外观质量、数量、规格型号等具体验收情况。

3. 出厂合格证和检验报告应在复印件上加盖原件存放单位的公章，注明原件存放处，并有经办人签字。

4. (1)“仅抽取1组试件进行试验”不对。同一厂家、同一炉罐号、同一交货状态的钢筋，每60t为一验收批，不足60t也按一批计。故80t钢筋应抽取2组试件进行试验。

(2)“材料进场报验时仅提供试验合格的试验报告单”不妥。应同时提供试验不合格的试验报告单。

(3)“对钢筋进场验收记录归档时按数量多少分类填写”不妥。应按进场先后顺序分类填写。

5.《钢材试验报告单》中“代表数量”栏应填写本次进场实际数量40t，而非验收批最大批量60t。

案例二【答题要点】

1. 该《检验批质量验收记录表》中的“分项工程名称”、“验收部位”栏应分别填写：“基础子分部筏形与箱形基础分项工程”、“基础底板1～15/A～E轴”。

2. (1) 表中“施工执行标准名称及编号”栏填写了“《混凝土结构工程施工质量验收规范》(GB 50204—2013)”不妥。应该填写该企业标准的名称及编号。

(2) 由施工企业项目技术负责人代表企业对质量验收规范规定的内容进行了逐项检查评定不妥。应该由该项目专业质量检查员代表企业逐项检查评定。

(3) 专业监理工程师以施工单位提供的自检记录为依据对该检验批的质量进行了评定不妥。专业监理工程师应按有关规定，进行抽样复验，并依据自己的验收记录中相关数据为依据，独立作出质量评价。

3. “检查记录”栏填写

(1) 对于计量检验项目，采用文字描述方式，说明实际质量验收内容及结论；此类多为对材料、设备及工程试验类结果的检查项目。

(2) 对于计数检查项目，必须依据对应的《检验批验收现场检查原始记录》中验收情况记录，按下列形式填写：

① 抽样检查的项目，填写描述语，例如“抽查5处，合格4处”，或者“抽查5处，全部合格”；

② 全数检查的项目，填写描述语，例如“共5处，抽查5处，合格4处”，或者“共5处，抽查5处，全部合格”。

(3) 本次检验批验收不涉及此验收项目时，此栏写入“/”。

4. 检验批质量验收记录应由建设单位、施工单位、监理单位分别保存。保管期限为长期。

案例三【答题要点】

1. 高度超过24m的落地式钢管脚手架、各类工具式脚手架和卸料平台均属于危险性较大的工程。

2. 需要单独编制专项施工方案。

3. 应包括：现场工况；基础处理；搭设要求；杆件间距；连墙件设置位置、连接方法；安拆作业程序及保证安全的技术措施；施工详图及节点大样图等。

案例四【答题要点】

1. 检测时间不正确。民用建筑工程及室内装修工程的室内环境质量验收，应在工程完工至少7天以后且在工程交付使用前进行。

2. 应检查以下资料：(1) 工程地质勘察报告、工程地点土壤中氡浓度检测报告、工程地点土壤天然放射性核素镭-226、钾-40含量检测报告；(2) 涉及室内环境污染控制的施工图设计文件及工程设计变更文件；(3) 建筑材料和装修材料的污染物含量检测报告、材料进场检验记录、复检报告；(4) 与室内环境污染物控制有关的隐蔽工程验收记录、施工记录；(5) 样板间污染物浓度检测记录。

3. 该工程室内污染物浓度检测项目不正确。检测5项应为：氡、甲醛、苯、氨、TVOC。

案例五【答题要点】

1. 由总承包单位组织建设单位、监理单位、设计单位、施工单位四方验收的做法不正确。地基与基础验收属于分部工程，应由总监理工程师或建设单位项目负责人组织，验收人员应包括建设单位、勘察单位、设计单位、监理单位工程项目负责人和施工单位技术质量部门负责人。

2. 主体结构分部混凝土结构子分部包括模板、钢筋、混凝土、预应力、现浇结构、装配式结构等分项工程。

3. 模板安装分项工程检验批质量验收的主控项目有模板支撑、立柱位置和垫板、避免隔离剂沾污、轴线位置允许偏差等。

第五章

选择题参考答案

1. C　2. D　3. A　4. CE　5. AD　6. BCE　7. BCDE

案例一【答题要点】

1. 竣工阶段各流程的完成者是：(1) 竣工验收文件资料准备由A施工单位完成；(2) 申请工程竣工验收由A施工单位完成；(3) 审核竣工验收申请由B监理单位完成；(4) 签署工程竣工验收申请由B监理单位完成；(5) 组织工程竣工验收由C建设单位完成。

2. 工程竣工验收备案应当提交下列文件：

(1) 工程竣工验收备案表。

（2）工程竣工验收报告。竣工验收报告应当包括工程报建日期，施工许可证号，施工图设计文件审查意见，勘察、设计、施工、工程监理等单位分别签署的质量合格文件及验收人员签署的竣工验收原始文件，市政基础设施的有关质量检测和功能性试验资料以及备案机关认为需要提供的有关资料。

（3）法律、行政法规规定应当由规划、环保等部门出具的认可文件或者准许使用文件。

（4）法律规定应当由公安消防部门出具的对大型的人员密集场所和其他特殊建设工程验收合格的证明文件。

（5）施工单位签署的工程质量保修书。

（6）法规、规章规定必须提供的其他文件。

住宅工程还应当提交《住宅质量保证书》和《住宅使用说明书》。

3. 工程竣工备案文件：除“单位工程验收文件”必须是原件外，其他资料可用复印件，但复印件要逐一加盖建设单位公章，并注明原件存放处及经办人姓名、日期，公章要压在说明文字上。

文件资料整理要齐全有效，规范统一。文件资料的整理规格要与备案表同等规格（A4），复印件文字要清楚，公章要可辨认。

4. 备案表第2页中“竣工验收意见”栏建设单位的意见：本工程经我单位组织勘察、设计、施工、监理单位共同检查，满足设计要求，符合国家规范及标准要求，工程质量合格，同意竣工验收。

第六章

选择题参考答案

1. AB　2. BC

参考文献

[1] 中华人民共和国行业标准. 建筑工程资料管理规程 JGJ/T 185—2009. 北京：中国建筑工业出版社，2009.
[2] 中华人民共和国国家标准. 建设工程项目管理规范（GB/T 50326—2006）. 北京：中国建筑工业出版社，2006.
[3] 中华人民共和国国家标准. 建设工程文件归档整理规范（GB/T 50328—2014）. 北京：中国建筑工业出版社，2014.
[4] 中华人民共和国国家标准. 建设工程监理规范 GB 50319—2013. 北京：中国建筑工业出版社，2013.
[5] 中华人民共和国国家标准. 建筑工程施工质量验收统一标准（GB 50300—2013）. 北京：中国建筑工业出版社，2013.
[6] 中华人民共和国标准. 混凝土强度检验评定标准 GB/T 50107—2007. 北京：中国建筑工业出版社，2007.
[7] 谢咸颂，陈锦平. 建筑工程资料管理. 北京：化学工业出版社，2009.
[8] 徐桢，赵鑫. 建筑工程资料管理. 北京：机械工业出版社，2008.
[9] 胡玉玲. 建筑施工内业管理. 呼和浩特：内蒙古大学出版社，2004.
[10] 郭泽林. 资料员专业管理实务. 北京：中国建筑工业出版社，2007.
[11] 丛书编写委员会. 建设监理资料员一本通. 哈尔滨：哈尔滨工程大学出版社，2008.
[12] 高彩琼，武树春. 建筑与结构工程资料管理及组卷范本. 北京：中国建筑工业出版社，2007.
[13] 浙江省建设工程资料（施工阶段）监理工作基本表式. 杭州：浙江省建设厅，2003.